Soleil

Cet ouvrage a été publié à l'occasion de l'exposition « Soleil, mythes et réalités » présentée à la Cité des sciences et de l'industrie de mars 2004 à janvier 2005.

Soleil

PRÉFACE DE HUBERT REEVES
CHRISTIAN NGÔ
JEAN-PIERRE VERDET
JEAN-CLAUDE VIAL

Sommaire

Préface
par ***Hubert Reeves***

Pour bien apprécier l'exposition de la Cité des sciences et de l'industrie, ainsi que ce livre, qui l'accompagne, et pour se préparer à intégrer les connaissances nouvelles que l'on va recevoir, je suggère la démarche suivante. On peut sans danger regarder le Soleil quand il est bas sur l'horizon ou quand une couverture brumeuse le laisse entrevoir. Il faut l'observer longuement et se laisser pénétrer de sa présence dans le monde réel. Associer ce que l'on sait mentalement à ce que l'on voit avec nos sens.

Le disque blanc incandescent du Soleil dans notre ciel est une présence si quotidienne, si incrustée dans notre imagerie la plus ancienne que nous avons peine à changer notre perception. Il nous est difficile d'imaginer la révolution conceptuelle qu'a représenté pour l'humanité la prise de conscience du fait que le Soleil est une étoile, et que les étoiles sont des Soleils. Cette notion, à de rares exceptions près, est étrangère à l'Antiquité. Jean-Pierre Verdet l'illustre abondamment dans son texte. Le Soleil, juste au-dessus de nos têtes, est une divinité toute-puissante qui trône dans le ciel et que les hommes, selon leur civilisation, honorent avec les plus grands égards. Pour lui, on va jusqu'à immoler des jeunes hommes quand, au moment des éclipses, on le sent défaillir.

La science nous invite aujourd'hui à dépouiller notre astre des oripeaux mythiques dont les diverses cultures l'ont affublé. À le voir nu, comme il est, une boule de gaz incandescente, si immense qu'elle pourrait engloutir sans sourciller mille Terres comme la nôtre. À comprendre qu'il est soumis, comme nous, aux lois de la physique, ainsi que nous l'explique Jean-Claude Vial. À étudier avec Christian Ngô les divers rayonnements, plus ou moins nocifs, qui nous parviennent de sa surface torride, et les usages que nous pouvons en faire. Devons-nous regretter ce changement de regard sur notre étoile ? Ne participe-t-il pas à ce désenchantement du monde que l'on reproche souvent à la connaissance scientifique ? Je vais essayer d'expliquer pourquoi je pense qu'il n'en est rien. Bien au contraire.

Tout d'abord, il faut avoir le courage d'affronter la réalité telle qu'elle est. Réalité qui est souvent sans rapport avec ce que les humains y ont ajouté par leur imagination débordante, et qui en définitive n'en manifeste que les limitations. La « nature », reconnaissons-le, a infiniment plus d'imagination que nous. Ensuite, ces études nous ont permis de replacer le Soleil dans son contexte astronomique, celui qu'il partage avec toutes les étoiles du ciel et qui lui donne, par rapport à notre propre existence, une si profonde importance.

Une des grandes acquisitions de l'astronomie contemporaine, c'est la découverte de l'origine des éléments chimiques dans les noyaux des étoiles. Au début du cosmos, aucun atome complexe n'existe dans la matière originelle. Grâce aux générations d'étoiles qui se succèdent au cours des milliards d'années, la galaxie s'enrichit progressivement en atomes lourds : oxygène, silicium, carbone, azote, etc., dont nous sommes constitués. Sans les étoiles, il n'y aurait pas de Terre, pas de nous, pas d'exposition de la Cité des sciences et de l'industrie. Sur ce plan, le Soleil est digne de notre intérêt à deux titres différents. Premièrement, en tant que membre de la grande famille des étoiles, il participe à cette œuvre de structuration de la réalité en fabriquant des atomes qui, peut-être, dans quelques milliards d'années, formeront des planètes et de la vie, perpétuant ainsi cette immense histoire de la complexité cosmique. Deuxièmement, grâce aux réactions thermonucléaires qui se produisent dans son noyau, il éclaire et réchauffe notre planète depuis près de cinq milliards d'années, ayant ainsi permis à la vie d'apparaître, de s'épanouir et de se diversifier en multiples formes incluant l'espèce humaine. C'est la découverte de ce double rôle dans la grande aventure de la complexité cosmique qui, à mon avis, ne doit en rien nous faire regretter l'obsolescence des représentations mythiques des traditions anciennes.

En avant pour de nouvelles connaissances !

Le Soleil, une étoile dans notre Galaxie

Jean-Claude Vial

Vue d'artiste de la Voie lactée. L'ensemble des cent milliards d'étoiles que compte notre Galaxie tourne sur lui-même. Le Soleil est situé à environ 30 000 années-lumière du centre.

« Quand des observateurs appliquent un nouvel instrument à l'étude de la nature, ce qu'ils en ont espéré est toujours peu de chose relativement à la succession de découvertes dont l'instrument devient l'origine. En ce genre, c'est sur l'imprévu qu'on doit particulièrement compter. » La prophétie de l'astronome François Arago a plus de 150 ans : elle ne s'est pas démentie. De la lunette de Galilée aux satellites d'observation, notre regard sur l'espace s'est, sans conteste, énormément affiné et les découvertes ont, plus souvent qu'on ne l'imagine, étonné les astronomes, les poussant à inventer et construire d'autres outils pour voir encore plus loin et sonder l'infiniment grand, jusque dans ses moindres recoins.

L'image la plus étonnante est sans doute celle prise par le satellite COBE* de notre Galaxie dans l'infrarouge*. Sa forme évoque une « soucoupe volante ». Si l'on pouvait y voir le Soleil, ce serait un minuscule point perdu au milieu de quelque 200 milliards d'étoiles.

Image composite de la galaxie spirale M51 dans la constellation des Chiens de chasse. On distingue sur cette galaxie vue de face, appelée aussi Whirlpool (« Tourbillon »), bulbe et bras spiraux. Les régions rouges résultent de l'émission d'hydrogène chaud dans des amas de très jeunes étoiles. On repère également dans le bulbe et perpendiculairement aux bras spiraux des filaments allongés constitués de poussières. Les photographies superposées ont été obtenues par le Hubble Space Telescope et par le télescope de 1 mètre de Kitt Peak (NOAO/AURA).

Les dimensions de la Voie lactée sont bien difficiles à appréhender : son diamètre avoisine un milliard de milliards de kilomètres ! Cette soucoupe effectue un tour complet sur elle-même en 200 millions d'années. Du noyau central s'échappent des structures que la rotation transforme en spirales. Notre Soleil se trouve ainsi entre deux bras spiraux (celui du Sagittaire et celui de Persée), à plus de 25 000 années-lumière* du centre galactique, entraîné à la vitesse de 250 kilomètres par seconde.

Deux cents milliards d'étoiles peuplent donc la Voie lactée. Ce qui frappe d'emblée, c'est leur extraordinaire variété. De couleur d'abord : Albéran est rouge, Véga blanc-bleu, le Soleil est jaune... Ces couleurs témoignent de températures de surface fort différentes. En effet, tout corps chauffé émet un rayonnement d'une certaine « couleur ». Et cette couleur correspond, la plupart du temps, à la superposition de multiples longueurs d'onde*. Outre leur couleur, ces milliards d'étoiles ont aussi des éclats très différents. Température, taille et éloignement expliquent cette diversité. Si l'on tient compte de ces trois paramètres, on explique alors pourquoi le rayonnement du Soleil est 10 000 fois plus fort que celui d'une étoile comme Proxima du Centaure, l'étoile la plus proche de nous, ou, encore, pourquoi il est 100 fois moins intense que celui de Véga, alors que le rayon de cette étoile est comparable à celui du Soleil. Certaines étoiles dont l'éclat semble réduit, comme Rigel ou Deneb, sont en vérité 100 000 fois plus lumineuses que le Soleil ; leur faible éclat n'est dû dans ce cas qu'à leur très grand éloignement.

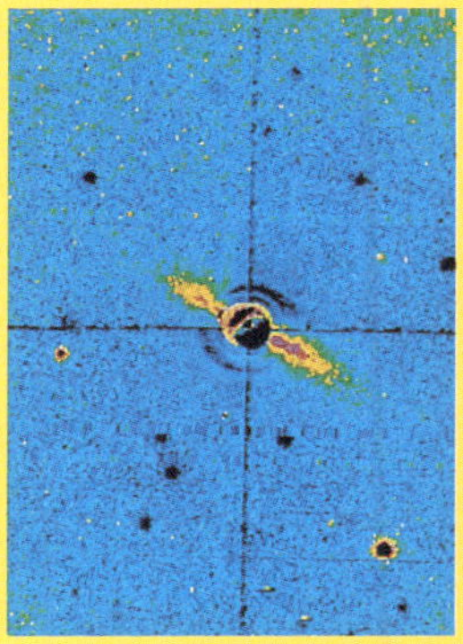

Cette image réalisée au Chili en 1984 marque la découverte d'un disque de poussières autour de l'étoile australe Bêta Pictoris.

Le Soleil est en vérité une étoile bien banale : ses paramètres physiques le classent dans la catégorie G dont font aussi partie les étoiles Alpha Centauri, Bêta Sagittae, Capella, ou encore Kraz. En tout, les astronomes ont défini une dizaine de catégories permettant de classer toutes les étoiles observées à ce jour. Il va sans dire qu'elles n'en sont pas toutes au même stade d'évolution.

Les images prises par les télescopes au sol en divers endroits de la Galaxie font apparaître des étoiles en développement : les étoiles de type T Tauri, l'étoile Bêta Pictoris, etc. Ces images de protoétoiles confortent le scénario de formation du Soleil proposé voici près d'une trentaine d'années et constamment affiné. On y repère trois temps forts.

ACTE I

Un rôle de premier plan est joué par le gaz dans lequel baignent encore aujourd'hui les milliards d'étoiles de la Voie lactée. Ce gaz ténu est déterminant dans le cycle de vie des étoiles. C'est lui qui fournit la matière à l'étoile en formation et c'est encore lui qui reçoit les diverses éjections de l'étoile en fin de vie. En réalité, ce n'est pas un gaz au sens strict composé seulement d'atomes, d'ions et de molécules, mais il est aussi formé de poussières, sortes d'assemblages complexes de molécules.

La formation du Soleil à partir de ce nuage de gaz et de poussières a nécessité, entre autres, l'intervention d'un élément important : le champ magnétique intergalactique. On pense aujourd'hui qu'une perturbation – peut-être une fluctuation trop importante de densité – a créé une sorte d'« ornière » dans les lignes de ce champ.

Nébuleuse de la Tête de cheval.
Cette nébuleuse est située dans la constellation d'Orion, dans un ensemble de nuages moléculaires propices à la formation d'étoiles. Elle apparaît sombre car elle est constituée de poussières qui absorbent le rayonnement émanant de l'arrière-plan. Un froid intense y règne et les poussières protègent les molécules très complexes qui peuvent ainsi s'y développer. La région est située à environ 1 400 années-lumière. Ce cliché a été obtenu dans le visible par l'instrument FORS2 au foyer d'un des télescopes de 8 mètres du Very Large Telescope (VLT) de l'ESO.

ACTE II

De la matière ionisée est « tombée » dans cette ornière, s'y est accumulée, a refroidi jusqu'à quelques degrés. Cette première condensation a conduit la matière à se contracter sous l'effet de la force de gravitation. Mais l'augmentation de température, et donc de pression, qui s'est ensuivie n'a pas eu – comme on aurait pu s'y attendre – pour effet de freiner la contraction ou de s'y opposer, au contraire. La raison est relativement simple : les molécules d'hydrogène présentes dans le nuage en contraction ont évacué la chaleur, en émettant un rayonnement infrarouge. Le même phénomène est à l'œuvre lorsque l'on s'expose au soleil : notre peau rayonne dans la gamme infrarouge. Heureusement, car sinon notre corps ne pourrait dissiper la chaleur reçue.

La contraction du nuage de gaz et de poussières s'est donc poursuivie pendant, pense-t-on, un million d'années. Jusqu'au moment où la densité de matière est devenue vraiment trop forte pour laisser s'échapper le rayonnement interne. Ce fut l'opacité quasi totale. La température a alors crû terriblement, et la pression qui en résulte s'est opposée à la contraction. La phase de « chute libre » s'est donc achevée. Pour fixer les idées, la température de cette protoétoile avoisinait alors quelques milliers de degrés, mais son rayonnement était encore assez faible.

Notons que toute la phase de contraction s'est accompagnée d'une rotation de plus en plus rapide du nuage sur lui-même. Conséquence : de la matière a été éjectée dans le plan équatorial de l'étoile. Ce disque de matière éjectée formera plus tard des planétoïdes puis des planètes – dont la Terre. La formation du protosoleil et celle du disque protoplanétaire sont donc allées de pair, à quelques millions d'années près.

ACTE III

Au cours de cette phase, dite de Hayashi (du nom de l'astrophysicien japonais qui l'a décrite), la convection joue un rôle essentiel : comme dans une bouilloire, des bulles de matière (ici, énormes) sont entraînées vers la surface et s'y refroidissent alors que la matière froide de la surface « plonge » vers l'intérieur et s'y réchauffe. De ce fait, la température de surface demeure autour de 2 500 ou même 3 500 degrés Kelvin*, en tout cas bien inférieure à celle du Soleil d'aujourd'hui. Les mouvements convectifs peuvent se transformer en ondes de choc qui parviennent à la surface et y provoquent des éjections de matière. La contraction va produire une décroissance du rayon, donc une diminution encore plus forte de la luminosité de la protoétoile, qui devient ainsi incapable d'évacuer sa chaleur. Après quelques millions d'années, la température atteint une valeur de plusieurs millions de degrés K. Le brassage convectif va ralentir et s'amorcent alors les réactions nucléaires qui permettront à la pression du gaz de résister à toute contraction ultérieure. Une étoile est née : le Soleil.

Comme on l'a dit, les récentes observations de protoétoiles confortent le scénario que nous venons d'évoquer et dont nous pouvons décrire avec force détails les différentes scènes. Mais il faut rendre ici hommage aux premiers inspirateurs du récit. L'idée selon laquelle une nébuleuse primitive est à l'origine du système solaire avait déjà été suggérée au XVIIIe siècle par Emmanuel Kant et Pierre-Simon Laplace.

L'âge du Soleil

Venons-en maintenant à la question du temps : d'une part, à quand remonte la formation du Soleil ? D'autre part, est-il né longtemps ou très rapidement après la formation de la Galaxie ? Répondre à la seconde question suppose que l'on connaisse l'âge de la Galaxie. Dans l'état actuel de nos connaissances, tout laisse supposer que notre Galaxie s'est construite peu après le big bang*, il y a quelque 13,7 milliards d'années. Pourquoi ? Pour le comprendre, remontons justement au moment où se produit, dans un minuscule espace initialement vide, cette explosion d'une intensité inouïe. Tout est allé très vite. La température est à ce moment-là de l'ordre de 10^{32} degrés K. Matière et antimatière* sont créées en quantités égales et sont éjectées de tous côtés. Alors que l'expansion se poursuit, la matière commence à dominer. Au bout de quelques millisecondes se forment les particules qui constitueront le ciment de ce que nous nommons « matière » : protons, neutrons, électrons. Apparaissent aussi les particules qui transportent l'énergie lumineuse, les photons. Deux ou trois minutes plus tard, protons et neutrons s'assemblent pour former les premiers éléments légers : le deutérium et le tritium, puis l'hélium et le lithium. La matière se refroidissant, les protons en excès capturent un électron, donnant naissance au plus simple de tous les corps chimiques, l'hydrogène. Ces réactions entraînent l'émission d'un rayonnement 10 000 fois plus énergétique que le rayonnement visible.

Dès l'instant où les atomes neutres comme l'hydrogène sont constitués, le gaz n'est plus totalement ionisé – la lumière peut alors s'échapper car les photons ne sont plus tous diffusés* par les électrons, de moins en moins nombreux. Leur trajet est moins semé d'embûches.

La trace de ce rayonnement primitif est ce que l'on appelle le « fond de rayonnement micro-onde ». Cette image, devenue célèbre, a été obtenue grâce aux observations des satellites COBE puis WMAP*. Elle montre que 380 000 ans seulement après le big bang, l'univers était uniforme en température. À quelques exceptions près, toutefois : d'infimes mais bien réelles fluctuations de température, et donc de densité, étaient déjà présentes. Ce sont ces régions de densité légèrement excédentaire par rapport au reste de l'univers qui ont constitué les grumeaux nécessaires à la formation des galaxies, du moins les plus petites. Quant à la nôtre, elle a pu se former par fusion de plus petites galaxies. Un processus qui s'est déroulé selon les mêmes mécanismes que ceux qui ont présidé à la formation des étoiles. On a donc là un indice essentiel : quelques centaines de milliers d'années après le big bang, tout était prêt pour que les galaxies puissent se former.

Il nous reste à estimer l'âge « minimal » du Soleil. Cet âge est connu indirectement grâce à la datation des échantillons terrestres et météoritiques. La technique utilise une horloge naturelle fondée sur les propriétés de désintégration radioactive de certains isotopes* : dans un échantillon de roche, on compare par exemple les quantités d'U235 (uranium 235) qui restent et de Pb207 (plomb 207) formés et on en déduit le temps « origine », donc l'âge de l'échantillon. Plutôt que d'utiliser des échantillons terrestres souvent remaniés, les spécialistes préfèrent dater les météorites qui contiennent des chondres, ces petites sphères de silicates : elles sont nées au tout début du système solaire et n'ont pas subi de transformations chimiques depuis leur formation. Ces analyses aboutissent à un âge de l'ordre de 4,6 milliards d'années.

Section d'une météorite chondritique.
Les chondres (petites sphères composées essentiellement de silicate et d'autres matériaux réfractaires), qui n'existent pas dans les roches terrestres, ont été formés au début du système solaire dans le nuage de poussières entourant le tout jeune Soleil. Météorite de Parnalee (Tamil Nadu, Inde).

Conclusion : à la naissance du Soleil, la Galaxie avait un peu moins de 9 milliards d'années. De nombreuses étoiles s'y étaient déjà formées, certaines étaient même déjà en fin de vie, provoquant de violents feux d'artifice : les supernovae. De telles explosions d'étoiles se sont certainement produites dans l'environnement proche du gaz qui s'est plus tard contracté pour former notre Soleil. On explique ainsi la présence dans le Soleil d'éléments lourds, tel le fer, éléments formés par la génération précédente d'étoiles ! Voilà pourquoi on peut dire, comme l'a si bien fait remarquer Hubert Reeves, que nous (Terriens, Terre, planètes, Soleil) sommes des « poussières d'étoiles ».

Le Soleil, une étoile qui rayonne

Un jour d'été ensoleillé, posez votre main au soleil. Vous ressentez une chaleur agréable : pourriez-vous estimer à quelques dizaines de pourcent près la puissance de cette source lumineuse ? Est-elle proche de 100 watts par mètre carré ? 500 watts par mètre carré ? 1 000 watts par mètre carré ? La question est simple en apparence, mais la réponse l'est moins car la puissance reçue à la surface terrestre dépend au moins de deux paramètres : d'une part de la distance qui nous sépare de la source, le Soleil, d'autre part, de la nébulosité atmosphérique qui absorbe ou réémet une partie du rayonnement.

La distance Terre-Soleil est connue : 150 millions de kilomètres en moyenne, mais localement elle varie en fonction des saisons. Qui plus est, d'une saison à l'autre, un même point de l'hémisphère Nord ou Sud recevra une quantité d'énergie variable, car les rayons du Soleil seront plus ou moins obliques.

FICHE D'IDENTITÉ DU SOLEIL

rotation sur lui-même (dite sidérale)
25 jours à l'équateur
31 jours aux pôles

âge
4,5 milliards d'années

masse
$1{,}99.10^{30}$ kilogrammes
(330 000 fois celle de la Terre)

température de surface
5 780 degrés K
(mais très élevée au centre, où elle atteint 15 millions de degrés K)

rayon
696 000 kilomètres
(110 fois celui de la Terre)

température de couleur
6 200 degrés K
(pic d'émission dans le vert à 470 nanomètres)

vitesse d'échappement
618 kilomètres par seconde
(56 fois la vitesse de libération autour de la Terre)

perte de masse
10^{9} kilogrammes par seconde

gravité à la surface
274 mètres par seconde carrée
(28 fois celle de la Terre)

densité moyenne
1 410 kilogrammes par mètre cube
(à peu près celle de l'eau, mais très variable entre le centre et les couches extérieures)

composition
90 % d'hydrogène
10 % d'hélium

luminosité (énergie lumineuse totale rayonnée par seconde)
$3{,}9.10^{23}$ kilowatts
(un million de milliards de milliards de centrales électriques de 1 000 mégawatts)

Si l'on raisonne maintenant hors atmosphère, et si l'on néglige ses variations saisonnières, la puissance reçue vaut en moyenne 1 370 W/m², l'équivalent d'une ampoule de 200 watts éloignée à une dizaine de centimètres. C'est une fraction infime de l'énergie totale rayonnée. Car, en supposant que le rayonnement soit le même dans toutes les directions, et compte tenu de la distance Terre-Soleil, un calcul rapide aboutit à une énergie totale émise de $3{,}9.10^{26}$ watts, soit la puissance produite par 300 milliards de milliards de centrales nucléaires de 1 300 MW chacune. L'essentiel de ce rayonnement (environ 40 %) est dit « visible » car l'œil humain y est sensible. Mais à cette gamme s'ajoute une gamme « invisible » : rayons gamma, rayons X, ultraviolets, infrarouges, ondes radio… Ces différentes longueurs d'onde constituent le « spectre* électromagnétique » du Soleil.

La gamme du visible recouvre les longueurs d'onde comprises entre 400 et 800 nanomètres*. Si l'on raisonne en « couleurs », on va donc du violet au rouge, comme l'arc-en-ciel. À l'intérieur de ce spectre visible, c'est le jaune qui domine, couleur à laquelle notre œil est extrêmement sensible, sans doute par un effet d'adaptation. Jaune, c'est l'émission que nous renvoie un corps chauffé à une température proche de 6 000 degrés K. Le corps dont il est question ici est la pellicule de l'atmosphère solaire, de quelques centaines de kilomètres, appelée photosphère* (littéralement la « sphère de lumière »). Si le Soleil a son maximum d'émission dans le jaune-vert, ce n'est pas, on l'a vu, le cas de toutes les étoiles. Des étoiles qui émettent essentiellement dans le rouge ou l'infrarouge ont des températures de surface plus faibles, autour de 3 000 degrés K, alors que la surface des étoiles qui émettent dans le bleu, le violet ou l'ultraviolet atteint 25 000 à 30 000 degrés K. On l'aura remarqué : les astrophysiciens raisonnent avec un code de couleurs inverse de celui des plombiers !

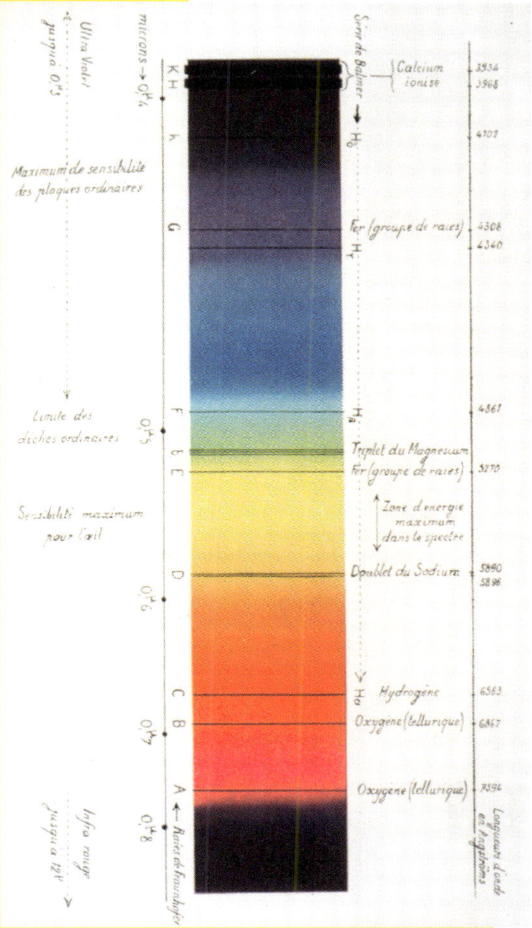

Spectre de Fraunhofer du rayonnement solaire.
On y trouve les couleurs de l'arc-en-ciel et même l'ultraviolet, à gauche, jusqu'à l'infrarouge, à droite.
Les lettres capitales (de A à K) désignent les raies d'absorption (traits verticaux noirs) découvertes par Fraunhofer. Elles représentent la « signature » d'éléments abondants et (relativement) froids à la surface du Soleil : hydrogène, fer et, en particulier, calcium ionisé, dont la présence caractérise le Soleil comme une étoile « de type G ».

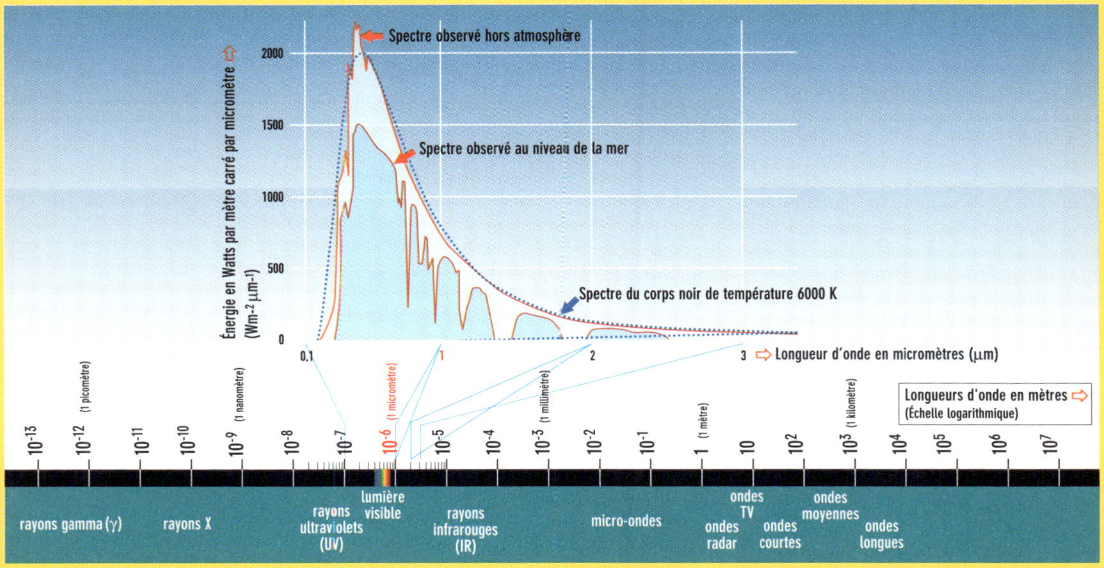

Répartition spectrale du rayonnement solaire reçu par la Terre.
Le Soleil émet dans toutes les longueurs d'onde, des rayons gamma (lors d'éruptions) aux ondes radio (en bas). On a agrandi (en haut) une petite région du spectre située entre 0,1 et 3 microns de longueur d'onde, dans laquelle se trouve le rayonnement visible (entre 0,4 et 0,75 micron). La partie basse de la courbe (rouge) correspond au rayonnement mesuré au niveau de la mer ; la partie haute (rouge), à celui mesuré hors atmosphère terrestre. À la courbe du haut, on a superposé, en bleu, la courbe du corps noir de température égale à 6 000 degrés K.

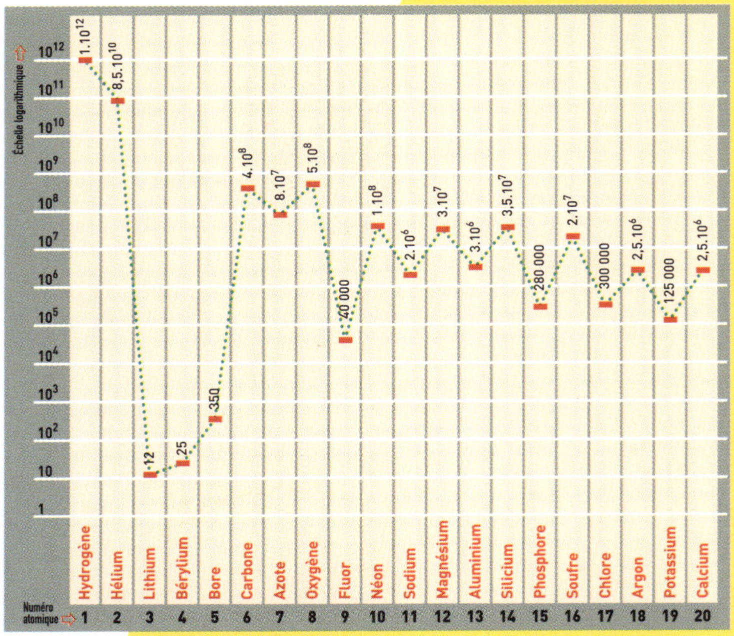

Abondance de quelques éléments dans le Soleil. Ce tableau donne les abondances relatives des vingt premiers éléments. La valeur de référence est celle de l'hydrogène, présent ici sous la forme de mille milliards d'atomes. Le nombre d'atomes est représenté par son logarithme. Pour l'hydrogène, ce nombre a la valeur 12. Pour l'hélium, il est de 11 : il y a environ 10 atomes d'hélium pour 100 d'hydrogène. Pour le lithium, ce nombre vaut 1,1 : il y a 100 milliards de fois moins d'atomes de lithium que d'hydrogène. Après l'hélium, les éléments les plus abondants sont le carbone, l'azote et l'oxygène. Ces valeurs ont été pour la plupart mesurées dans la photosphère solaire et sont à peu près représentatives des abondances à l'intérieur du Soleil.

Très tôt, les spécialistes ont détecté des bandes sombres dans le spectre du Soleil : ces raies témoignent de l'absorption d'une partie du rayonnement par certains éléments chimiques présents au-dessus de la photosphère. Dès la fin du XIXe siècle, les chercheurs se sont livrés à un véritable jeu de détective pour remonter de la raie au corps absorbant. C'est l'avènement de la spectrométrie*. À partir des atlas de raies, sortes d'empreintes digitales des corps qui – chauffés – émettent un rayonnement, les traces les plus infimes d'éléments tels que le bore ou le scandium ont pu être décelées.

Grâce à la spectrométrie, mais également à d'autres techniques, on a réussi à identifier avec précision la composition chimique du Soleil : l'élément de loin le plus abondant est l'hydrogène, suivi par l'hélium (dix fois plus rare), l'oxygène, le carbone, le néon, l'azote (dix mille fois plus rare).

Du cœur à la surface visible

Les quelque $3,9.10^{26}$ watts rayonnés supposent évidemment la présence à l'intérieur du Soleil d'un « fourneau » qui fonctionne de manière intense et incessante. Il n'a pas été facile d'en identifier la nature ! Au XXe siècle, divers modèles sont discutés, notamment par l'Anglais lord Kelvin qui montre que l'énergie gravitationnelle résultant de l'effondrement de la matière est très faible et, une fois convertie en chaleur, ne permet pas d'expliquer la température du cœur du Soleil (sauf à lui donner un âge de l'ordre de 19 millions d'années) ; d'autres savants comme sir A. Eddington ou sir J. Jeans participent au débat. Ce dernier met en avant la radioactivité (un processus nucléaire spontané), mais elle est bien insuffisante pour expliquer le rayonnement du Soleil. En 1938, les physiciens Carl von Weizsäcker et Hans Bethe font une tout autre analyse : selon eux, des réactions thermonucléaires à l'œuvre dans les profondeurs de l'étoile constitueraient le moteur de la machine solaire. L'explosion de la première bombe thermonucléaire américaine en 1952 confirmera *in situ* la puissance des réactions de fusion*. Mais ce n'est que dans les années 1960 que l'on disposera d'un modèle théorique complet de fusion stellaire.

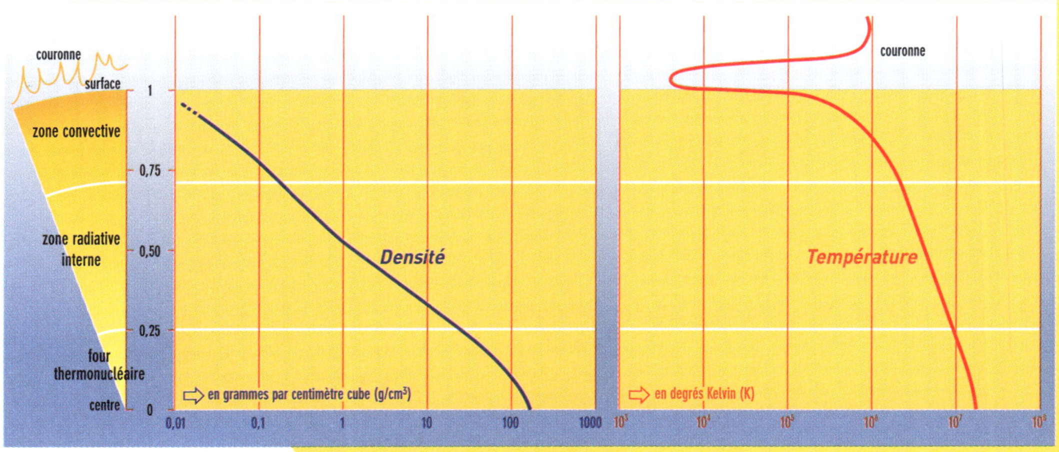

Variations de la densité de matière et de la température à l'intérieur du Soleil et à la base de l'atmosphère externe. L'échelle verticale indique la profondeur dans la sphère solaire (0 le centre, et 1 la surface). Sur la gauche, trois régions principales : « four » thermonucléaire, zones radiative et convective. La densité, présentée en échelle logarithmique et donnée en gramme par cm³, décroît d'un facteur supérieur à 10 000 entre centre et surface. Cette décroissance se poursuit dans les couches externes. La température, elle aussi représentée en échelle logarithmique et donnée en degrés K, décroît entre centre et surface d'un facteur supérieur à 1 000. La décroissance est plus rapide près de la surface, là où la lumière peut s'échapper et donc refroidir le Soleil. Au-dessus de la surface, la température a un étrange comportement : après un palier à 4 200 degrés K, elle remonte brutalement jusqu'à plus d'un million de degrés dans la couronne.

Variations de la vitesse du son à l'intérieur du Soleil.
Il s'agit des écarts (relatifs) du carré de la vitesse du son mesurée (instrument MDI à bord de SOHO) par rapport à la valeur théorique à diverses profondeurs à l'intérieur du Soleil. En rouge, la vitesse mesurée est plus grande que la vitesse théorique. En bleu, c'est le contraire. Dans la région jaune (zone convective), l'écart est voisin de zéro. On entre ensuite dans la zone radiative avec un écart très brutal par rapport au modèle théorique (rouge). Enfin, dans le cœur, la vitesse mesurée est en dessous de la valeur théorique (bleu).
Les écarts maximaux sont de l'ordre de 0,1 %, un exploit qui rend compte de la précision atteinte par la technique d'héliosismologie.
À gauche, on peut voir, à la surface et avec le même type de codage de couleurs, que le Soleil s'écarte, quand on change de latitude, d'une parfaite homogénéité. Cet écart est en partie dû à la présence de taches solaires (points sombres).

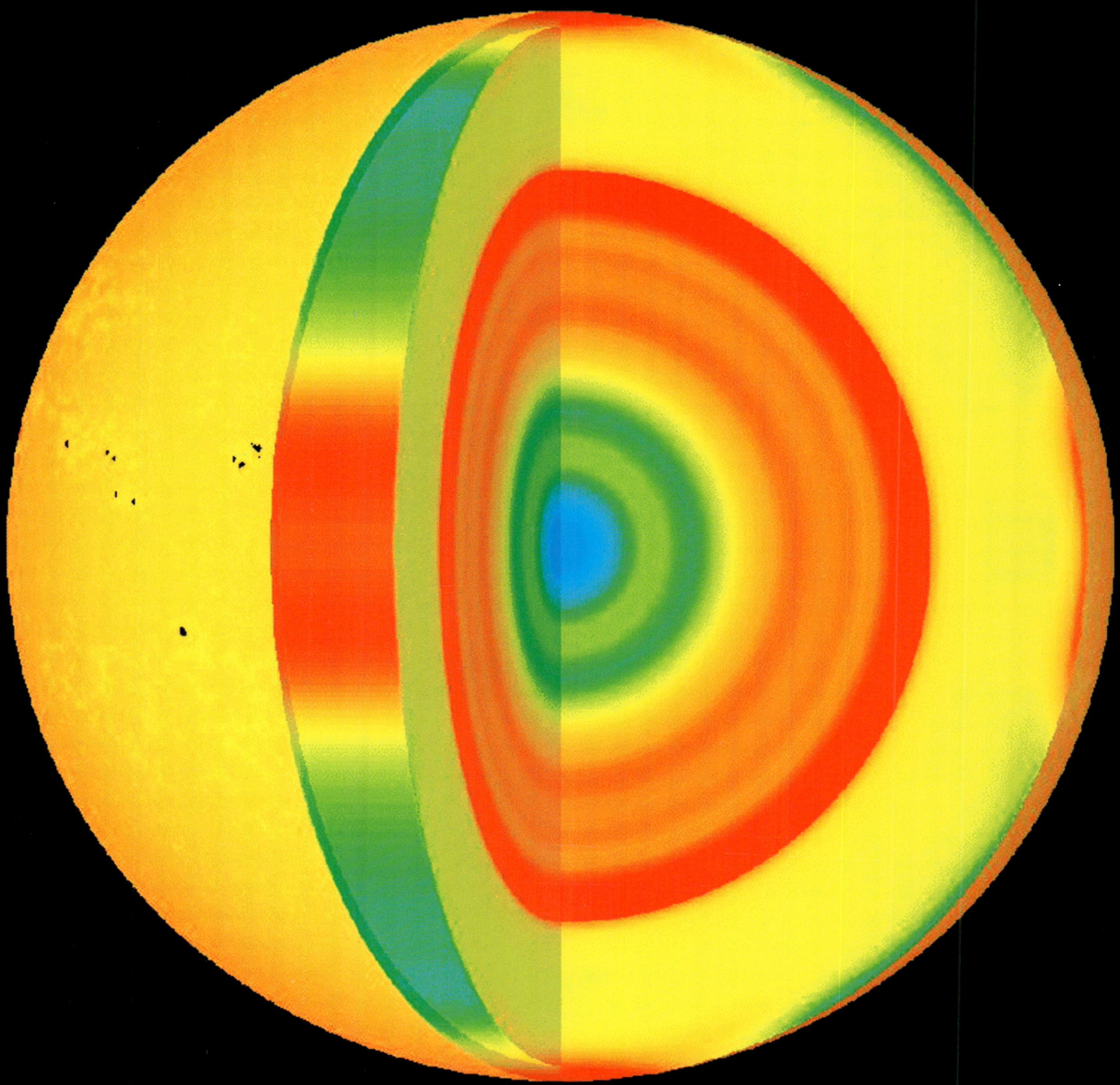

Stupéfiants tremblements à la surface du Soleil.
Les ondes concentriques qui se propagent à la surface du Soleil résultent d'une éruption solaire « ordinaire » intervenue le 6 juillet 1996. Elles ont été reconstituées à partir des mesures effectuées par l'instrument MDI sur la sonde SOHO. Les cercles concentriques ressemblent aux rides circulaires qui résultent de la chute d'une pierre dans l'eau. Ici, ce sont les particules chargées accélérées dans la haute atmosphère qui ont été précipitées vers la surface du Soleil, emportant avec elles une énergie près de cent mille fois supérieure à celle impliquée dans un tremblement de terre de magnitude 8 sur l'échelle de Richter. Il en résulte des ondes de compression se propageant à l'intérieur du Soleil : leur déplacement apparent à la surface atteint 1 000 km/s et s'étend sur plus de 100 000 km.

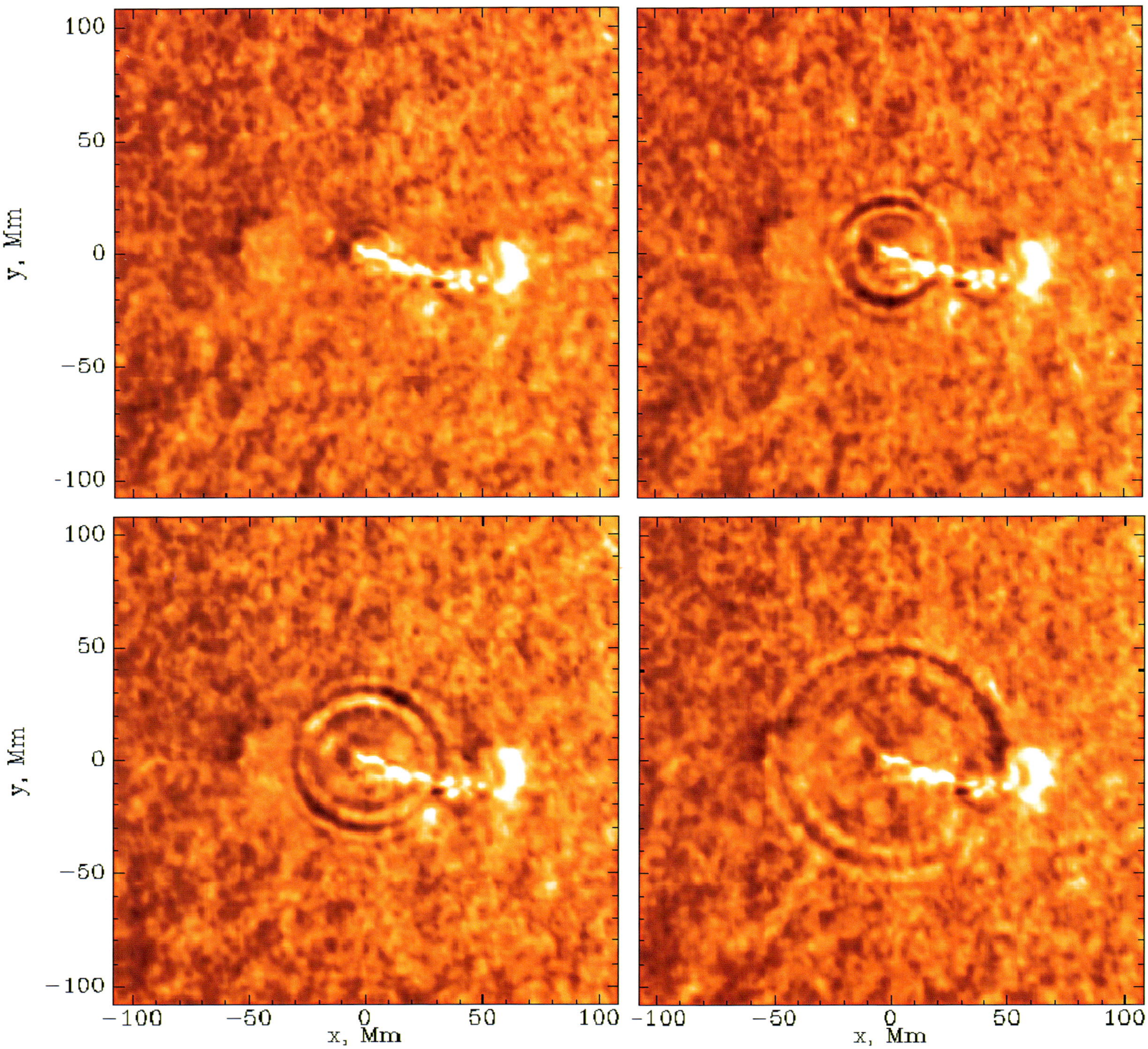

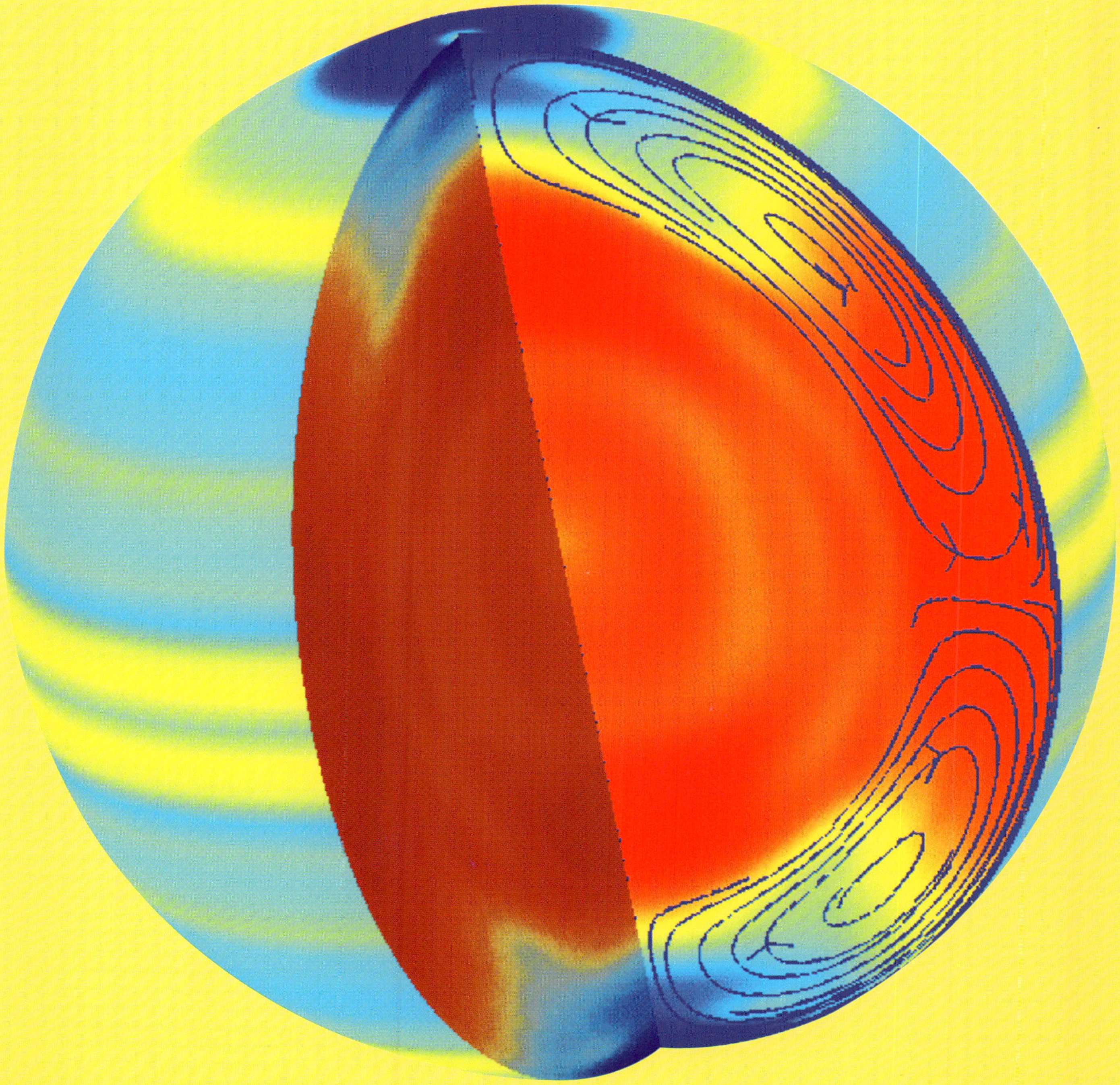

Rotation de l'intérieur solaire et flots de matière vers les pôles.
L'écorché montre la variation de vitesse de rotation du Soleil à l'intérieur, telle qu'on a pu la déduire à partir des mesures effectuées avec l'interféromètre de Michelson MDI à bord de la sonde SOHO. Le résultat le plus marquant (flèches bleues) est la découverte de flots de matière situés à plus de 20 000 km en dessous de la surface dans la zone convective. Ces flots sont dirigés de l'équateur vers les pôles en sens inverse du mouvement général des taches solaires qui migrent vers l'équateur.

Éruption de protubérance détectée par l'instrument EIT à bord de SOHO.
Cette image, obtenue par le télescope-imageur EIT dans la raie UV de l'hélium ionisé à 30,4 nanomètres (nm), montre, en bas à gauche, une énorme protubérance éruptive qui s'échappe du Soleil. Il s'agit d'une matière à environ 60 000–80 000 degrés K qui monte dans la couronne, dont la température est de un million de degrés K. La géométrie en boucles entortillées est imposée par le champ magnétique qui isole le plasma de la matière chaude coronale.
On retrouve ce plasma dans les éjections de masse coronale (CME) qui quittent le Soleil et peuvent rencontrer la Terre sur leur chemin.
Les régions blanches sont des régions actives. On distingue aux deux pôles des zones sombres de plus faible intensité : les trous coronaux.

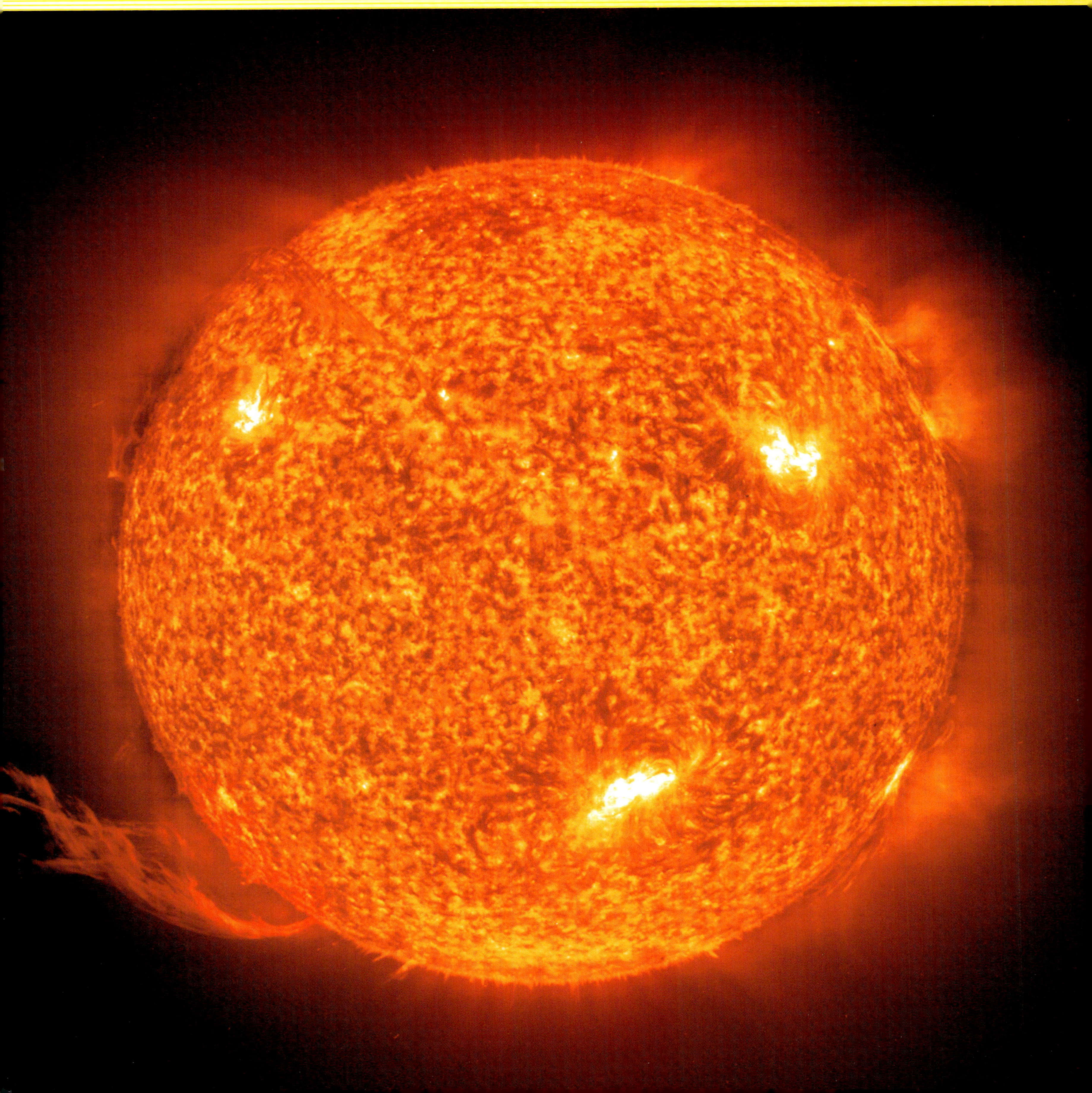

Image du Soleil obtenue par le spectromètre SUMER à bord de SOHO. Cette carte de l'émission UV du soufre cinq fois ionisé à 93,3 nm a été obtenue en balayant l'image solaire avec la fente du spectromètre de SUMER, un balayage qui prend environ 8 heures. On remarque que le bord solaire est plus brillant que le d sque, ce qui est la signature d'une raie formée dans la mince région de transition entre chromosphère et couronne. On note aussi l'existence d'une unique région active au centre du disque (nous sommes le 12 mai 1996 en plein minimum d'activité solaire) et de quelques protubérances hors du bord. Dans le Soleil calme, cette raie UV du soufre se forme à environ 200 000 degrés K. L'image montre donc la persistance à haute température du réseau chromosphérique, ce maillage constitué de cellules sombres aux bords brillants.

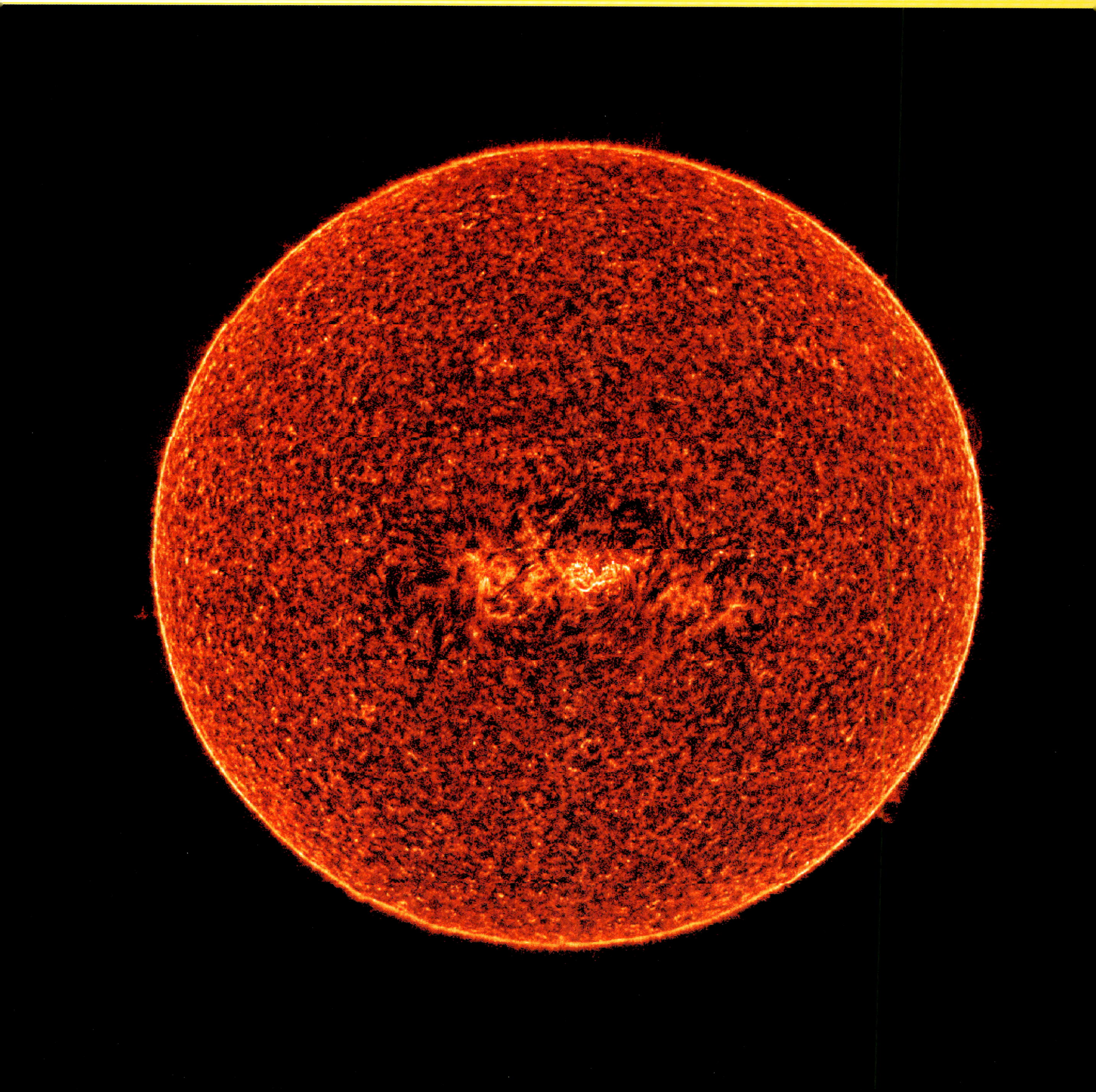

Image du Soleil obtenue par le télescope-imageur EIT à bord de SOHO.
L'image obtenue dans une raie du fer quatorze fois ionisé et située dans l'extrême ultraviolet à 28,4 nm permet de distinguer une région active (brillante) et les deux trous coronaux polaires (sombres). À l'intérieur de ces trous, on note des structures radiales appelées plumes polaires. Les physiciens solaires se demandent si le vent solaire rapide qui s'échappe des trous vient des plumes ou des régions sombres (diluées) situées entre les plumes. Hors du bord solaire, on voit bien la séparation entre les régions polaires, où le champ magnétique est radial (ouvert), et le reste du Soleil, où le champ magnétique est fermé. Cette image est emblématique d'une période de minimum d'activité solaire.

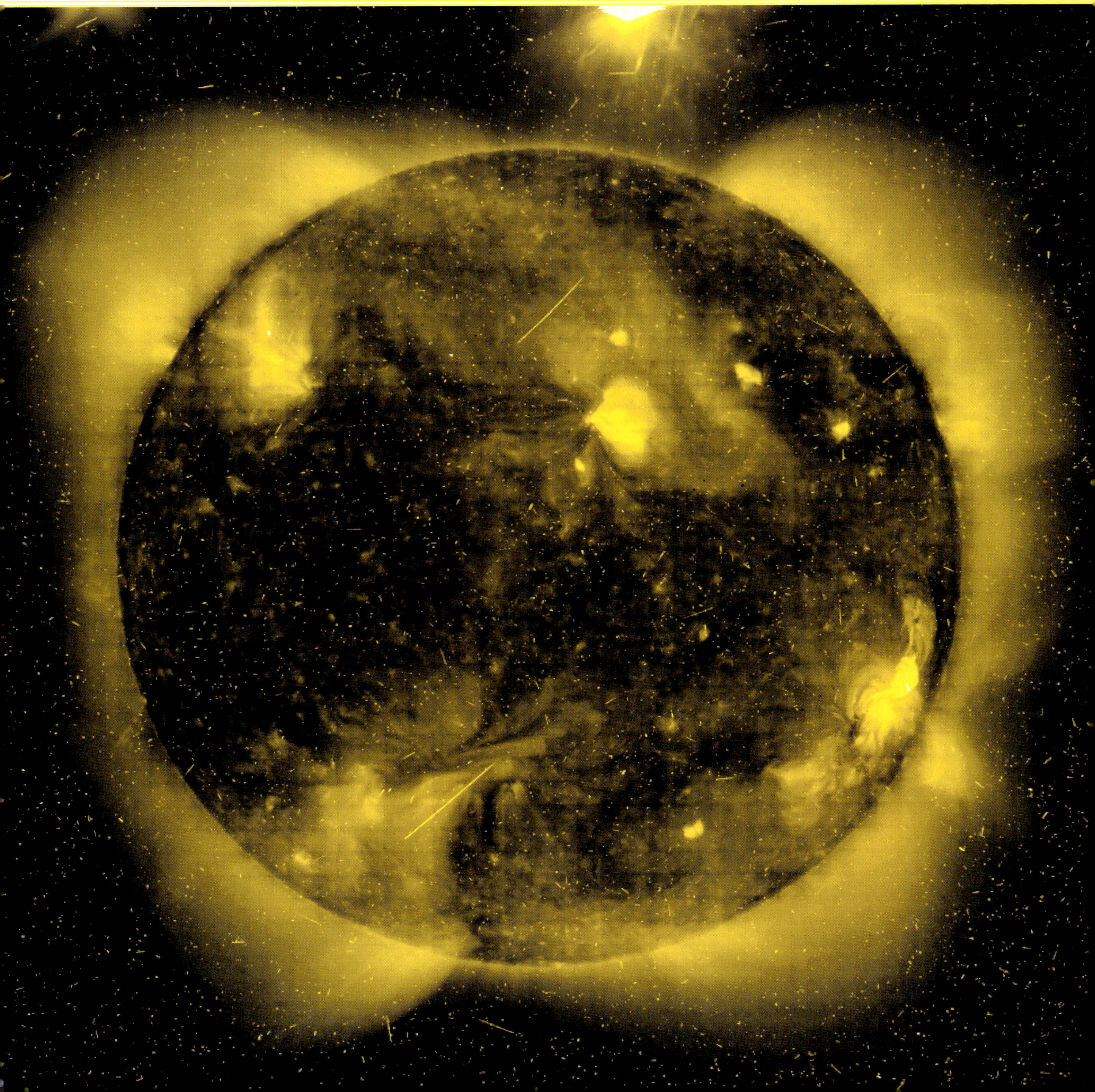

Carte (relative) de températures obtenue à l'aide de deux images du télescope-imageur EIT.

Ce qui est ici représenté, c'est le rapport de deux raies observées par le télescope-imageur EIT à bord de la sonde SOHO : rapport de l'intensité locale dans la raie Fe XII (fer onze fois ionisé) à 19,5 nm à l'intensité dans le mélange de raies Fe IX/X à 17,1 nm, le 19 septembre 1997 à 01h00 TU (temps universel). Les régions sombres sont plus froides, les régions brillantes plus chaudes. Les boucles de matière situées sur le disque et hors du disque sont pour la plupart brillantes, donc chaudes. Au contraire, les régions polaires sont plus sombres car plus froides : ce sont les trous coronaux. On notera, par exemple au bord inférieur droit, la présence de boucles de tailles très variées. Les points brillants présents un peu partout sont, eux aussi, sans doute des boucles, mais de très petite taille.

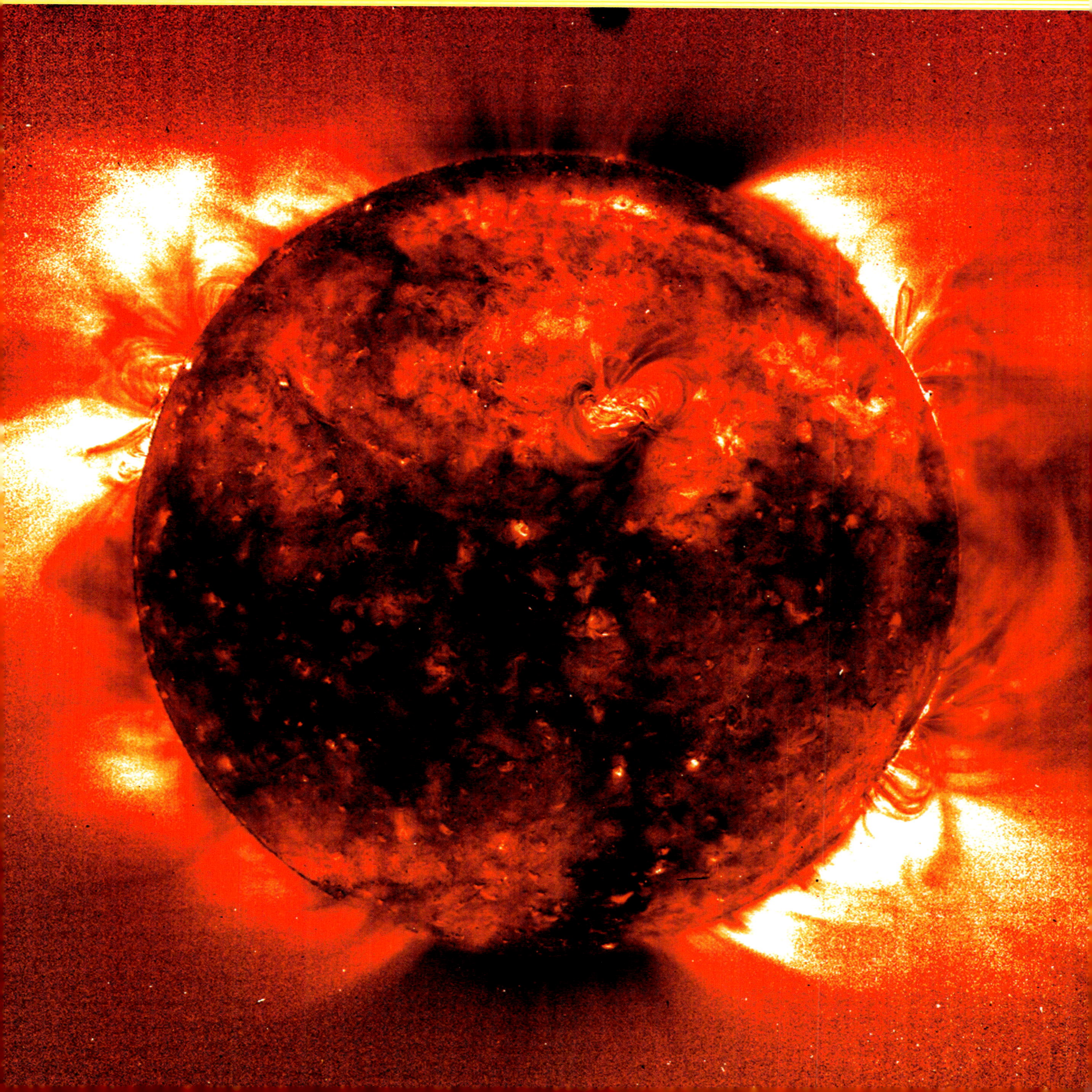

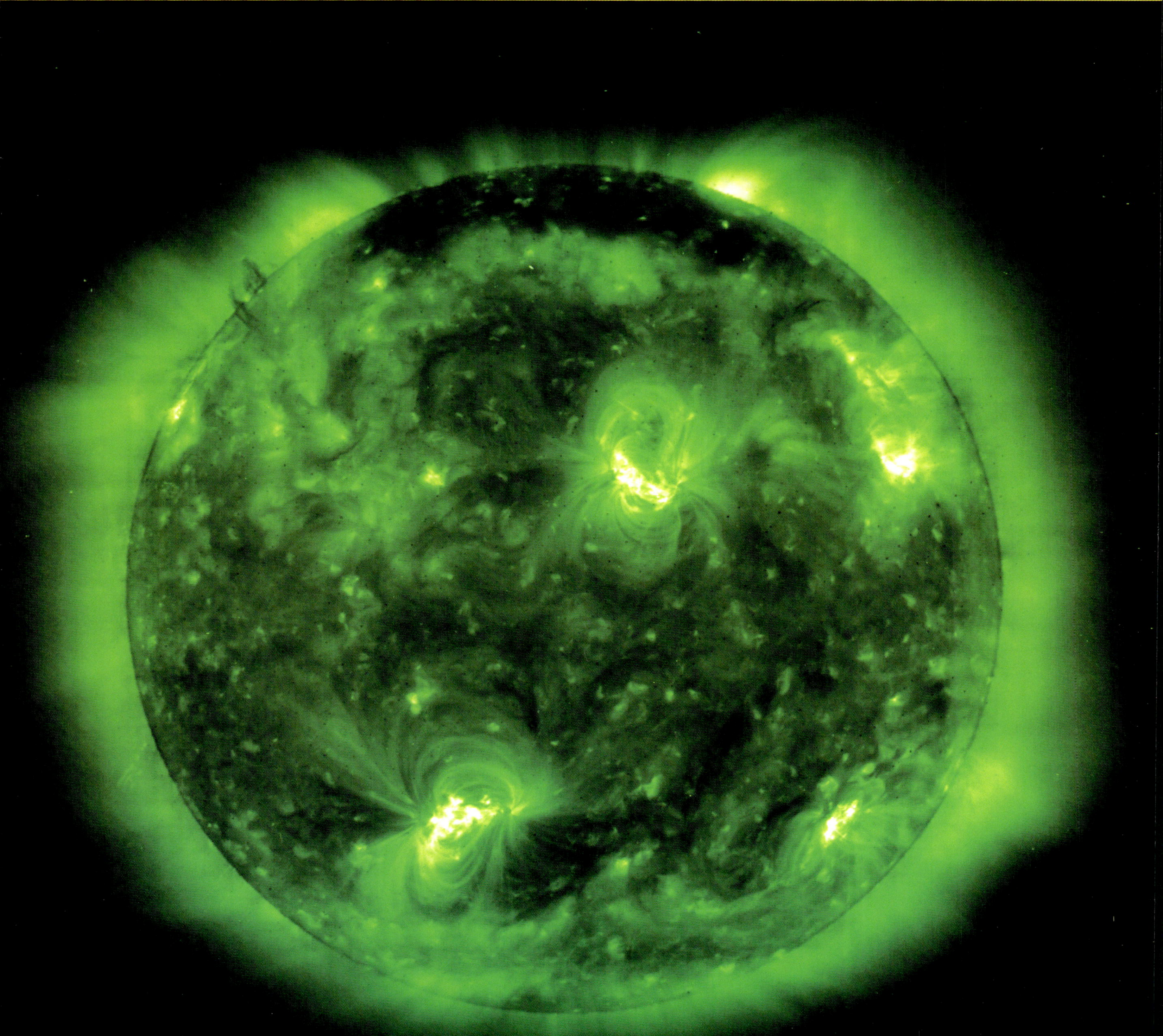

Image de la couronne solaire à 1,5 million de degrés K (à gauche).

Cette image dans la raie du fer onze fois ionisé et située dans l'extrême ultraviolet à 19, 5 nm a été obtenue, le 11 septembre 1997, par le télescope-imageur EIT à bord de SOHO. Le Soleil est alors au début de la remontée de son activité. On remarque (en blanc) les grandes régions actives formées de boucles magnétiques coronales. Certaines boucles sont brillantes (car chaudes) ; d'autres sont sombres (car froides), elles absorbent le rayonnement sous-jacent. On note aussi au pôle Nord un trou coronal et sa structure en plumes radiales. On trouve un peu partout des points brillants dont la taille est de l'ordre de 10 000 km.

L'ascension vers le maximum d'activité solaire (ci-dessous).

Cette composition résulte de trois images obtenues dans la raie du fer onze fois ionisé et située dans l'extrême ultraviolet à 19,5 nm. Chaque image ayant été obtenue à plus d'un an d'intervalle, la composition illustre la montée d'activité solaire entre le début de 1997 et la fin de 1999. En 1997, on ne discerne aucune région active sur le disque ; au contraire, aux deux pôles, l'émission diminue notablement et se limite à des traits radiaux (appelés plumes coronales) : régions sombres et plumes constituent les trous coronaux.
À la mi-1998, on note plusieurs centres actifs constitués de boucles brillantes qui s'élèvent haut dans la couronne.
On note encore des régions sombres qui ne coïncident pas toujours avec les pôles.
fin 1999, les régions actives (brillantes) dominent le paysage, séparées par des régions sombres qui peuvent être des trous coronaux ou de larges couloirs de matière absorbante (filaments).

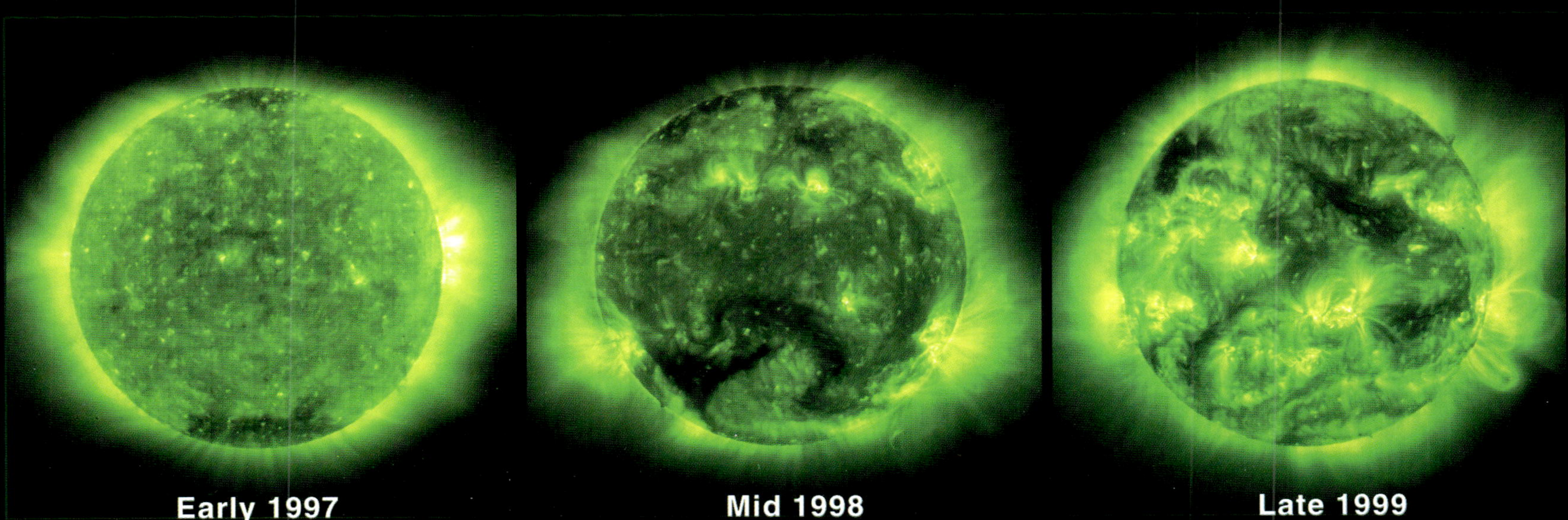

L'ascension vers le maximum d'activité solaire et la ceinture royale.
Les deux images ont été obtenues à près de deux ans d'intervalle pendant une montée d'activité solaire (qui atteindra son maximum deux ans plus tard) par le télescope-imageur EIT dans la raie du fer huit et neuf fois ionisé et située à 17,1 nm. Elles constituent des cartes de la couronne, dont la température est à moins d'un million de degrés K. On remarque dans l'image de gauche (obtenue au minimum d'activité) une grande uniformité due

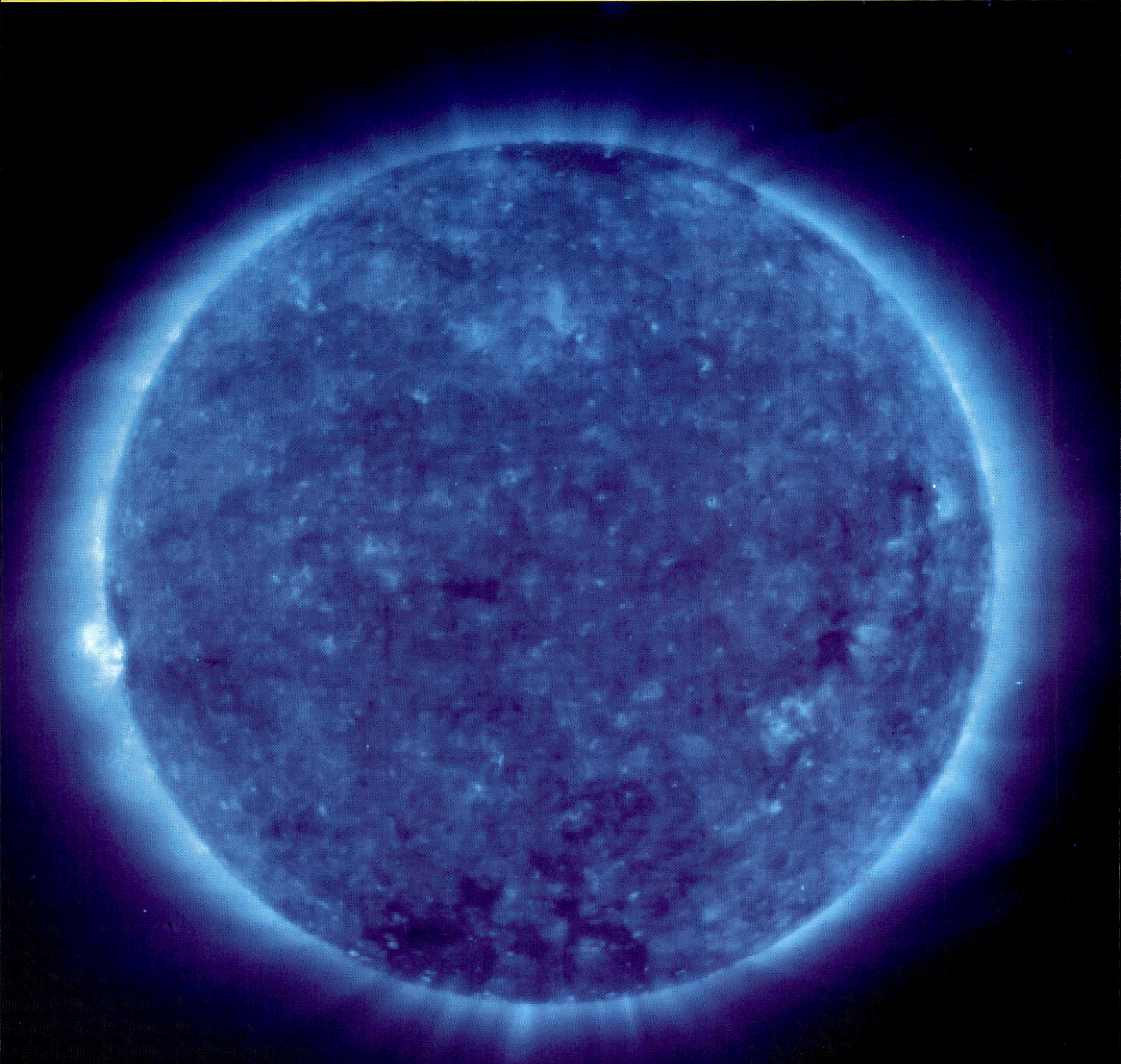

à l'absence de centre actif. Au contraire, dans l'image de droite (obtenue près de deux ans plus tard), on note la présence de deux bandes de régions actives (chacune caractérisée par de multiples boucles coronales) situées à quelque 30° de part et d'autre de l'équateur : c'est à ces latitudes que se forment les régions actives au début du cycle c'activité. Cette zone est appelée ceinture royale.

La couronne solaire observée lors d'une éclipse depuis le sol et dans l'espace par SOHO.
Les chercheurs de l'Institut d'astrophysique de Paris ont observé la couronne solaire lors de l'éclipse du 21 juin 2001 en Angola : les jets coronaux sont en blanc sur fond bleu et s'étendent jusqu'à deux rayons solaires au-dessus du bord.
Le coronographe à occultation externe C2 de LASCO à bord de SOHO a observé les mêmes jets coronaux (jaunes sur fond rouge) à partir de deux rayons solaires et jusqu'à six rayons au-dessus du bord.
On remarque que ces jets sont présents un peu partout, y compris dans les régions polaires. Cette observation a été obtenue en période de maximum d'activité.
Image composite par D. Alvarez et S. Koutchmy.

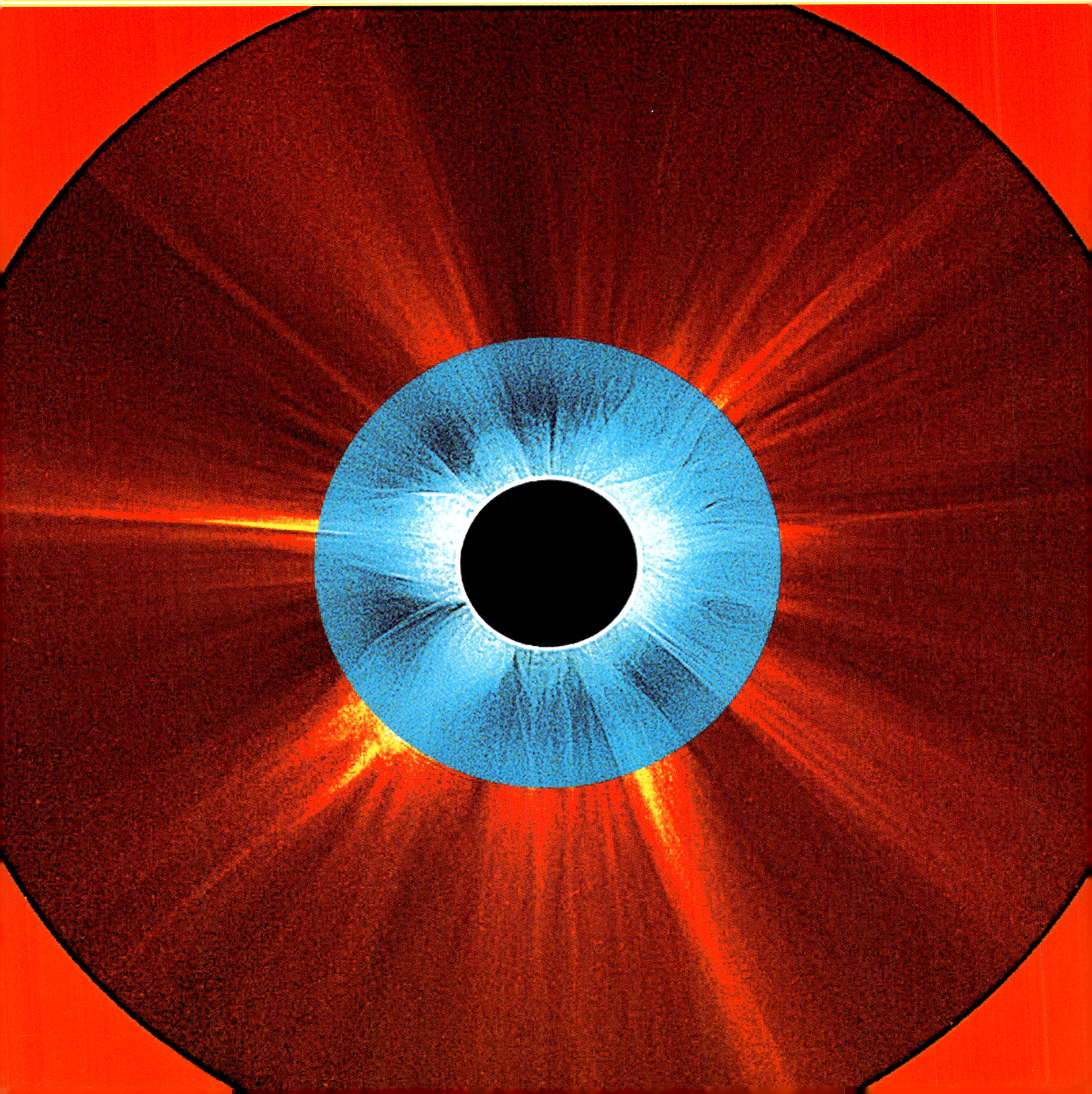

Rencontre imprévue de jets coronaux solaires et d'une comète.
Cette rencontre a été saisie par le coronographe C2 de LASCO à bord de SOHO.
Les trois structures situées dans les régions équatoriales sont des jets coronaux bien connus des observateurs d'éclipses ; ils sont associés aux régions photosphériques où les lignes de force du champ magnétique sont fermées. Leurs pieds sont constitués d'arches qui, à grande distance, se transforment en « casques à pointe », jusqu'à devenir de longs filaments observables sur plusieurs rayons solaires.
En bas à gauche arrive une comète qui s'évaporera à proximité du Soleil. SOHO a même assisté à la rencontre de deux mondes aux histoires bien différentes : une comète vient déposer sur le Soleil (et s'y brûler) les restes de la nébuleuse fondatrice de ce dernier ; elle rencontre sur son chemin une éjection de masse coronale dont la matière a surgi des bouillonnements internes du Soleil.

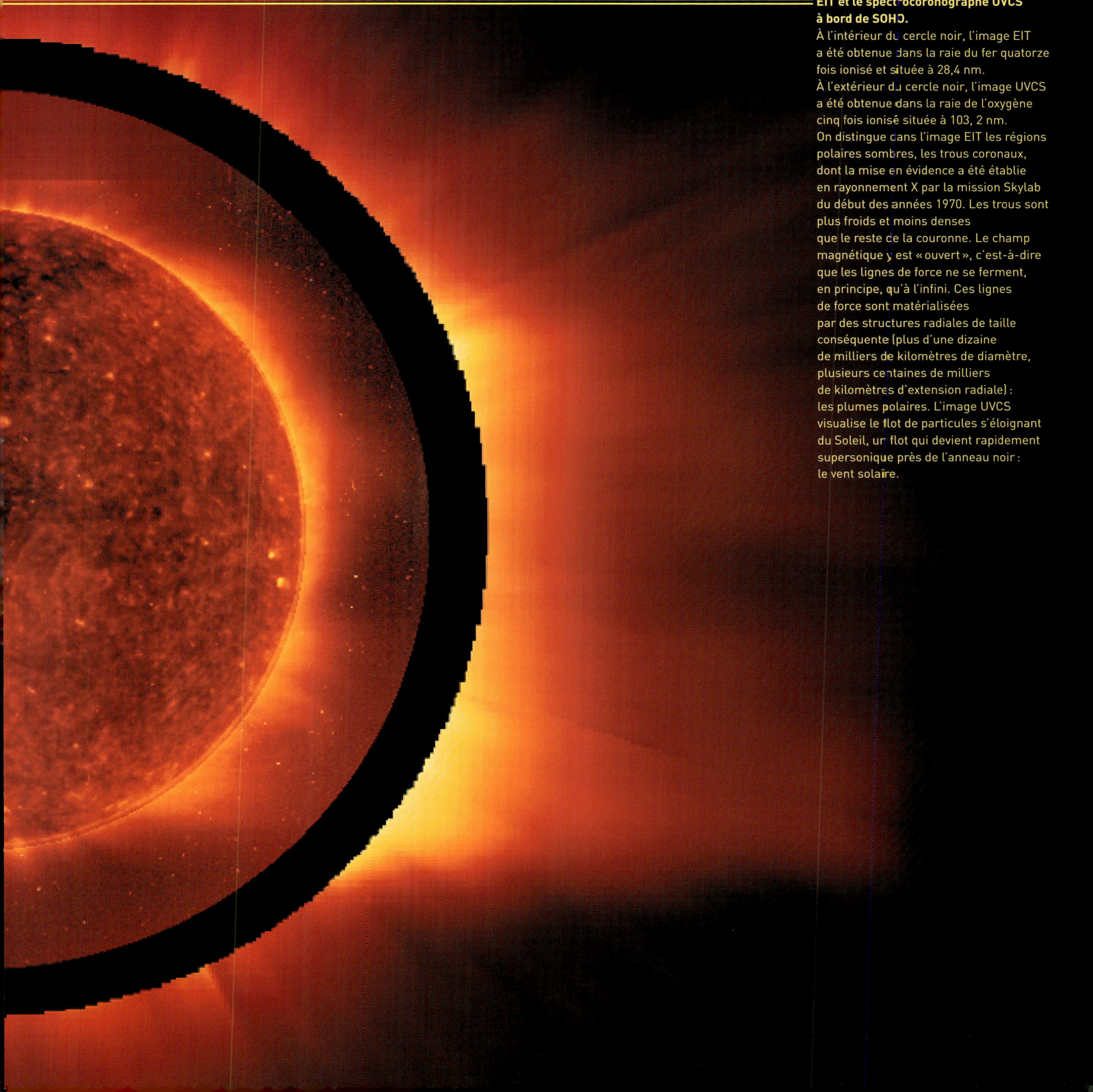

Cliché composite obtenu par l'imageur EIT et le spectrocoronographe UVCS à bord de SOHO.
À l'intérieur du cercle noir, l'image EIT a été obtenue dans la raie du fer quatorze fois ionisé et située à 28,4 nm.
À l'extérieur du cercle noir, l'image UVCS a été obtenue dans la raie de l'oxygène cinq fois ionisé située à 103, 2 nm.
On distingue dans l'image EIT les régions polaires sombres, les trous coronaux, dont la mise en évidence a été établie en rayonnement X par la mission Skylab du début des années 1970. Les trous sont plus froids et moins denses que le reste de la couronne. Le champ magnétique y est « ouvert », c'est-à-dire que les lignes de force ne se ferment, en principe, qu'à l'infini. Ces lignes de force sont matérialisées par des structures radiales de taille conséquente (plus d'une dizaine de milliers de kilomètres de diamètre, plusieurs centaines de milliers de kilomètres d'extension radiale) : les plumes polaires. L'image UVCS visualise le flot de particules s'éloignant du Soleil, un flot qui devient rapidement supersonique près de l'anneau noir : le vent solaire.

Deux comètes s'approchent du Soleil. Cette série d'images du coronographe C2 de LASCO, à bord de la sonde SOHO, a été obtenue le 1er juin 1998 à différentes heures. Elle montre deux comètes s'approchant de trop près du Soleil : elles ne réapparaîtront pas de l'autre côté... Le cercle intérieur blanc dessine le bord du disque solaire (occulté). À la mi-2002, la communauté de « chasseurs » de comètes fêtait la découverte par SOHO de la cinq centième comète.

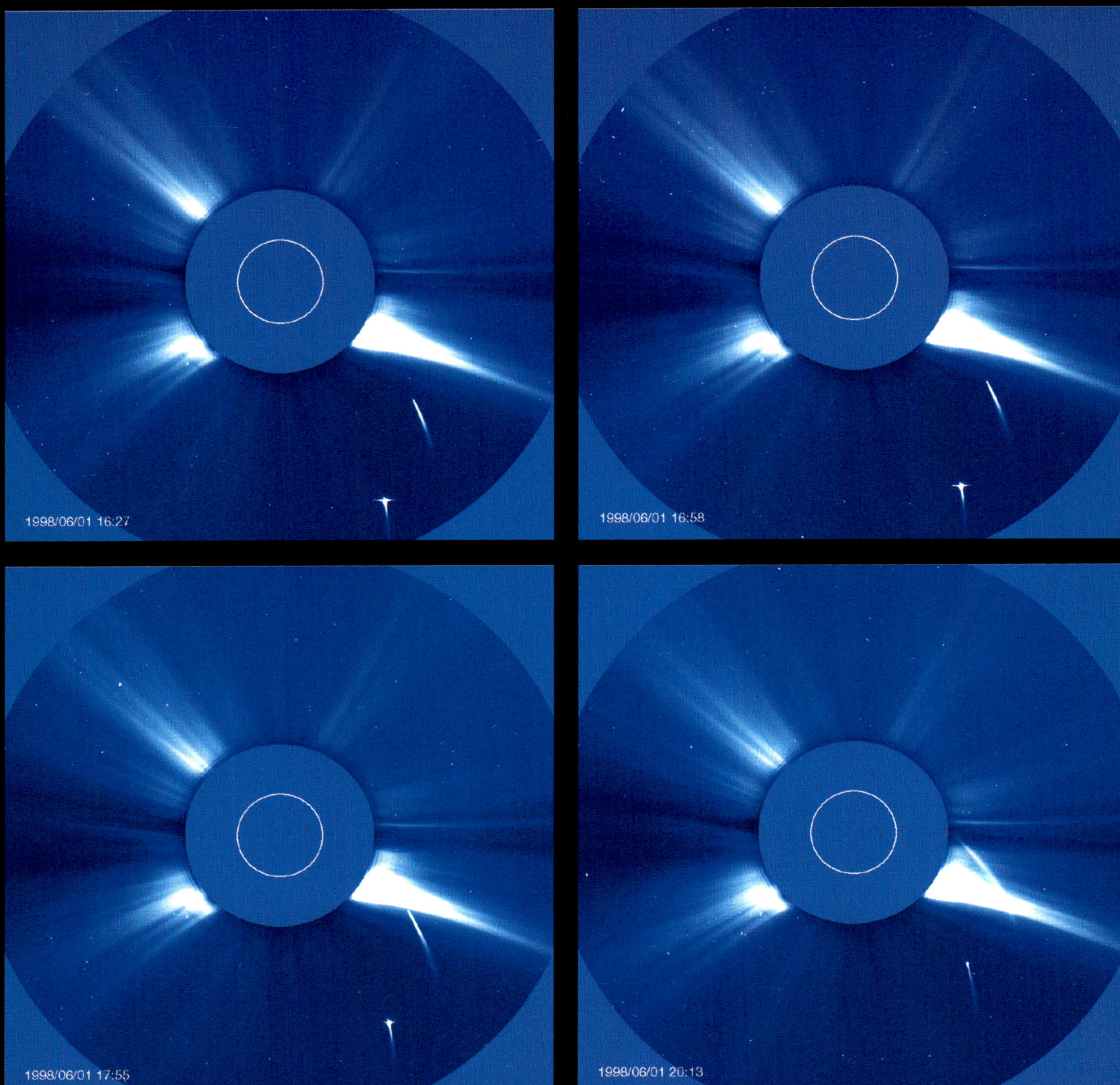

LA FUSION

La plus élémentaire de toutes les réactions thermonucléaires est la fusion de 4 noyaux d'hydrogène* (protons) en un noyau d'hélium*. Le seul vrai obstacle est d'ordre thermique : il faut que le milieu soit porté à des températures très élevées pour vaincre la répulsion électrostatique, faire en sorte que ces « boules de billard » se rencontrent. C'est cette réaction entre les noyaux d'hydrogène qui domine dans les étoiles légères de type solaire. Elle a lieu en plusieurs temps : d'abord, 2 paires de protons fusionnent pour former 2 noyaux de deutérium. À l'arrivée d'un nouveau proton, chaque noyau de deuterium (1 proton + 1 neutron) fusionne en un noyau de l'isotope He 3 de l'hélium (2 protons + 1 neutron). Deux de ces noyaux fusionnent enfin pour donner 2 protons et 1 noyau d'hélium (2 protons + 2 neutrons). La réaction s'accompagne d'une libération de neutrinos*, d'électrons de charge positive et de photons énergétiques (rayonnement gamma). La différence entre la somme des masses des noyaux de départ et la masse des produits formés correspond à l'énergie libérée, selon la célèbre formule d'Einstein $E = mc^2$, montrant l'équivalence masse-énergie. On peut, à partir de la valeur du rayonnement incident, calculer la masse d'hydrogène convertie chaque seconde : 610 millions de tonnes ! Et si l'on connaît la quantité totale d'hydrogène disponible au début de la vie du Soleil, on peut même calculer le temps qu'il faudrait pour tout brûler. Le résultat est de l'ordre de 10 milliards d'années. C'est une bonne estimation de la durée de vie du Soleil.

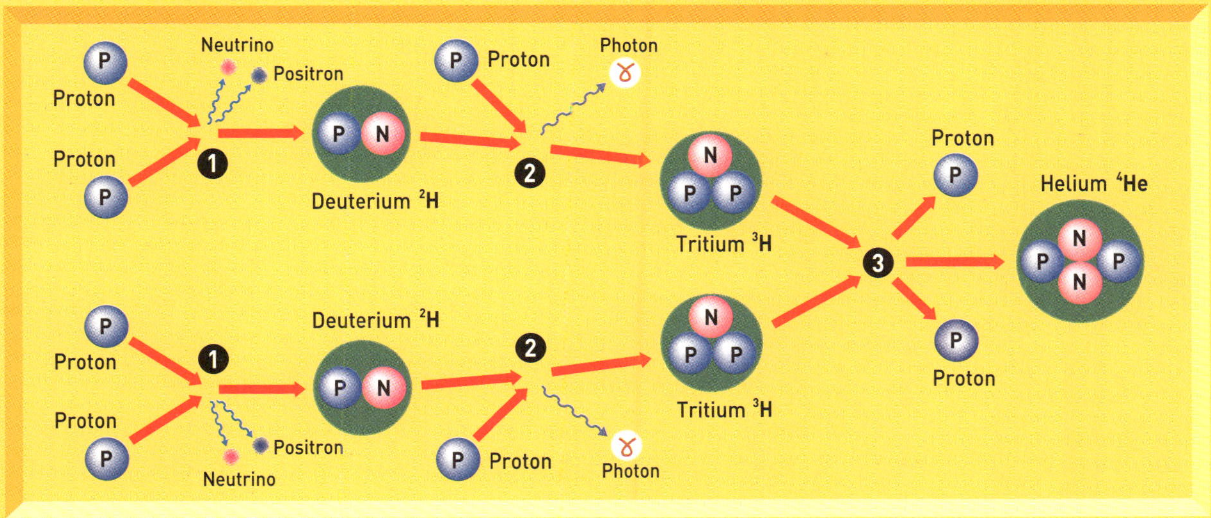

L'ÉNIGME DES NEUTRINOS SOLAIRES

Les réactions de fusion au cœur du Soleil sont sources de neutrinos. Ces particules ont de curieuses propriétés : elles sont électriquement neutres et de masse infinitésimale ; bref, ce sont de véritables « passe-murailles ». Elles traversent toutes les couches du Soleil sans encombre – une sur un million seulement interagit avec la matière.

Leur détection est une vraie épopée scientifique. Tout commence en 1930. Cette année-là, un très célèbre nom de la physique prédit leur existence. Dans une lettre adressée à ses collègues « radioactifs », l'Autrichien Wolfgang Pauli invente cette particule pour expliquer la disparition d'une partie de l'énergie dans la radioactivité bêta. Enrico Fermi les baptise « neutrinos » et bien plus tard un autre physicien, B. Pontecorvo, leur attribue une versatilité, autrement dit leur présence sous trois formes possibles, ou trois « saveurs ». En même temps, il propose un dispositif pour capturer les neutrinos issus du Soleil. En 1967, l'Américain Raymond Davis installe dans une mine d'or du Dakota du Sud un réservoir de 380 000 litres d'un composé chloré pour piéger quelques neutrinos. Et là, énorme surprise : il détecte un flux de neutrinos solaires près de trois fois inférieur à celui prédit par le modèle théorique des astrophysiciens. Ce dernier est-il faux ? De grandes expériences sont lancées en Russie, en Italie, au Japon, au Canada pour tenter d'y voir clair. Ce n'est qu'en 2001 que l'énigme des neutrinos solaires est finalement résolue : l'équipe du Sudbury National Observatory au Canada démontre la validité du modèle de Pontecorvo : les neutrinos changent de saveur entre leur point d'émission, le Soleil, et la Terre. Quand on en tient compte et que l'on mesure les trois saveurs, le compte y est ! En 2002, Raymond Davis reçoit le prix Nobel de physique pour son travail pionnier sur les neutrinos solaires.

Observatoire de neutrinos à Sudbury (Ontario, Canada).
Ce détecteur est situé à plus de 2 072 mètres de profondeur. Il a permis la découverte des trois variétés de neutrinos.

Dans le Soleil, la puissance émise, gigantesque, est due à la fusion de noyaux d'hydrogène, le plus simple des corps chimiques, constitués d'un seul proton et d'un électron. Ce combustible est contenu dans une région appelée « cœur » qui s'étend jusqu'à 0,25 rayon solaire (soit 175 000 kilomètres du centre) et où règne une température comprise entre 20 et 10 millions de degrés Kelvin. Le cœur du Soleil n'est donc ni plus ni moins qu'un gigantesque réacteur nucléaire à fusion dont la puissance est un million de milliards de milliards de fois supérieure à celle du réacteur expérimental ITER* (International Thermonuclear Experimental Reactor) qui réunira Européens, Japonais, Canadiens et Russes pour une vingtaine d'années. Dans le Soleil, c'est la force de gravité, cette force omniprésente dans le cosmos, qui maintient le combustible à l'intérieur du réacteur. C'est elle qui provoque l'échauffement du cœur : le poids des couches de gaz externes comprime les couches internes et les chauffe.

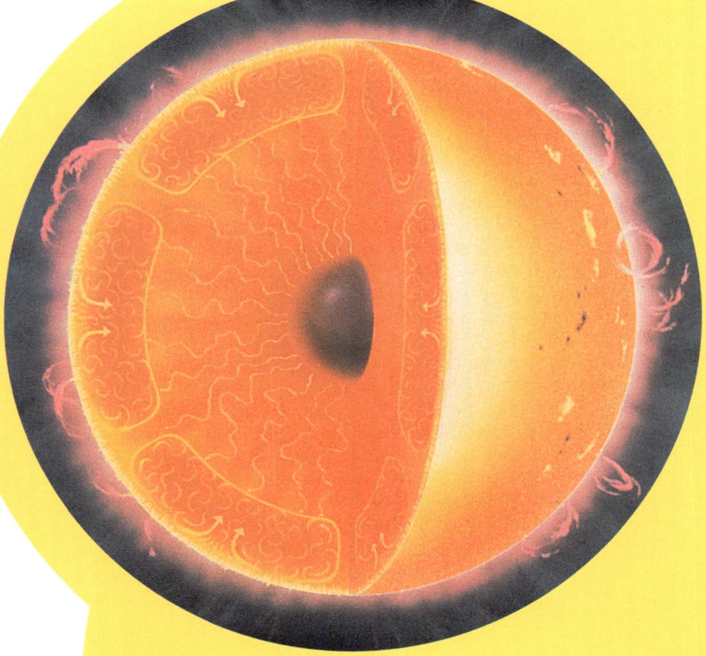

Structuration de l'intérieur et de l'extérieur du Soleil. La vue éclatée permet de distinguer à l'intérieur du Soleil : au centre (en sombre), un noyau d'environ 150 000 km de rayon où se produisent les réactions thermonucléaires ; puis une couche d'environ 350 000 km, dite zone radiative, dans laquelle s'effectue le transfert d'énergie radiative vers l'extérieur ; enfin la zone convective, épaisse de 200 000 km, où le transfert d'énergie est effectué par les rouleaux convectifs dessinés par les flèches jaunes. On a figuré à la surface des régions magnétiques telles que les taches (sombres) et les plages faculaires (brillantes). Les boucles roses hors du bord sont des protubérances qui baignent dans la couronne chaude (les pétales bleues sont des jets coronaux).

Mais comment passe-t-on de la fusion au rayonnement ? En fait, assez simplement : la réaction de fusion produit des photons très énergétiques qui s'échappent vers l'extérieur. Ensuite, lorsqu'on s'éloigne du cœur, la température ayant suffisamment baissé, les réactions nucléaires cessent. S'étend alors une vaste zone (allant de 0,25 à 0,85 rayon solaire), appelée zone radiative*, où le rayonnement est diffusé par les particules chargées du gaz. Il faut imaginer cette marche des photons vers l'extérieur comme une série de rencontres aléatoires avec la matière gazeuse ionisée. À chaque rencontre, les photons sont absorbés puis réémis après avoir abandonné une fraction de leur énergie. Tout se passe un peu comme dans un jeu d'endurance où les participants seraient amenés à rejoindre deux points très éloignés sans se reposer sur un parcours semé d'embûches. Résultat : les joueurs épuisés ont de plus en plus de mal à avancer droit. Certains abandonnent le jeu et, titubant, font demi-tour. Nos chers photons ont également du mal à trouver leur chemin vers la sortie.

On a calculé que le rayonnement émis au centre met en moyenne 170 000 ans à atteindre les bords de la zone radiative. À la périphérie de cette zone, le rayonnement est bloqué car la matière refroidie est passée d'un état fortement ionisé (plasma*) à un état neutre. Du coup, elle absorbe le rayonnement et l'énergie ne peut donc plus être transportée vers l'extérieur par radiation. fini la course d'endurance, ici commence la zone convective* : celle-ci s'étend de 600 000 kilomètres du centre à la photosphère, la surface visible du Soleil. À l'intérieur de cette zone, l'énergie est transportée par les mouvements convectifs de la matière.

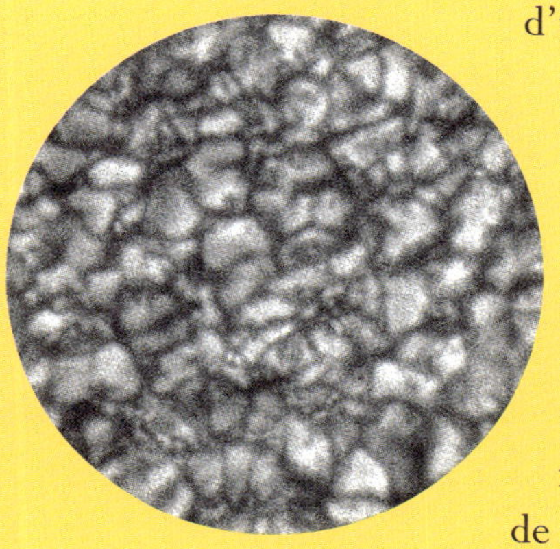

Granulation solaire. Ce maillage appelé granulation est constitué de granules brillants d'environ 1 000 km séparés par des lignes sombres (les intergranules) à forte concentration magnétique. L'aspect brillant des granules est dû à la montée de matière chaude des profondeurs de la zone convective. Au contraire, les intergranules sont sombres car la matière s'est refroidie en surface avant de replonger dans les profondeurs du Soleil. La durée de vie des granules est de quelques dizaines de minutes. Cliché de l'observatoire du pic du Midi.

Lorsque l'on chauffe de l'eau dans une casserole, l'eau chaude monte vers la surface et l'eau froide redescend. Des mouvements de matière en boucle apparaissent. C'est ce qui se passe dans la zone convective : des bulles de gaz chaud montent vers la photosphère, refroidissent puis retombent. Les astronomes, notamment ceux installés au pic du Midi, ont réussi à obtenir de magnifiques images de ce phénomène.

Les mouvements convectifs créent en effet sur la surface du Soleil une « granulation* » : un réseau de quelque 4 millions de cellules, de forme plus ou moins hexagonale, et d'environ un millier de kilomètres chacune. Au centre de chaque cellule, de la matière chaude monte, et sur les bords plus sombres, la matière gazeuse redescend. L'ensemble produit un gros bouillonnement qui engendre des ondes sonores. finalement, sous l'action des mouvements de convection, c'est toute la sphère solaire qui est ébranlée, un peu comme un tambour vibre sous les coups de baguette. Les vibrations acoustiques, ou ondes sonores, ont des périodes de l'ordre de 300 secondes (ou fréquences de 3 millièmes de hertz), trop graves pour être audibles si elles pouvaient nous parvenir.

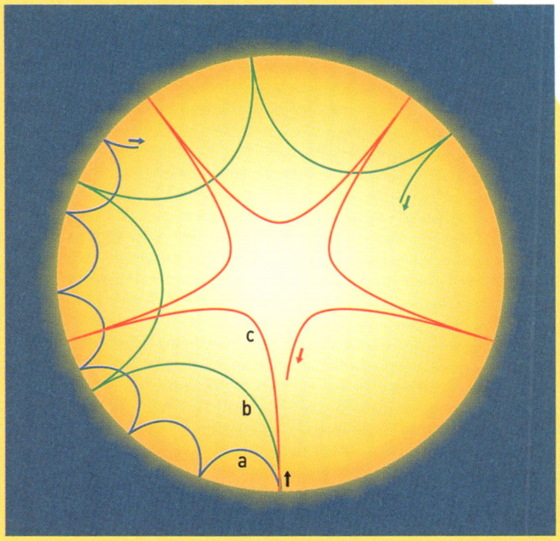

Propagation des ondes dites de pression à l'intérieur du Soleil.
Coupe de la sphère solaire où sont représentés trois trajets possibles d'ondes acoustiques issues d'un même point à la surface. Ces ondes pénètrent à l'intérieur du Soleil et sont diversement réfractées par le gradient de température (et donc de vitesse du son) rencontré. Elles rebondissent vers la surface, où elles sont réfléchies, et repartent vers l'intérieur. Pour le trajet a (en bleu), l'onde fait de multiples rebonds et explore une région assez superficielle de la zone convective. La période de l'onde nous renseigne sur la vitesse du son (et donc la température) dans cette région. Pour le trajet b (en vert), l'onde pénètre jusque dans la zone radiative et apporte une information sur la zone convective et la zone radiative. Pour le trajet c (en rouge), l'onde pénètre jusque dans le cœur du Soleil, mais elle est porteuse d'une information acquise selon un trajet très complexe, information difficile à extraire.

Sonder l'invisible

Se propageant vers l'intérieur du Soleil, ces ondes subissent diverses réfractions et réflexions. Tout au long de leur trajet, elles amassent des informations sur ce qui se passe en « dedans ». On peut donc, comme on parle de sismologie terrestre, parler de « sismologie des étoiles », une science émergente qui trouve sa toute première application dans l'étude du Soleil. On parle d'héliosismologie.

Les astronomes disposent finalement de deux outils pour sonder les profondeurs : une technique, la photométrie, enregistre les variations relatives d'éclat du Soleil associées aux mouvements vibratoires. Autre moyen d'investigation : l'analyse du décalage des raies spectrales. Le phénomène, appelé effet Doppler-fizeau*, se produit lorsque la source émettrice bouge par rapport à l'observateur. Or, comme on l'a dit, la surface du Soleil vibre et ces mouvements d'allers et retours, qui affectent aussi les couches les plus superficielles de la photosphère, modifient légèrement la position théorique des raies sur le spectre.

Décrire précisément les battements en surface (on parle de modes de vibration) nous permet de sonder l'intérieur du « tambour » solaire. La précision de l'héliosismologie est liée à la durée d'observation. Les battements doivent, dans le meilleur des cas, être analysés en continu. C'est pourquoi les astronomes ont déployé sur terre des réseaux d'observation répartis en longitude, de sorte qu'à aucun moment les instruments ne sont privés de leur objet d'étude, malgré la rotation terrestre. « Avec nous, le Soleil ne se couche jamais ! » : telle pourrait être la devise du réseau d'observation français IRIS* (International Research of the Interior of the Sun) ou du réseau américain GONG* (Global Oscillations Network Group).

Représentation instantanée d'un mode de vibration du Soleil.
Les couleurs rouge et bleue correspondent aux régions où une onde atteint une amplitude minimale et maximale à un instant donné. Sur le cercle parallèle à l'équateur, on remarque l'alternance de régions bleues et rouges aux frontières desquelles l'amplitude de l'onde ne varie pas. S'il s'agit de soulèvements de la surface du Soleil, les régions « en creux » deviendront des régions « en bosse » et réciproquement. La périodicité de ces ondes est voisine de 5 minutes et les soulèvements sont de l'ordre du mètre. Elles ne pénètrent guère plus bas que la zone convective (en granulé orange). Le Soleil contient plus de dix millions de tels modes de vibration.

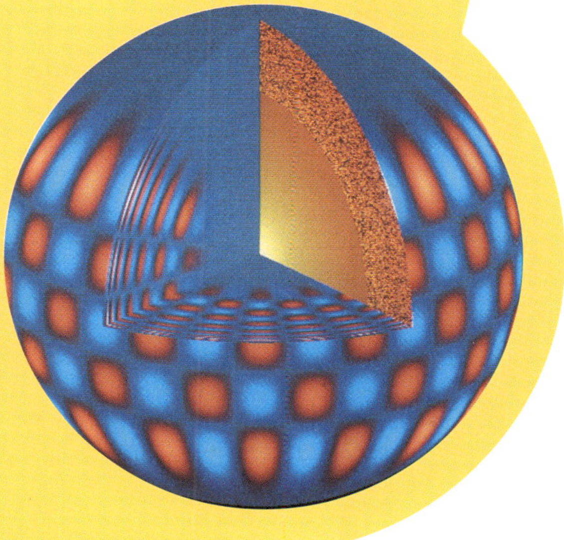

Autre moyen d'assurer la continuité des mesures : se placer entre Terre et Soleil, en un point stratégique où les attractions solaire et terrestre s'équilibrent. C'est là, autour du point dit de Lagrange intérieur, que l'ESA* et la NASA* ont positionné le satellite d'observation SOHO* (pour Solar and Heliospheric Observatory) au début de l'année 1996. Depuis cette date, la sonde équipée de plus de 800 kilogrammes d'instruments ausculte de façon quasi continue notre étoile. À son bord, une batterie de trois instruments enregistre les battements du Soleil.

Jusqu'à ce jour, ce sont des millions de modes de vibration qui ont pu être inventoriés et analysés. On en a déduit des informations sur les températures en profondeur, sur la composition du milieu, sur les vitesses de rotation des différentes couches...

On a pu ainsi mettre directement en évidence la rotation différentielle de la couche convective (elle tourne plus vite à l'équateur qu'aux pôles) et la rotation rigide, en un bloc, de la sphère solaire sous la tachocline*, une couche située entre la zone radiative et la zone convective et dont l'existence, prédite par l'Américain Edward Spiegel et le Français Jean-Paul Zahn, a été confirmée par SOHO et le réseau GONG.

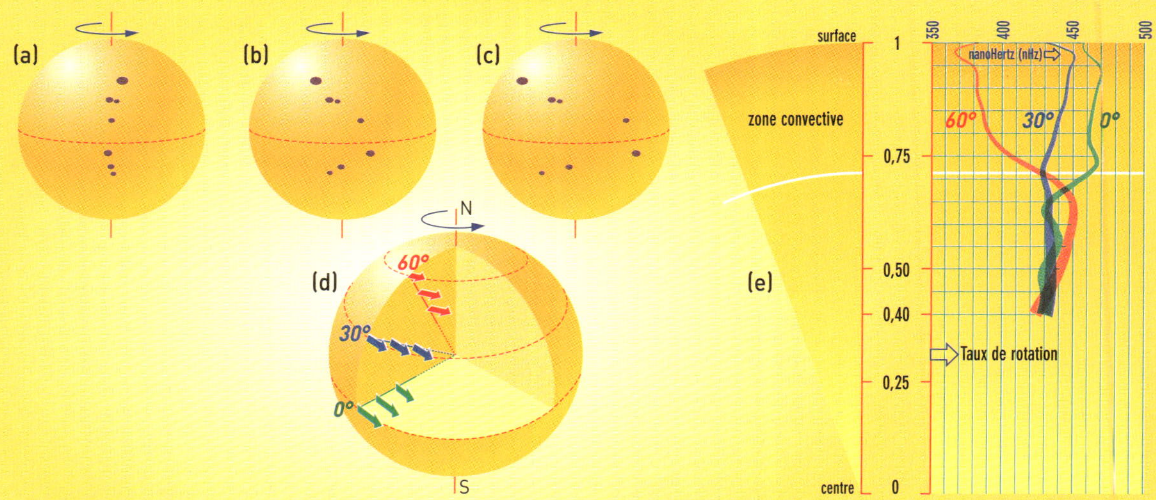

Rotation différentielle du Soleil. Le Soleil tourne sur lui-même, mais il tourne plus vite à l'équateur qu'aux pôles. Les figures (a), (b) et (c) représentent les positions successives d'un groupe de taches à un mois d'intervalle environ. Les taches ont la position de départ en (a). Après un tour de Soleil, les taches proches de l'équateur ont pris de l'avance (b), ce qui est confirmé un tour plus tard (c). L'héliosismologie a permis de mesurer la rotation différentielle à l'intérieur du Soleil. Sur la figure (d), les flèches représentent le taux de rotation angulaire : à l'équateur, la longueur de la flèche diminue quand on s'enfonce à l'intérieur ; à la latitude de 30°, les flèches sont à peu près égales ; au contraire, à la latitude de 60°, la longueur des flèches augmente vers l'intérieur. Dans la figure de droite, on a porté le taux de rotation en fonction de la profondeur. Le taux de rotation est mesuré en nanoHertz : on s'assurera facilement que l'inverse est bien une période de rotation de l'ordre de 25-30 jours.

De la surface à la banlieue solaire

Présenter un écorché du Soleil est la façon la plus simple de donner à voir la structure interne de l'étoile, en couches concentriques. La photosphère, la couche la plus superficielle, est cette frontière en dessous de laquelle l'opacité devient totale. L'écorché correspond donc à la région non visible du Soleil. Au-dessus de la photosphère, le rayonnement arrive à s'échapper : on peut alors « voir » le Soleil.

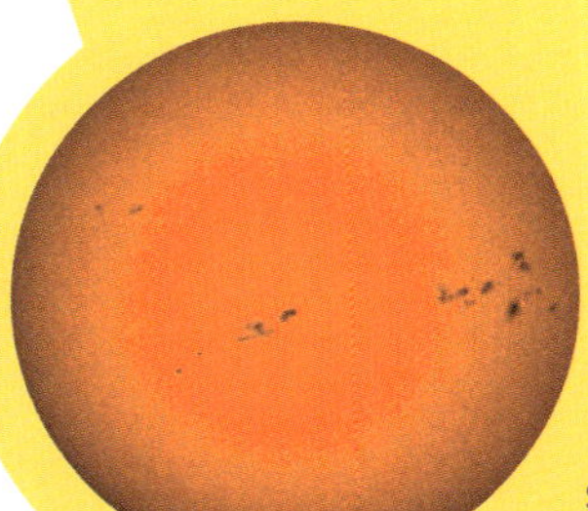

Soleil en lumière blanche. Ce cliché de janvier 1991 montre le phénomène d'assombrissement centre-bord qui indique que la température dans la photosphère diminue avec l'altitude.

Mais attention : des précautions s'imposent si l'on ne veut pas risquer une destruction irréversible de la rétine. Regarder le Soleil à l'œil nu est totalement proscrit, sauf au lever ou au coucher de l'astre, lorsque le rayonnement est pour partie absorbé par les couches atmosphériques. On voit alors très nettement la photosphère et, avec un peu de chance, ses structures les plus mystérieuses : les taches solaires*.

Au XIXe siècle, les savants se mettent à observer de façon systématique ces taches. Les découvertes s'enchaînent. Les longues séries d'observation révèlent que la photosphère qui « porte » les taches tourne plus vite à l'équateur qu'aux pôles ; on découvre aussi que ces zones sombres sont plus froides d'un millier de degrés que le milieu environnant. Mais le résultat majeur, on le doit à l'astronome américain George Hale, qui au début du XXe siècle plaça la fente de son spectrographe sur une tache solaire. La raie sombre qu'il étudiait se dédoubla fortement à cause de l'intensité du champ magnétique à cet endroit, environ 3 000 gauss*, soit près de 10 000 fois le champ magnétique terrestre. La présence d'un champ magnétique aussi intense dans une région aussi vaste – le diamètre d'une tache peut atteindre 30 000 kilomètres, soit deux fois celui de la Terre – a conduit les physiciens à penser que l'étoile Soleil est habitée par des champs magnétiques profonds qui, atteignant la surface, occupent le terrain et gouvernent l'atmosphère externe. Ils ont noté le comportement dynamique des taches : elles tournent sur elles-mêmes comme des tourbillons dans un cours d'eau ou comme des toupies manipulées par en dessous ; des flots de matière (du gaz emporté à près de 10 000 kilomètres par heure) montent du centre et s'écoulent vers l'extérieur, comme la lave d'un volcan. Les chercheurs ont pensé que le champ magnétique intense empêchait une bonne partie du matériel convectif chaud de monter, d'où les faibles températures à l'aplomb de la tache. Mais comment le prouver ?

Encore une fois, c'est SOHO et l'instrument embarqué MDI* (pour Michelson Doppler Imager) qui ont permis de voir ce qui se passe localement sous les taches. En somme, on a pu sonder la zone d'opacité totale, visualiser les mouvements de matière. Un exploit, inimaginable il y a seulement 10 ans. Sur les images, on devine la compression locale du champ

Vue rapprochée d'un groupe de taches.
Il s'agit d'un cliché obtenu, le 15 juillet 2002, au Swedish Solar Telescope (La Palma, îles Canaries) avec la meilleure résolution spatiale jamais réalisée. Chaque graduation représente 1 000 km. La couleur jaune est arbitraire. On distingue nettement l'ombre des deux taches, sombres car froides, et les « filaments » qui constituent la pénombre des taches. On trouve ces filaments ailleurs dans le champ sur fond de granulation. Les filaments de pénombre sont la trace du champ magnétique qui sort verticalement de l'ombre, puis va s'incliner dans la photosphère voisine.

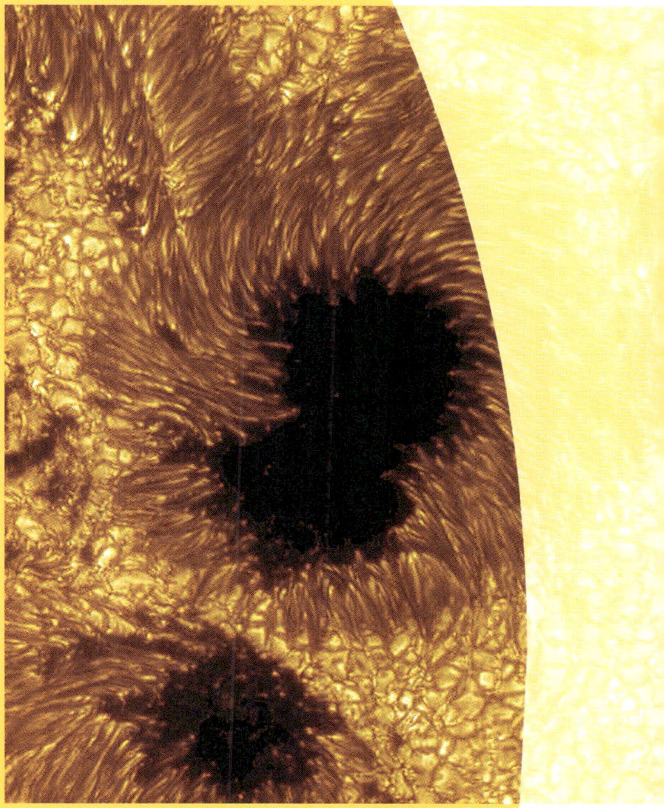

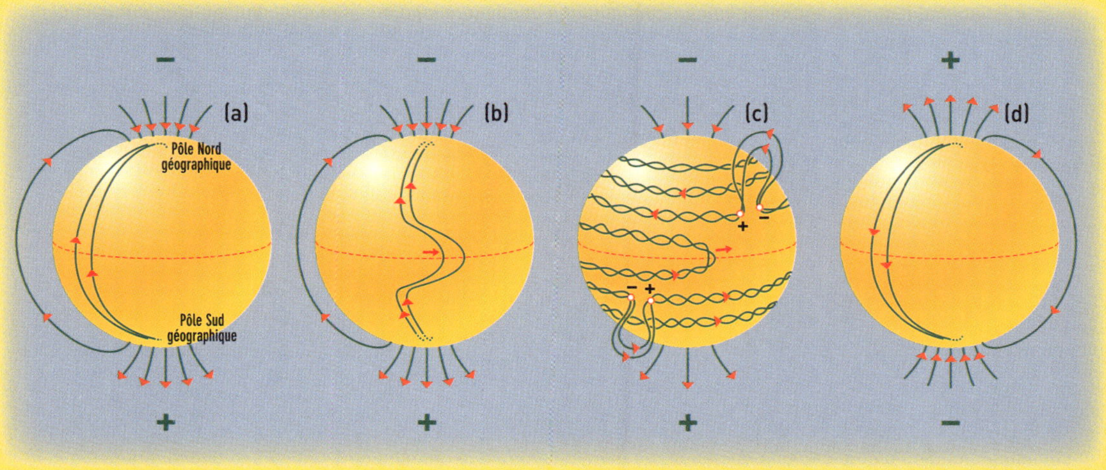

Fabrication du champ toroïdal du Soleil au cours d'un cycle d'activité.
L'activité solaire en (a) est à son minimum. La structure du champ magnétique est celle d'un gigantesque « barreau » aimanté avec deux pôles d'aimantation opposés : un pôle Nord (ici, situé au pôle Sud géographique) et un pôle Sud (ici, situé au pôle Nord géographique). Les lignes de champ (flèches) traduisent l'orientation du vecteur champ magnétique, dit poloïdal. Le Soleil en (b) a tourné et, du fait de la rotation différentielle de surface, les lignes de champ près de l'équateur ont pris de l'avance. L'avance prise en (c) est telle que ces lignes font maintenant plusieurs tours entre équateur et pôles. Par ailleurs, des lignes de champ rapprochées se sont entortillées sous l'effet des mouvements convectifs et sont venues crever la surface solaire en y créant tache(s) et plages faculaires. Le Soleil est alors à son maximum d'activité. Le champ magnétique, proche de tores équatoriaux, est dit toroïdal. Onze ans après (d), les polarités polaires se sont inversées et le cycle recommence, avec cette fois coïncidence des pôles magnétiques et géographiques.

magnétique qui évacue une partie de la matière. Celle qui reste, moins dense, est soumise à la poussée d'Archimède et monte vers la surface. Enfin, d'autres observations ont confirmé que le champ magnétique se fabrique dans la tachocline, là où le plasma commence à tourner de façon rigide. Reste à comprendre le mécanisme exact... À l'heure actuelle, aucune réponse, aucun modèle ne font l'unanimité parmi les théoriciens du Soleil.

Champ de spicules à la surface du Soleil.
Ce cliché a été pris dans la raie rouge Alpha de l'hydrogène à 656,3 nm. On distingue au premier plan un centre actif avec des structures très brillantes et un long filament sombre constitué de matière froide. Plus loin, des bâtonnets sombres sont disposés à la manière de haies autour de régions vaguement circulaires. Ce sont des spicules inclinées de 30° par rapport à la verticale et constituées d'une matière froide qui pénètre dans la couronne à une vitesse d'environ 20 km/s.

Le chauffage de la couronne

Les énigmes scientifiques ne sont pas réservées aux profondeurs stellaires. Au-dessus de la photosphère, un phénomène bien particulier continue d'étonner les spécialistes. La température du gaz qui était retombée à 4 250 degrés K à quelques centaines de kilomètres au-dessus de la photosphère recommence à croître pour atteindre plus d'un million de degrés K dans la « couronne » solaire. L'existence à cet endroit d'un gaz très chaud et très dilué est connu depuis les années 1940 : c'est à cette époque que l'on découvre que les raies d'émission présentes dans le spectre solaire sont émises par des atomes (tel le fer) visiblement dépouillés de leurs électrons dans des conditions de températures très élevées. Pourquoi et comment la température croît-elle de nouveau alors que l'on s'éloigne du fourneau central ? L'explication est d'autant plus malaisée à fournir que la transition thermique est brutale, sur quelques centaines de kilomètres à peine. De quelle énergie dispose le gaz de la couronne pour faire ainsi grimper le thermomètre solaire ?

Il faut bien l'avouer : après un demi-siècle de recherches et malgré les instruments les plus performants, nous sommes toujours dans

À QUAND LA PROCHAINE ÉCLIPSE ?

Éclipse totale de Soleil du 11 août 1999.

Étymologiquement, éclipse signifie « omission ». Le phénomène correspond à l'interposition de la Lune entre le Soleil et la Terre. Que le Soleil puisse être totalement occulté résulte d'une belle coïncidence. Si la Lune est 400 fois plus petite que le Soleil, elle est aussi 400 fois plus proche de nous. Chaque point du globe est susceptible d'être touché par une éclipse totale de Soleil tous les 370 ans environ. L'éclipse est totale quand le diamètre apparent de la Lune est supérieur ou égal au diamètre apparent du Soleil car la Lune masque alors le Soleil. Si le diamètre apparent de la Lune est inférieur à celui du Soleil (et si Soleil, Lune et Terre sont bien alignés), l'effet de masque n'est pas total, et il reste un anneau de lumière solaire autour du disque noir de la Lune. L'éclipse est alors appelée annulaire. Enfin, dans les autres cas, plus fréquents, le disque solaire est partiellement balayé par la Lune, et l'éclipse est dite partielle.

Ce n'est que depuis quelques centaines d'années que les astronomes, avec les travaux de Johannes Kepler, puis Isaac Newton, savent calculer avec une précision extrême le mouvement des planètes et donc la date et le lieu des éclipses. Les prochains rendez-vous ? En avril 2005, l'éclipse sera annulaire ou totale dans le Pacifique Sud et en Amérique centrale. En octobre 2005, l'éclipse sera annulaire de l'Espagne à l'Éthiopie en passant par l'Algérie et la Libye. En France, elle sera partielle. En mars 2006, l'Afrique, le Proche-Orient et la Russie bénéficieront d'une éclipse totale (elle sera encore une fois partielle en France). En septembre de la même année, c'est le Brésil et l'Atlantique Sud qui verront une éclipse annulaire.

Nul doute que des milliers d'amateurs d'astronomie feront le déplacement pour voir ce spectacle magique de l'« éclairage » fugace de la région visible autour de la Lune : la couronne solaire. Les professionnels effectueront eux aussi des observations, le plus souvent complémentaires des observations spatiales.

l'incapacité de résoudre cette énigme. Bien sûr, les propositions ont été nombreuses. À la fin des années 1940, certains chercheurs, dont le Français Evry Schatzman, ont tout d'abord songé à l'énorme réservoir d'énergie disponible dans la zone de convection et en particulier aux ondes sonores qui y sont créées. En se propageant vers l'extérieur dans un milieu qui se raréfie, elles se transforment en ondes de choc. Observations et calculs montrent toutefois que ces ondes perdent rapidement leur énergie dans la chromosphère, zone située juste au-dessus de la photosphère. Elles ne montent pas assez haut pour chauffer la couronne.

Une piste plus récente met au premier plan la puissance du champ magnétique. Là encore SOHO a apporté du nouveau. Pourtant, observer la couronne solaire relève d'une gageure. Plusieurs raisons à cela : tout d'abord, la matière y est extrêmement ténue. La densité en atomes est 10 000 fois moindre que dans la photosphère. Ensuite, la région est très vaste : elle s'étend jusqu'à 100 fois l'orbite de la Terre.

Enfin, et c'est tout le problème, le plasma y est très chaud : la matière émet donc un rayonnement dans la gamme de l'ultraviolet – extrême ultraviolet ou X du spectre électromagnétique. Pour compliquer les choses, la sphère solaire éblouit totalement les instruments d'observation, tout comme peuvent être gênants pour un conducteur les phares d'une voiture arrivant de face. En 1930, un astronome français parvient à surmonter la difficulté en fabriquant un occulteur pour télescope. Bernard Lyot invente le coronographe, outil qui connaîtra un énorme succès auprès des astronomes. Et pour cause : auparavant, seules les éclipses naturelles donnaient aux spécialistes l'occasion d'observer la couronne solaire dans ses moindres détails. Mais il fallait faire vite et l'on était soumis aux aléas météorologiques, ce qui ajoutait au caractère incertain de l'entreprise. Bloquant le rayonnement du disque photosphérique, le coronographe produit des éclipses artificielles à la demande. L'envol de cet instrument dans l'espace a permis de s'affranchir du « fond du ciel » et surtout d'opérer dans l'ultraviolet.

Quatre coronographes différents se trouvent à bord de SOHO : UVCS* (pour UltraViolet Coronograph Spectrometer) travaille dans l'ultraviolet un jeu de trois autres télescopes regroupés dans l'instrument LASCO* (pour Large Angle Spectrometric Coronograph) couvre une large zone coronale (jusqu'à 30 fois le rayon du Soleil). Que nous ont appris ces observations ? Elles ont démontré le rôle essentiel des lignes de force du champ magnétique dans la structuration de la couronne.

Celle-ci est le siège de phénomènes connus depuis longtemps des astronomes, les trous* et les jets coronaux*, mais dont l'origine restait mystérieuse. Les images des coronographes montrent que, dans ces structures, les lignes de champ sont ouvertes vers l'infini (trous) ou fermées comme des arches (jets). On peut dire que le champ magnétique guide la matière dans la couronne.

N'est-il pas aussi responsable de l'élévation inattendue de température ?

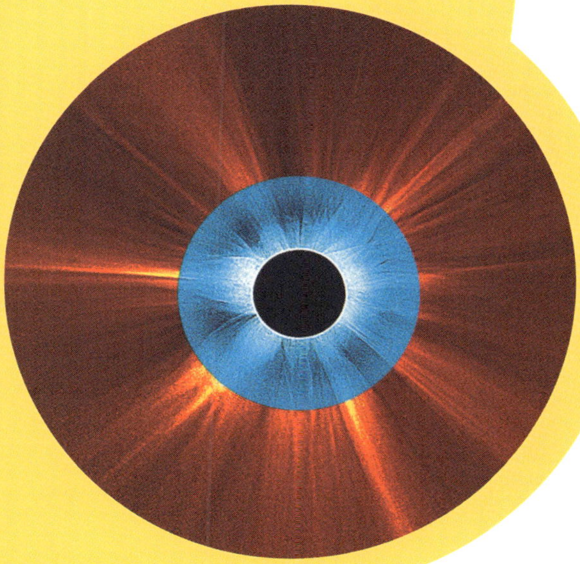

La couronne solaire observée lors d'une éclipse depuis le sol et dans l'espace par la sonde SOHO. Image composite par D. Alvarez et S. Koutchmy.

Zoom sur les boucles coronales solaires.
Image obtenue par l'observatoire spatial TRACE (Transition Region And Coronal Explorer) de la NASA qui observe dans l'extrême ultraviolet le plasma coronal à plus d'un million de degrés K. Les boucles magnétiques peuvent atteindre une centaine de milliers de kilomètres de long, alors que leur diamètre peut être aussi petit que 500 km.

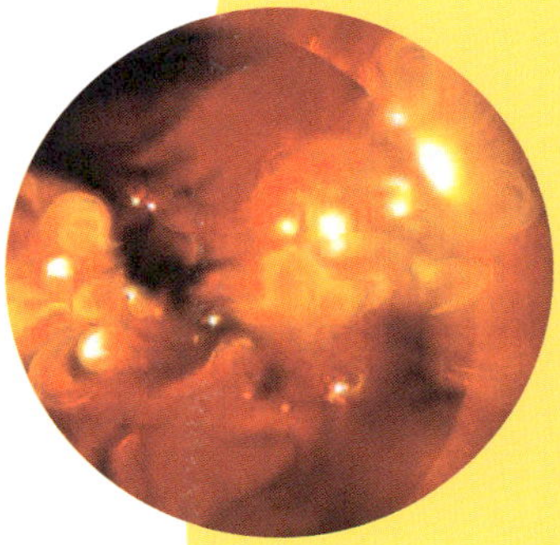

Le Soleil en rayons X.
Image obtenue le 12 novembre 1991 par le télescope à rayons X à bord du satellite japonais YOHKOH. On aperçoit de très grandes boucles coronales brillantes (dont la température atteint 5 millions de degrés K), contrastant avec les régions sombres proches du pôle, les trous coronaux, dont la température n'atteint pas le million de degrés K.

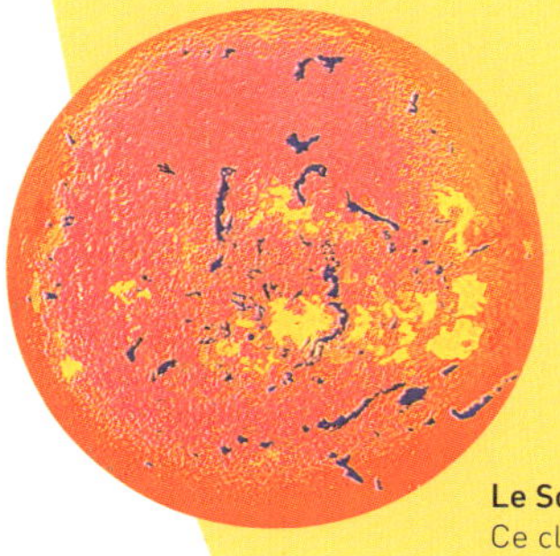

Le Soleil rouge.
Ce cliché en fausses couleurs a été obtenu dans la raie rouge Alpha de l'hydrogène à 656,3 nm. On y reconnaît les taches (petites régions sombres circulaires), les plages faculaires (jaunes) et les filaments (bleus).

C'est ce que suggèrent les observations combinées des télescopes spatiaux YOHKOH* (dans les rayons X mous), de l'instrument EIT* embarqué sur SOHO et plus récemment celles du satellite TRACE dans l'extrême ultraviolet. Toutes ces observations ont mis en évidence des phénomènes de rencontres « forcées » entre boucles ou ponts de matière, rencontres pouvant occasionner l'annihilation de lignes de champ magnétique de sens opposés. Le processus appelé « reconnexion magnétique » qui conduit à l'accélération de particules et à la propagation d'ondes de tous types libère une grande quantité d'énergie susceptible de chauffer le plasma environnant. On sait d'ailleurs que les ondes peuvent emporter de l'énergie plus haut encore dans l'atmosphère et la transmettre aux ions de la couronne ainsi chauffés et accélérés (voir encadré p.42).

Notre balade dans la couronne solaire serait inachevée si l'on n'évoquait le « paradoxe des protubérances ». De quoi s'agit-il ? Les protubérances sont des structures sombres et allongées qui peuplent la couronne. Leur aspect sombre est dû à la présence d'une très grande quantité de matière froide : la température des protubérances est environ 100 fois inférieure à celle du milieu coronal qui les baigne. D'où ce paradoxe : comment de la matière froide peut-elle tenir jusqu'à quelques mois dans un milieu beaucoup plus chaud ? On soupçonne là encore le champ magnétique : il servirait à la fois de support et d'isolant aux protubérances. D'une certaine façon, la matière froide, venant de la chromosphère, serait comme piégée à haute altitude dans la couronne, dans des sortes de « hamacs » magnétiques. Ne pouvant retomber par simple gravité, ces structures resteraient ainsi accrochées en l'air pendant de longues semaines. Voilà l'une des hypothèses en cours, mais il y en a d'autres !

Toujours est-il que la protubérance peut être soumise à de brusques variations qui entraînent l'éjection de la matière qu'elle contient : elle devient alors éruptive. On appelle cela une éjection de matière coronale*, mais le terme anglais, CME (pour Coronal Mass Ejection), est aussi très souvent utilisé.

Avant la mise en service de SOHO, on avait peu d'indices sur la fréquence de ces phénomènes, dont l'ampleur reste toujours difficile à conceptualiser : ce sont parfois des milliards de tonnes de matière qui sont ainsi envoyés dans l'espace interplanétaire, avec des vitesses dépassant les 1 000 kilomètres par seconde ! Les coronographes de LASCO en ont détecté jusqu'à plusieurs par semaine, même dans les périodes de faible activité solaire… Les protubérances analysées par cet instrument sont celles qui s'enfuient dans une direction perpendiculaire à la direction Soleil-Terre la matière qu'elles envoient a donc peu de chance de nous atteindre. Un autre instrument embarqué sur SOHO, EIT, a pu détecter les départs de CME sous forme d'ondes. Ces ondes ont la même allure que celles produites par le jet d'un caillou à la surface d'un étang. Les astronomes disposent là d'un moyen puissant de détection précoce des CME susceptibles de frapper la Terre.

Il devient de plus en plus évident que l'action du champ magnétique n'est pas restreinte à la photosphère, à la chromosphère ou à la couronne : elle s'étend bien au-delà. En effet, le vent solaire qui prend, pense-t-on, sa source dans la basse couronne et se propage dans tout le milieu interplanétaire avec des vitesses atteignant 800 kilomètres par seconde pourrait lui aussi être largement associé au champ magnétique : c'est du moins ce que suggèrent les mesures de composition du vent à bord de SOHO. À la position du satellite, c'est-à-dire à une unité astronomique du Soleil, on observe que certaines particules chargées se trouvent en surabondance dans le vent solaire par rapport à la photosphère or ces éléments sont facilement ionisables (ils perdent aisément un ou plusieurs électrons et sont donc chargés positivement). D'où l'idée que, dans la chromosphère, le champ magnétique joue le rôle d'agent de la circulation, dirigeant les ions vers l'extérieur et retenant les atomes trop difficiles à ioniser.

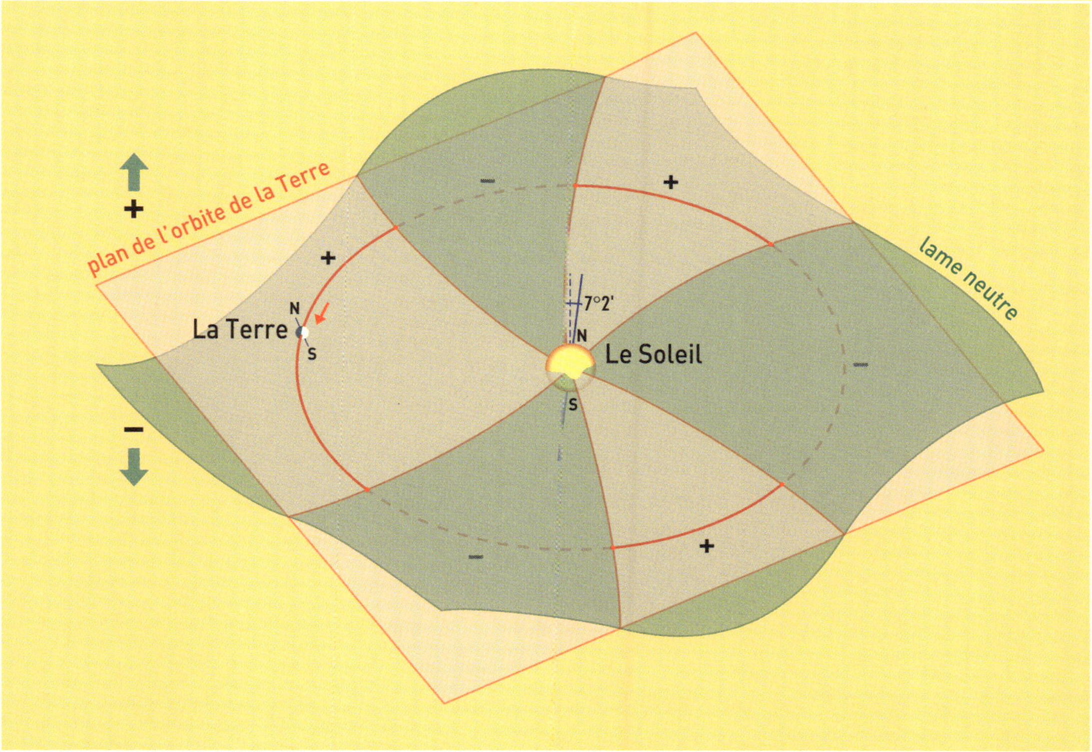

Rencontre de la Terre avec le champ magnétique solaire. Cette figure (dite jupe de ballerine) représente le champ magnétique solaire que rencontrerait la Terre sur son orbite elliptique (en bleu) si ce champ était stationnaire dans le temps. La surface où il change de signe (la lame neutre) est en rouge : lorsque la Terre est au-dessus de cette surface (orbite en trait continu), elle « voit » le champ solaire orienté comme le sien (sud-nord) ; quand elle est en dessous, elle « voit » un champ magnétique solaire opposé au sien.

On a là un exemple, parmi tant d'autres, du rôle omniprésent du champ magnétique dans les régions extérieures du Soleil qui s'étendent jusqu'à la Terre et bien au-delà. Comme l'avait montré il y a près de 50 ans le Suédois H. Alfvén, ce champ canalise les mouvements de matière et les ondes qui s'échappent dans le milieu interplanétaire (ondes qui portent d'ailleurs son nom).

De même, dans la chromosphère, le champ magnétique pourrait accélérer le vent solaire selon un mécanisme qui reste débattu (voir encadré p.42).

LE MÉCANISME DU VENT SOLAIRE

Dans les années 1960, l'Américain Eugene Parker a cherché à expliquer l'existence d'un vent solaire composé de particules chargées (protons, noyaux d'hélium, ions lourds) par l'expansion d'une couronne très chaude vers les régions extérieures très diluées et froides. Mais après plus de quatre décennies de mesures spatiales, on sait aujourd'hui que ce mécanisme ne suffit pas. L'exploration de la sonde ULYSSE, en 1994 (pôle Sud) et 1995 (pôle Nord), a révélé la présence d'un vent deux fois plus fort que ce que l'on avait enregistré jusque-là : 800 kilomètres par seconde. Ce vent rapide est moins dense que le vent lent, si bien que les flux de masse des deux types de vent mesurés à la même distance du Soleil sont très voisins. Cette moindre densité du vent rapide laisse penser qu'il se forme dans les régions, généralement polaires, où la densité de matière (et la température) est réduite. Dans ces « trous coronaux », les lignes du champ magnétique sont radiales et toutes orientées de la même façon. La porte est ainsi ouverte à un important échappement de gaz. Le spectrocoronographe ultraviolet UVCS sur SOHO a mesuré à des altitudes supérieures à 1 million de kilomètres dans la couronne la largeur des raies émises par des éléments comme l'hydrogène et des ions « lourds » comme l'oxygène cinq fois ionisé. Il a été établi que plus l'ion est lourd, plus la raie émise est large et donc plus la température de l'élément ou son agitation est élevée : les chercheurs américains et italiens en ont conclu que cet échauffement privilégié des ions lourds résulte de l'interaction entre les ondes émises par la chromosphère (notamment à l'occasion de reconnexions magnétiques) et les ions tournant autour du champ ; la résonance, intervenant quand ondes et particules sont « accordées », contribuerait alors à chauffer et à « pousser » les ions. Mais aucune preuve décisive n'a été acquise. Quoi qu'il en soit, le champ magnétique et les ondes associées, facilement produites dans la chromosphère, jouent sans doute un rôle décisif dans la mise en route du vent rapide.

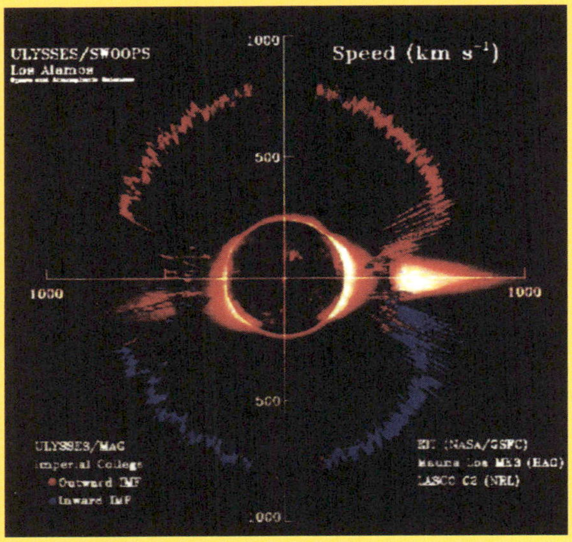

Les deux régimes de vent solaire.
Le tracé semi-circulaire rouge représente la vitesse du vent solaire mesuré par la sonde ULYSSE de l'ESA quand elle est passée au-dessus (en rouge) et en dessous de l'écliptique (en bleu). L'image combine, elle, des observations du télescope-imageur EIT à bord de SOHO, d'un coronographe situé au Mauna Loa (Hawaï, États-Unis) et du coronographe C2 de LASCO à bord de SOHO. Elle permet de constater que le vent solaire est partout rapide (800 km/s), sauf dans les régions équatoriales (400 km/s).

Les instabilités du Soleil

À considérer ses propriétés globales en termes de rayonnement ou d'émission de particules, le Soleil se révèle finalement une étoile assez peu variable. C'est d'ailleurs heureux pour la vie sur terre. Son « climat » fait toutefois alterner des phases de calme et de fébrilité (on parle d'un Soleil « actif »). C'est un astronome allemand amateur, Heinrich Schwabe, qui a le premier mis en évidence cette alternance. À partir de 1825, Schwabe se mis à compter quotidiennement le nombre de taches à la surface du Soleil. Il observe une cyclicité de 11 ans, mais note aussi une certaine variabilité : deux cycles ne sont jamais identiques. En fait, on s'est par la suite aperçu que le nombre de Wolf, qui tient compte du nombre de taches et du nombre de groupes de taches, varie de quelques unités à quelques centaines. Plus surprenant encore : le lieu d'apparition des taches (dont la durée de vie va de quelques semaines à quelques mois) suit, lui aussi, une variation périodique. Au début du cycle, c'est-à-dire au minimum d'activité, les taches apparaissent à des latitudes élevées (± 40°). Puis cette latitude décroît pour atteindre de 0 à 10° à la fin du cycle. Quand on reporte sur une longue période la latitude d'apparition des taches en fonction du temps, on obtient un diagramme en papillon, qui se reproduit d'un cycle à l'autre.

Mais d'autres motifs surprennent les physiciens solaires : les taches qui, nous l'avons dit, correspondent à de fortes concentrations de champ magnétique apparaissent le plus souvent par paires de polarités opposées, nord et sud, l'une devançant l'autre. Suivant le même code que le magnétisme terrestre, une polarité nord revient à dire que le champ magnétique « sort » de la tache; inversement, une polarité sud correspond à un champ « entrant ». Or si dans l'hémisphère Nord la tache de tête est de polarité sud et celle de queue de polarité nord, alors on peut prédire qu'au cycle suivant la tache, de tête sera de polarité nord et celle de queue aura une polarité sud. Le véritable cycle magnétique du Soleil n'est donc pas de 11 ans mais de 22, puisque c'est ce laps de temps qu'il faut attendre pour retomber dans la même configuration magnétique. Pourquoi 11 ou 22 ans ? Les chercheurs s'interrogent toujours...

Selon toute évidence, ces cycles ont parfois été interrompus. On peut parler de « ratés » dans le dynamisme de notre chère étoile ! Une longue période d'inactivité, sans taches solaires, appelée minimum de Maunder (du nom de l'astronome anglais qui l'a mise en évidence), coïncide avec une période assez froide en Europe. Nous sommes en 1684 et les londoniens font leur marché et patinent sur la Tamise ; en France, malgré la puissance du Roi-Soleil, Louis XIV, les rivières se mettent aussi à geler.

D'autres minima d'activité solaire ont été enregistrés : les minima de Spörer (1420-1530), de Wolf (1280-1340), d'Oort (1010-1050) tout comme des maxima, tel celui qui, vers l'an 1200, coïncide avec le « petit optimum médiéval », période durant laquelle la température moyenne du globe était plus élevée qu'aujourd'hui. Plus avant encore, on a retrouvé les traces d'intenses glaciations qui ont pu coïncider avec des minima solaires. Mais, direz-vous, lorsque l'on n'a ni témoignages, ni mesures directes, comment accède-t-on à l'activité solaire ancienne ? Deux isotopes permettent en fait d'estimer l'état du Soleil jusqu'à environ 2 millions d'années en arrière. Le premier isotope est le C^{14} dont le noyau a 2 neutrons de plus que le carbone ordinaire. Il se forme dans la haute atmosphère de la Terre sous l'effet du bombardement des rayons cosmiques. Les plantes l'absorbent sous forme de gaz carbonique au cours de la photosynthèse. La quantité de C^{14} présente dans les anneaux des troncs d'arbres dépend directement de l'intensité du bombardement cosmique, lui-même inversement proportionnel à la violence du vent solaire. Concrètement, une accentuation de l'activité solaire s'accompagne d'un fort vent qui, en s'opposant au bombardement cosmique, freine la formation de C^{14}. On en retrouvera donc moins dans les cernes de croissance.

Au-delà de 6 000 ans, on se sert d'un autre isotope, le Be^{10} (beryllium 10), présent dans les glaces du Groenland ou de l'Antarctique. Dans les deux cas, remonter la piste se révèle un exercice difficile : rien de moins simple en effet que de discerner les variations liées à l'activité solaire des autres (géophysiques, cosmiques, etc.). Mais cela ne semble pas freiner les chercheurs : très récemment encore, un physicien allemand déclarait avoir mis en évidence une importante chute du rayonnement

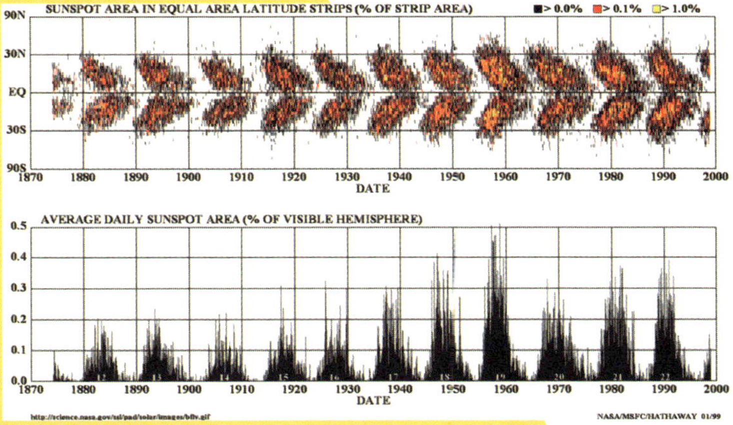

Diagramme papillon et activité solaire.
Le diagramme en haut (dit papillon) représente la position depuis 1874 en latitude des taches (et aussi leur surface). Dans les années 1985-1986, leur nombre était très faible, puis il a augmenté avec l'arrivée de taches à une latitude de 30°. Elles se sont ensuite rapprochées de l'équateur lorsque l'activité a diminué.
La courbe en bas montre la variation cyclique de la surface totale occupée par les taches depuis 1874. Aucun cycle ne se ressemble et la montée d'activité est souvent plus brutale que la descente.

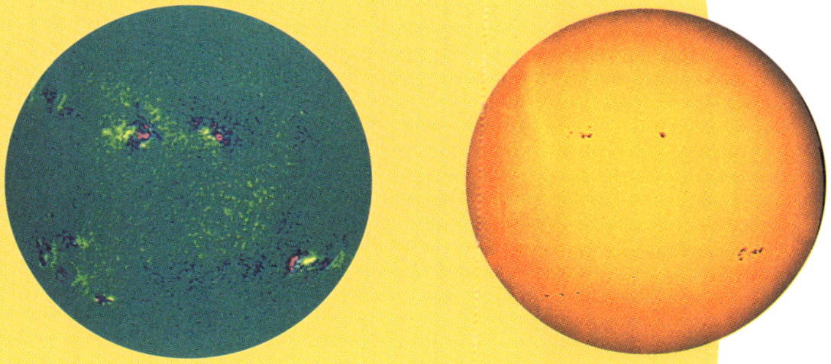

Le magnétisme solaire.
À droite, le cliché en lumière blanche montre quelques groupes de taches (sombres). À gauche, il s'agit d'un magnétogramme qui représente le signe et l'intensité du champ magnétique : en jaune, la polarité nord ; en bleu et rose, la polarité sud. En comparant ces deux images, on constate que les groupes de taches sont le lieu de champs magnétiques forts et complexes.

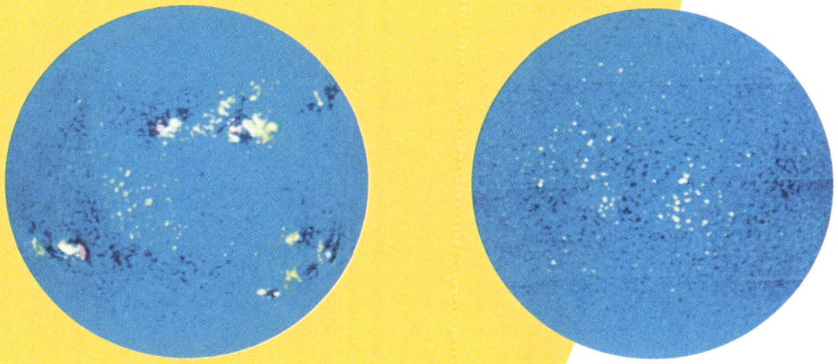

Le magnétisme solaire au sommet et au creux de la vague.
Ces magnétogrammes ont été obtenus l'un en période de minimum d'activité (à droite, janvier 1976), l'autre en période de forte activité (deux ans plus tard, à gauche) : en jaune, la polarité nord, en bleu, la polarité sud. Sur le cliché de droite, c'est le calme plat. Sur le cliché de gauche, on reconnaît des couples de polarités fortes et opposées, le lieu sans doute de groupes de taches.

solaire 3 500 ans environ avant notre ère. Cette baisse de régime de près de 0,6 % a pu entraîner un fort refroidissement dont il serait intéressant de rechercher d'éventuelles traces.

Remontons plus loin encore dans le temps : nous savons qu'au tout début de la formation du système solaire la puissance émise par le Soleil était environ 30 % plus faible qu'aujourd'hui. Malgré cela, la température moyenne à la surface de la Terre avoisinait les 1 500 degrés à cause de la forte radioactivité de ses éléments primitifs, des bombardements météoritiques et de l'effet de serre.

Pour le futur, les modèles stellaires prévoient un accroissement de la luminosité d'environ 50 % dans les quatre prochains milliards d'années : le Soleil va en effet brûler de plus en plus de combustible, mais, à l'échelle du millénaire, la vie sur terre ne devrait pas en subir les conséquences.

Soleil et climat terrestre

Depuis le début des années 1980, des instruments embarqués nous permettent de mesurer directement la puissance moyenne reçue hors atmosphère : les fameux 1 370 W/m^2. Cette mesure d'« irradiance* » solaire – c'est le terme consacré – montre sur le long terme la même cyclicité que le nombre de taches solaires. Deux cycles de 11 ans ont été pour le moment observés et l'on note une parfaite synchronicité avec les variations du nombre de taches à la surface du Soleil. Les deux quantités sont maximales en même temps. Ce résultat est un peu déroutant si l'on songe que les taches, sombres, émettent un rayonnement plus faible, mais il s'explique parfaitement si l'on tient compte des plages « faculaires* », ces zones brillantes, qui les entourent.

D'autre part, la très faible amplitude des variations de l'irradiance (0,1 % au plus) peut surprendre. D'autres étoiles de type solaire connaissent de très fortes variations d'éclat, bien plus élevées que 0,1 % sur près d'un siècle. Dans sa catégorie, le Soleil serait donc du genre très calme ? Cette vision doit être nuancée. En effet, si l'on examine les variations d'éclat de l'étoile Soleil dans chaque gamme du spectre, on constate par exemple une augmentation d'un facteur 2 pour le rayonnement ultraviolet, entre le début et la fin d'un cycle solaire. Or c'est une partie de ce rayonnement ultraviolet qui ionise les molécules d'azote et d'oxygène présentes au-dessus de 60 kilomètres de la surface terrestre. C'est ainsi que se forme l'ionosphère, cette région très étendue qui joue un rôle important dans la propagation des ondes radio. On comprend facilement qu'un rayonnement solaire ionisant (ultraviolets) plus élevé, lié à un regain d'activité solaire, entraînera une plus forte densité en ions, ce qui perturbera notamment la transmission des ondes radio.

C'est encore le rayonnement ultraviolet qui participe à la création de la couche protectrice d'ozone de la stratosphère. Les ultraviolets dont

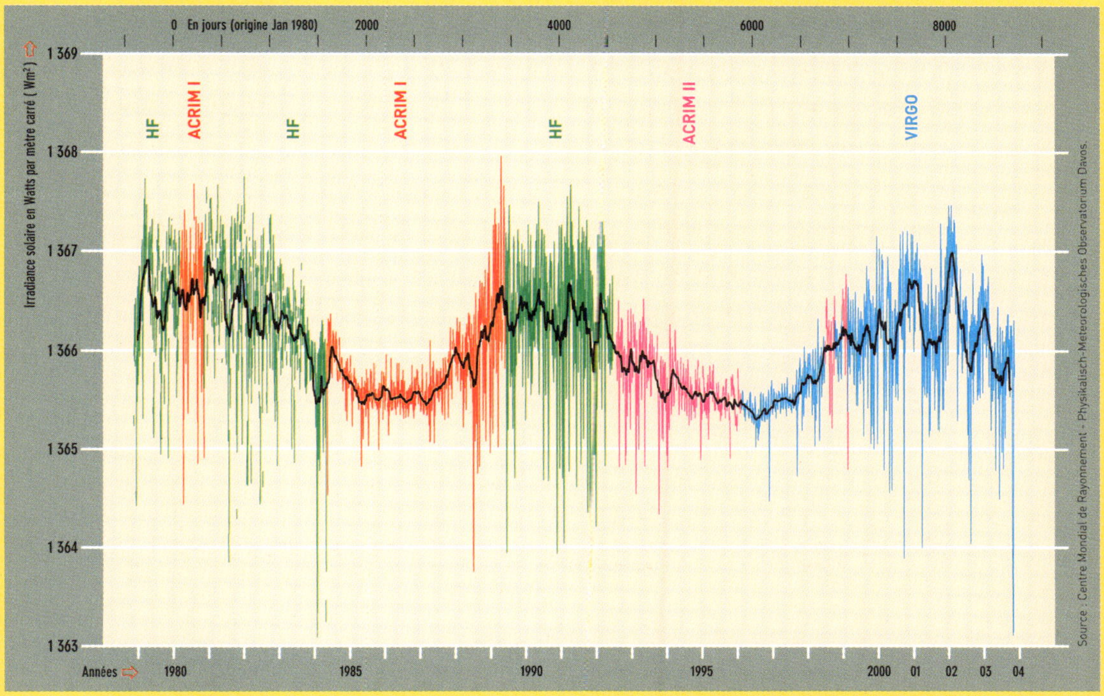

Variation de l'irradiance solaire durant les 20 dernières années. En abscisses, en bas, l'année ; en haut, le nombre de jours écoulés depuis la première mesure. En ordonnées, l'irradiance, c'est-à-dire l'éclairement en provenance du Soleil (en watt par mètre carré), mesurée à la distance d'une unité astronomique et hors atmosphère terrestre. Les mesures ont commencé un peu avant 1980 et se sont poursuivies avec divers instruments (chaque couleur correspond à un instrument différent). On distingue deux échelles de variations temporelles.
a) Des variations allant jusqu'à 3 W/m² par rapport à une courbe moyenne : elles interviennent à l'échelle du mois et correspondent au passage de grands groupes de taches sur le disque visible.
b) Des variations de moins de 1 W/m² à l'échelle de la dizaine d'années : on reconnaît le cycle d'activité solaire dont la période est de l'ordre de 11 ans.
On remarque qu'il est difficile de déterminer le maximum d'irradiance d'un cycle d'activité.

les longueurs d'onde sont inférieures à 240 nanomètres dissocient une partie des molécules d'oxygène et les atomes libérés se combinent à d'autres molécules d'oxygène pour former l'ozone vers 25 kilomètres d'altitude. Or c'est ce même ozone qui capte les ultraviolets incidents les plus agressifs pour la vie et les empêche d'atteindre la Terre. En somme, le Soleil émet un rayonnement qui fabrique le « parasol » qui nous protège… de ce même rayonnement ! Au final, un Soleil bienfaiteur, mais dont les pics d'activité pourraient néanmoins avoir un impact non négligeable sur le climat terrestre.

L'idée fait son chemin mais reste – disons-le – assez controversée : il y a d'un côté ceux qui pensent que les variations du rayonnement solaire ont un effet du genre catalytique sur la physico-chimie de l'atmosphère terrestre. On parle de « forçage » solaire. Un seul exemple : en 1997, des chercheurs danois ont proposé un modèle montrant comment le Soleil pouvait influer sur les précipitations, par l'intermédiaire des rayons cosmiques. Ces derniers, pense-t-on, favorisent la formation des nuages en jouant le rôle de noyau de condensation. Dans le modèle danois, le Soleil intervient, via le vent solaire, en faisant obstacle aux rayons cosmiques lors de maxima d'activité, ou en les laissant pénétrer l'environnement terrestre lors de minima.

Pour une autre partie de la communauté scientifique, les facteurs décisifs du climat sont terrestres et liés avant tout aux nouvelles activités humaines. Depuis le début de l'ère industrielle, les activités humaines ont libéré des quantités croissantes de gaz carbonique et de méthane. Ces surplus de gaz ont la fâcheuse propriété de bloquer le rayonnement infrarouge émis par la Terre, et donc de contribuer à renforcer l'effet de serre. Alors, quid du Soleil dans le réchauffement de la planète ? Une chose est sûre : ce n'est pas la variation de 0,1 % du rayonnement solaire total sur près d'un siècle qui peut expliquer l'augmentation de température observée, soit 0,6 °C sur le siècle passé. Les calculs montrent qu'elles n'entraînent tout au plus qu'une variation de 0,2 °C. Évidemment, il se peut que l'énorme et complexe système climatique « atmosphère-terres-océans » mette du temps à réagir, et nos modèles théoriques sont peut-être encore un peu trop simplistes...

Toujours est-il qu'on explique plus facilement les 0,6 °C d'augmentation de la température moyenne du globe par l'activité industrielle. Le barde qui a composé *Fear no more the Heat o'the Sun'* (William Shakespeare, *Julius Caesar*, acte I, scène 2) aurait-il anticipé le phénomène en affirmant « La faute est non dans les étoiles, mais en nous-mêmes » ?

Prévenir les pluies de particules

4 novembre 2003 : le Soleil fait la une de plusieurs quotidiens nationaux. Sur les images prises par les télescopes, une énorme tempête agite une région au bord du disque solaire grande comme Jupiter. Connecté sur le site Web du satellite SOHO, on peut suivre presque en direct les spectaculaires éruptions de masse coronale qui agitent depuis plusieurs jours la banlieue solaire. Des spécialistes interviewés prédisent de potentielles pannes sur les téléphones mobiles...

Ce n'est pas de la science-fiction : les outils dont nous disposons, au sol et dans l'espace, donnent aux astronomes le pouvoir de surveiller de manière quasi continue l'activité du Soleil. Les observations, au-dessus de la photosphère, nous renvoient l'image d'un plasma soumis à un jeu complexe de forces électromagnétiques. Lorsque les lignes de champ magnétique s'entortillent trop, ou lorsqu'un champ nouveau émerge avec une polarité opposée à la polarité ambiante, l'équilibre peut être rompu. Se déclenche alors le feu d'artifice des éruptions solaires*. L'énergie emmagasinée se convertit en énergies cinétique et thermique. La température grimpe. Des particules sont accélérées : électrons, protons, noyaux d'hélium, ions lourds ; leur énergie peut atteindre quelques centaines de millions d'électronvolts. Les unes retombent vers la surface du Soleil, d'autres vont s'échapper vers l'espace interplanétaire.

Aurore boréale en Alaska. Lors d'une éruption solaire, des particules énergétiques sont accélérées et vont « exciter » les atomes neutres des couches basses de l'atmosphère terrestre, de préférence aux pôles magnétiques : ce sont les aurores boréales, immenses draperies vertes et rouges aux couleurs de l'émission de l'oxygène et de l'azote.

L'ovale auroral (ci-dessous). Vue générale d'une aurore boréale observée dans l'ultraviolet depuis le satellite Polar de la NASA. L'ovale auroral (ici en blanc, jaune et rouge) s'étend de l'Alaska à la Scandinavie en passant par le Canada. Lors d'orages magnétiques dus à des événements solaires, les aurores peuvent descendre à plus basse latitude.

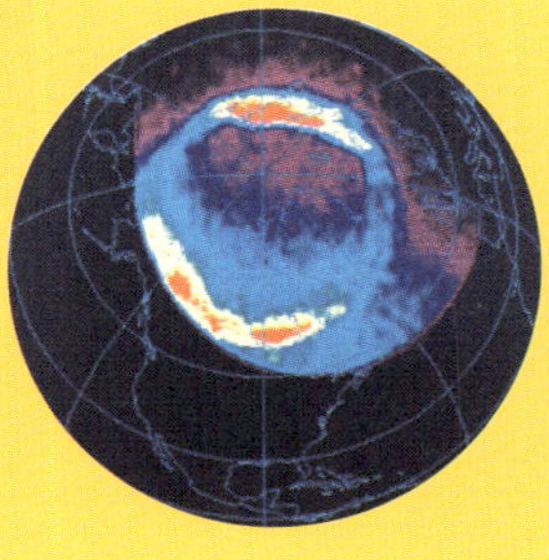

Perturbations terrestres

Si la Terre se trouve sur leur parcours, et si elles parviennent à pénétrer la magnétosphère* terrestre, elles ne manqueront pas de provoquer une multitude de phénomènes dont l'effet le plus spectaculaire est l'aurore boréale ou australe, immense draperie rouge et verte visible aux très hautes latitudes terrestres. Ces particules énergétiques auront un effet perturbateur pour nombre d'installations : abaissement d'orbite des satellites, courts-circuits dans les réseaux de distribution d'électricité, destruction de l'électronique à bord des satellites, perturbation des ondes radio, usure anormale des pipelines… Des millions de Canadiens se souviennent encore de la panne de courant qui paralysa plusieurs heures durant leur pays en mars 1989. Plus récemment, le 6 janvier 1997, le coronographe LASCO détectait une formidable éruption solaire provoquant l'éjection d'une énorme bulle de plasma à la vitesse de 800 kilomètres par seconde. Quatre jours après son éjection, ce plasma percutait le bouclier magnétique de la Terre. Sous le choc, la magnétosphère s'est comprimée sur sa face éclairée par le Soleil. Le satellite américain de télécommunications Telstar 401, d'AT&T, s'est alors trouvé directement exposé aux flux de particules et a cessé d'émettre. La perte économique fut chiffrée en dizaines de millions de dollars.

Plus une particule expulsée est énergétique, plus elle arrive vite sur terre. Certaines mettent à peine une heure pour faire le voyage Soleil-Terre. Bien sûr, c'est lent si l'on compare cette valeur à la vitesse des photons qui, eux, mettent huit minutes à faire le même trajet ! Et tant mieux : une heure suffit à peine à prendre des dispositions pour préserver les satellites, éviter les pannes ou encore annuler une sortie extravéhiculaire de spationautes. Car on s'imagine sans difficulté qu'un flux de protons de plusieurs millions d'électronvolts n'est pas sans risque pour la santé humaine. Tout cela justifie que l'on mette en place en Europe un système de surveillance et de prédiction solaires pour la « météorologie de l'espace » : un tel système existe déjà aux États-Unis. Il a notamment pour clients le département de la Défense, la NASA et les producteurs d'électricité. L'Europe a pris, sur ce plan, un certain retard mais tente aujourd'hui de s'organiser.

À côté des projets de météorologie de l'espace, d'autres initiatives de grande ampleur marqueront, on l'espère, la prochaine décennie en physique solaire. La NASA a prévu d'obtenir dès 2005 une vue stéréo des éjections de masse coronale en envoyant deux sondes pour observer le Soleil simultanément mais sous des angles différents. En 2008, la NASA placera toujours un satellite en orbite géostationnaire*, le Solar Dynamic Observatory équipé d'imageurs munis de détecteurs rapides de grand format. Cet observatoire spatial acheminera les données vers la Terre avec un rythme réservé jusque-là aux débits utilisés au sol : 123 millions de bits par seconde. De quoi capter les soubresauts de l'étoile 24 heures sur 24, dans leurs moindres détails. L'Agence spatiale européenne (ESA) a prévu, quant à elle, d'envoyer une sonde à seulement 35 millions de kilomètres de la surface solaire et qui survolera les régions polaires du Soleil encore mal connues.

La NASA annonce également pour la prochaine décennie une sonde qui ira au plus près du Soleil : à 2 millions de kilomètres ! Il s'agira alors de la première exploration – au sens strict – d'une étoile. En combinant imagerie et pêche aux particules, on espère comprendre mieux la dynamique solaire dans ses plus petites échelles. Mais les projets les plus audacieux sont sans doute ceux qui envisagent d'utiliser le rayonnement solaire pour naviguer – lentement mais sûrement – dans la banlieue de notre étoile. Qui sait, peut-être pariera-t-on un jour sur les voiliers solaires ?

La sonde Solar Orbiter.
Cette plateforme de l'Agence spatiale européenne (ESA) devrait s'approcher du Soleil à près de 30 millions de km. Des précautions thermiques sont donc nécessaires. Les panneaux solaires (en bleu) seront rabattus pour éviter l'excès de rayonnement et protéger les antennes. Les télescopes (en vert) seront refroidis par des boucliers thermiques (en gris).

Il est mort, le Soleil

Quand le Soleil bouche l'horizon.
Dans quatre et quelques milliards d'années, le Soleil grossira et passera à l'état d'étoile géante rouge. L'artiste a représenté toute l'importance que prendra alors le Soleil dans le ciel mais nul humain ne sera plus là pour l'observer car l'augmentation de chaleur aura été telle que toute civilisation aura péri.

Fin de vie d'une étoile.
Ce cliché composite de la nébuleuse planétaire Hélix résulte d'images provenant du Hubble Space Telescope (HST) et du télescope de 1 m de Kitt Peak. On distingue, sur le bord de la région bleue, des filaments jaunes qui convergent tous vers le centre où se trouve une naine blanche petite et chaude (et invisible). Ces filaments de gaz sont des éjections de matière très violentes qui pénètrent dans le milieu poussiéreux environnant. La nébuleuse est située à environ 650 années-lumière et son anneau a un diamètre de 3 années-lumière. Cette image donne un aperçu du Soleil finissant.

Les étoiles, elles aussi, périssent. Dans un peu plus de 4 milliards d'années, le Soleil aura épuisé l'hydrogène qui lui sert de combustible. Il ne restera alors que de l'hélium en son centre ; les modèles prévoient que son cœur se contractera et se réchauffera – mais pas suffisamment pour amorcer d'emblée la fusion de l'hélium. Ses couches se dilateront jusqu'à atteindre Mercure, Vénus, peut-être la Terre, si elles ne sont pas repoussées hors de leur actuelle orbite. Faute de source énergétique suffisante, la température de surface déclinera et le Soleil passera à l'état de géante rouge*. Une évolution annoncée par Herbert George Wells dans *La Machine à remonter le temps* : « Je voyageai ainsi par bonds de milliers d'années ou plus, attiré par le mystère du destin de la Terre, regardant avec une étrange fascination le Soleil grossir vers l'occident… Enfin, plus de 30 millions d'années plus tard, l'énorme dôme porté au rouge du Soleil était venu obscurcir près d'un dixième des cieux assombris. »

Pendant sa dilatation, l'astre aura perdu une grande partie de sa masse. Sa température centrale atteindra 100 millions de degrés ; la densité et donc la pression enregistreront des valeurs incroyablement élevées. Puis la contraction du noyau cessera, la matière ne pouvant être davantage comprimée. Dans les couches externes s'amorceront alors des réactions thermonucléaires mettant en jeu cette fois le carbone, l'oxygène, et l'azote. Au-dessus encore, une vaste enveloppe diluée subira des mouvements convectifs pour évacuer l'énergie reçue.

Maintenant, projetons-nous dans 5 milliards d'années. La fusion de l'hélium du noyau stellaire a enfin démarré. La réaction, une fois amorcée, s'est emballée, le cœur s'est mis à se dilater, la luminosité à croître terriblement. Puis, lorsque l'hélium central s'est entièrement consumé, la fusion gagne la périphérie du noyau. Une énorme quantité de matière est éjectée. Notre Soleil est alors coupé en deux. Les couches externes se sont éloignées sous la pression de rayonnement, pour constituer une nébuleuse planétaire en forme d'anneau qui ira balayer le milieu interstellaire ambiant. Quant au cœur, il se refroidit, et dans quelques milliards d'années il aura pris l'apparence d'une naine blanche* : un sort que partagent nombre d'étoiles. Il n'est donc pas interdit de penser que ces étoiles, pour la plupart invisibles, ont été d'autres Soleils, que certaines ont possédé des cortèges planétaires similaires au nôtre, et qu'elles ont peut-être même abrité… la vie.

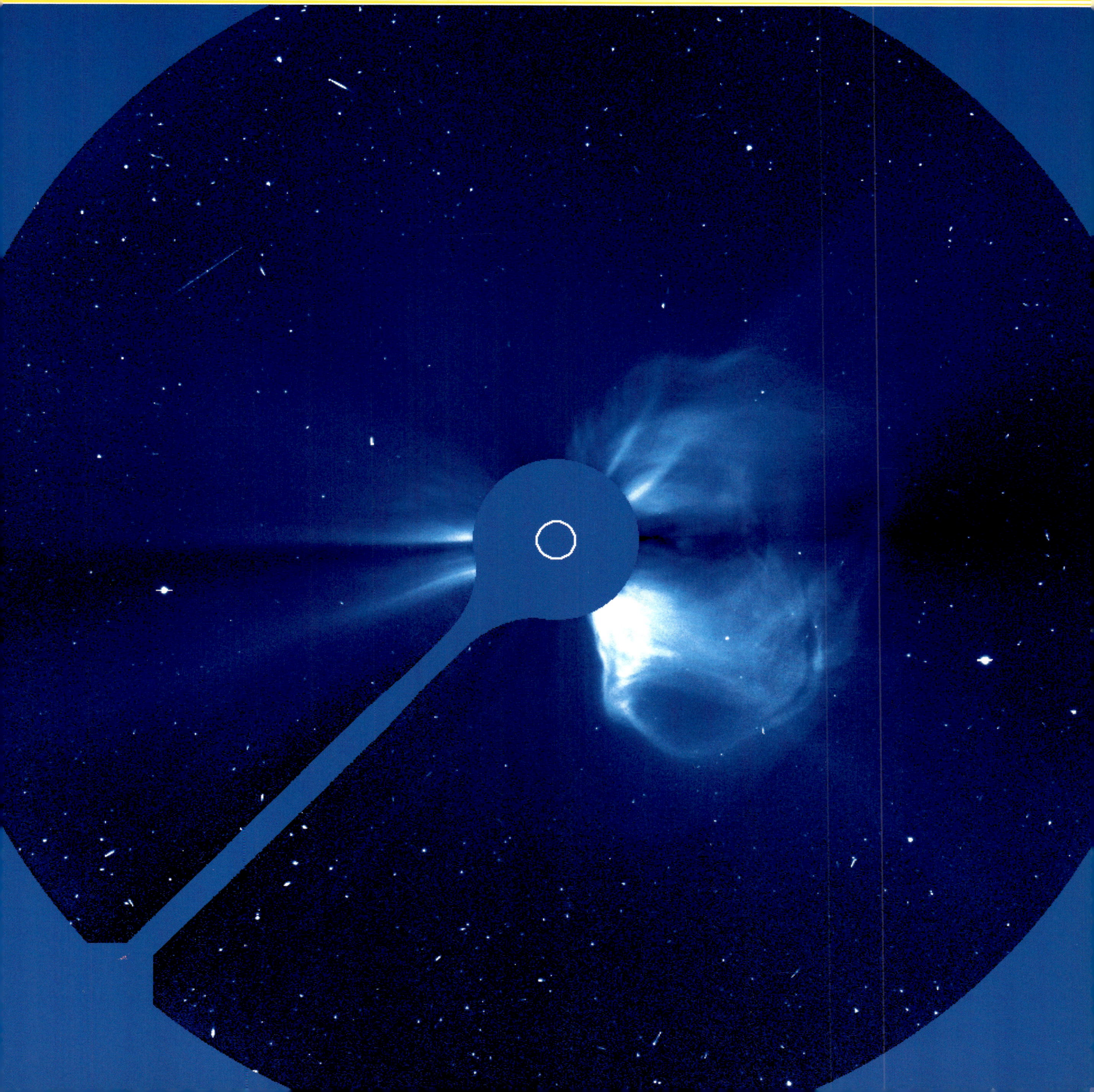

Éjection de masse coronale grand format. Cette image a été obtenue le 20 avril 1998 par le coronographe C3 de LASCO à bord de SOHO. Elle montre en bas à droite une énorme éjection de masse coronale (CME). Une CME peut disperser un milliard de tonnes de matière dans l'espace et se déplacer à 1 000 km/s. Les structures radiales, à gauche et en haut à droite, sont des jets coronaux. Le disque central (en bleu) est l'occulteur externe (on note son bras porteur en diagonale en bas à gauche), qui bloque la lumière solaire ; le cercle blanc représente le bord du disque solaire.

Éjection de masse coronale (CME) vue à la source.
Cette série de quatre images a été obtenue par le télescope-imageur EIT à bord de SOHO dans la raie du fer quatorze fois ionisé et située dans l'extrême ultraviolet à 19,5 nm. Elle représente les premiers pas d'une éjection de masse coronale (CME) entre 23h24 et minuit (temps universel) le 26 février 2000. Les boucles brillantes sont chaudes ; certaines boucles sont sombres car, froides, elles absorbent le rayonnement voisin. La CME disperse dans l'espace près d'un milliard de tonnes de particules, qui se déplacent à près de 1 000 km/s. Le coronographe LASCO de SOHO l'enregistrera une heure plus tard dans son champ de vue avec la forme assez fréquente d'une ampoule électrique (géante !).

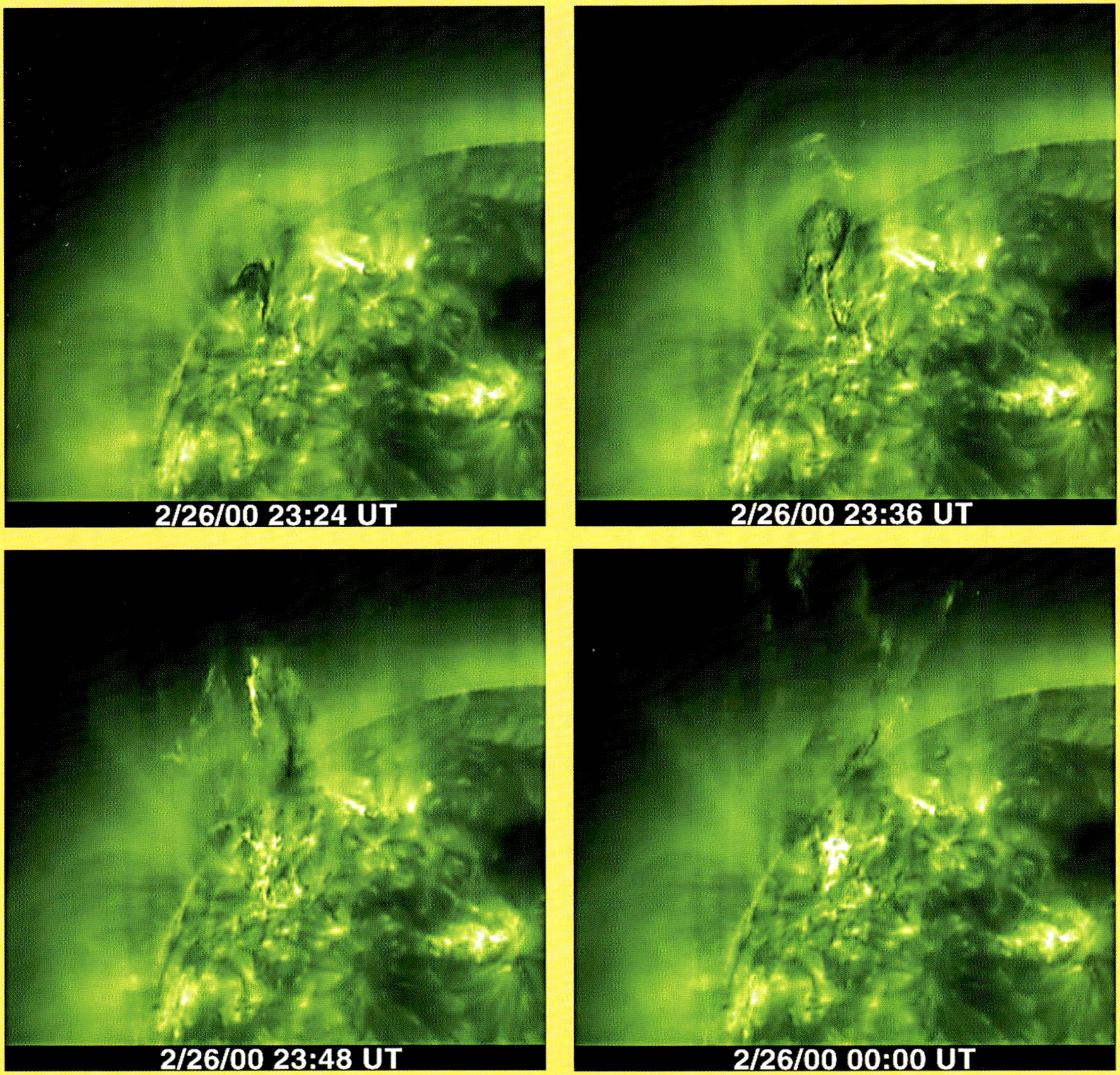

Éruption solaire enregistrée à bord de SOHO.
Cette image a été obtenue par le télescope-imageur EIT dans la raie du fer quatorze fois ionisé et située dans l'extrême ultraviolet à 19,5 nm. L'éruption intervient dans le quadrant en bas à droite. Le trait horizontal est dû à la saturation du détecteur car la position de l'éruption va « baver » sur les positions voisines. L'augmentation d'éclat peut dépasser un facteur cent. On remarque une très fine boucle coronale au voisinage de l'éruption. Le reste du Soleil a une allure calme typique d'un minimum d'activité. On distingue nettement au pôle Nord un trou coronal en forme de « col de chemise ouvert ».

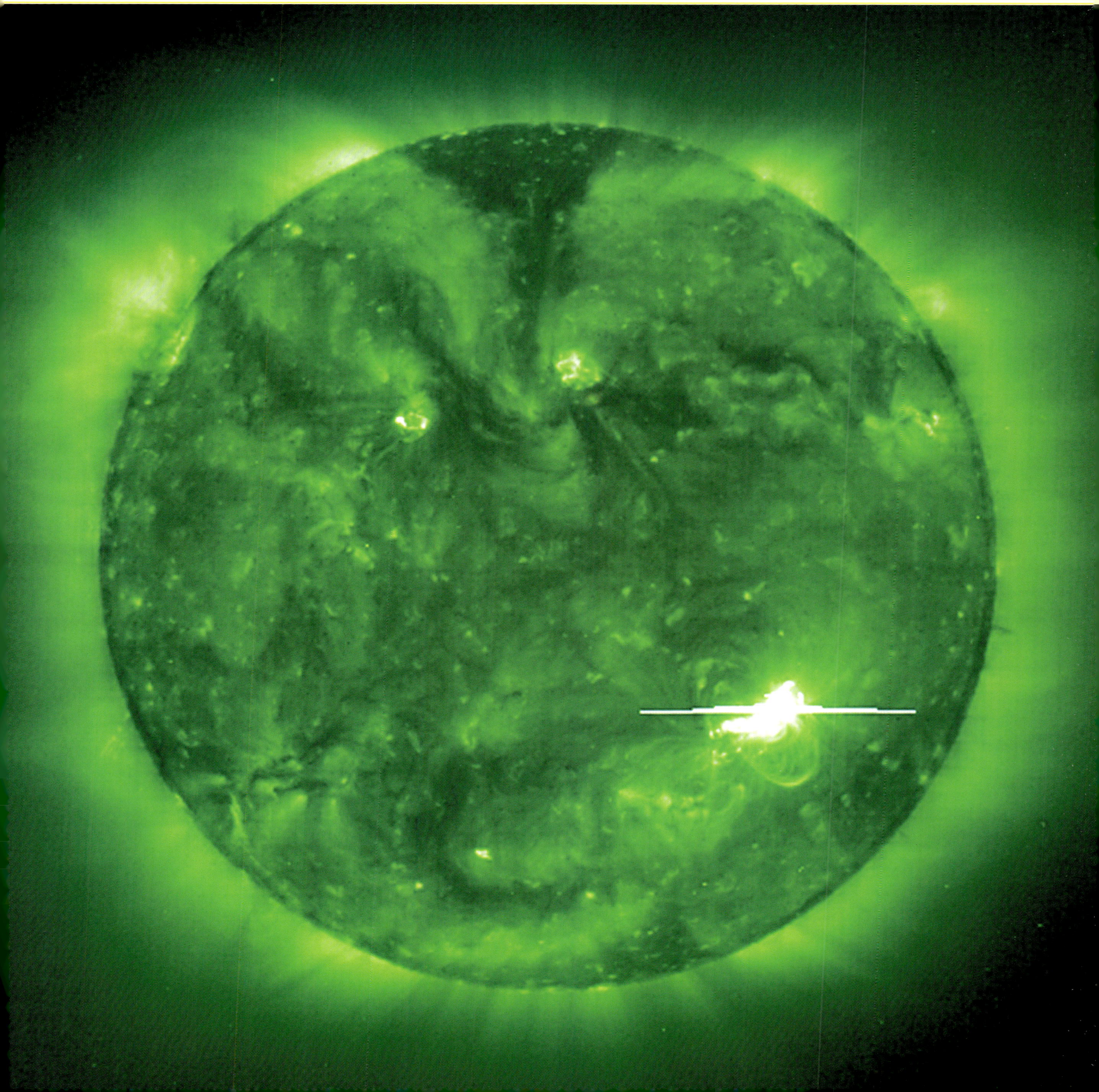

Le Soleil, la Terre et la sonde SOHO. Le Soleil libère des particules et du champ magnétique dans tout le système solaire, y compris vers la Terre. La magnétosphère terrestre est à l'abri du vent solaire tant que ne surviennent pas d'éjections de matière coronale. Si la Terre est sur leur parcours, les particules les moins énergétiques et le champ magnétique qu'elles emportent seront bloqués par la magnétosphère terrestre qu'elles vont toutefois perturber. En particulier, si le champ magnétique emporté est de signe opposé à celui du champ terrestre, des orages magnétiques surviendront. En revanche, les particules les plus rapides vont traverser les couches protectrices de l'atmosphère terrestre, avec une prédilection pour les régions polaires où elles s'engouffreront sans résistance. Elles provoqueront alors des précipitations de particules « terrestres » qui vont exciter les atomes neutres des couches basses de l'atmosphère ce sont les aurores polaires.

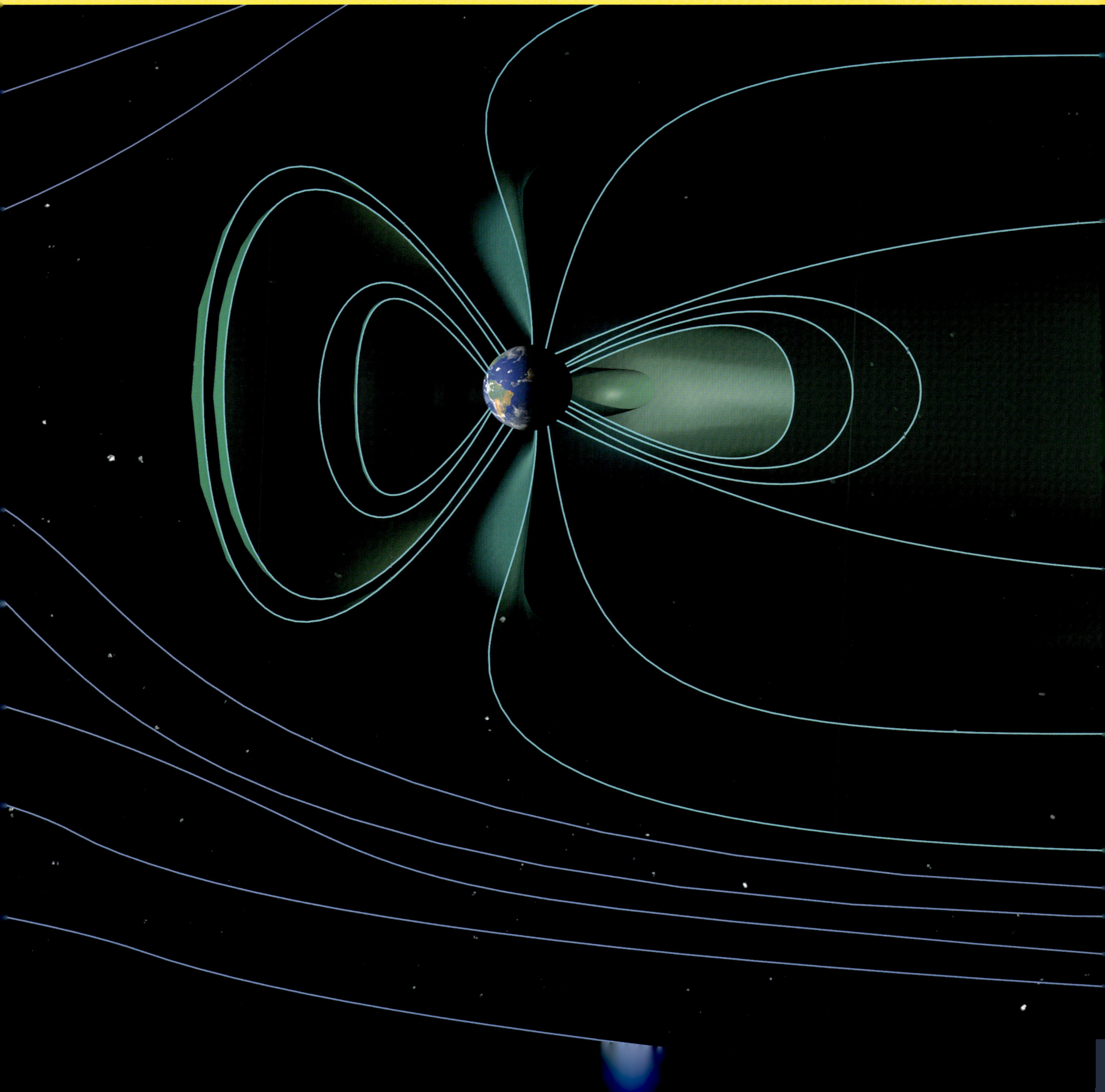

Éruption de protubérance vue dans l'extrême ultraviolet.
Cette série de quatre images a été obtenue par le télescope-imageur EIT, à bord de SOHO, dans la raie de l'hélium ionisé située à 30,4 nm. Cette raie permet de visualiser le plasma relativement froid dont la température est comprise entre 60 000 et 80 000 degrés K.
Sur l'image en haut à gauche, on constate que, le 19 mai 2000, à 19h18 temps universel, une petite protubérance est présente en bas au Sud.
Le 20 mai 2002 à 1h18 temps universel (en haut à droite), elle paraît avoir augmenté de volume.
Six heures plus tard (en bas à gauche), la protubérance a pris de la hauteur.
Six heures plus tard (en bas à droite), elle s'est « débobinée » en s'élevant dans la couronne, tout en gardant ses deux pieds ancrés sur la surface.

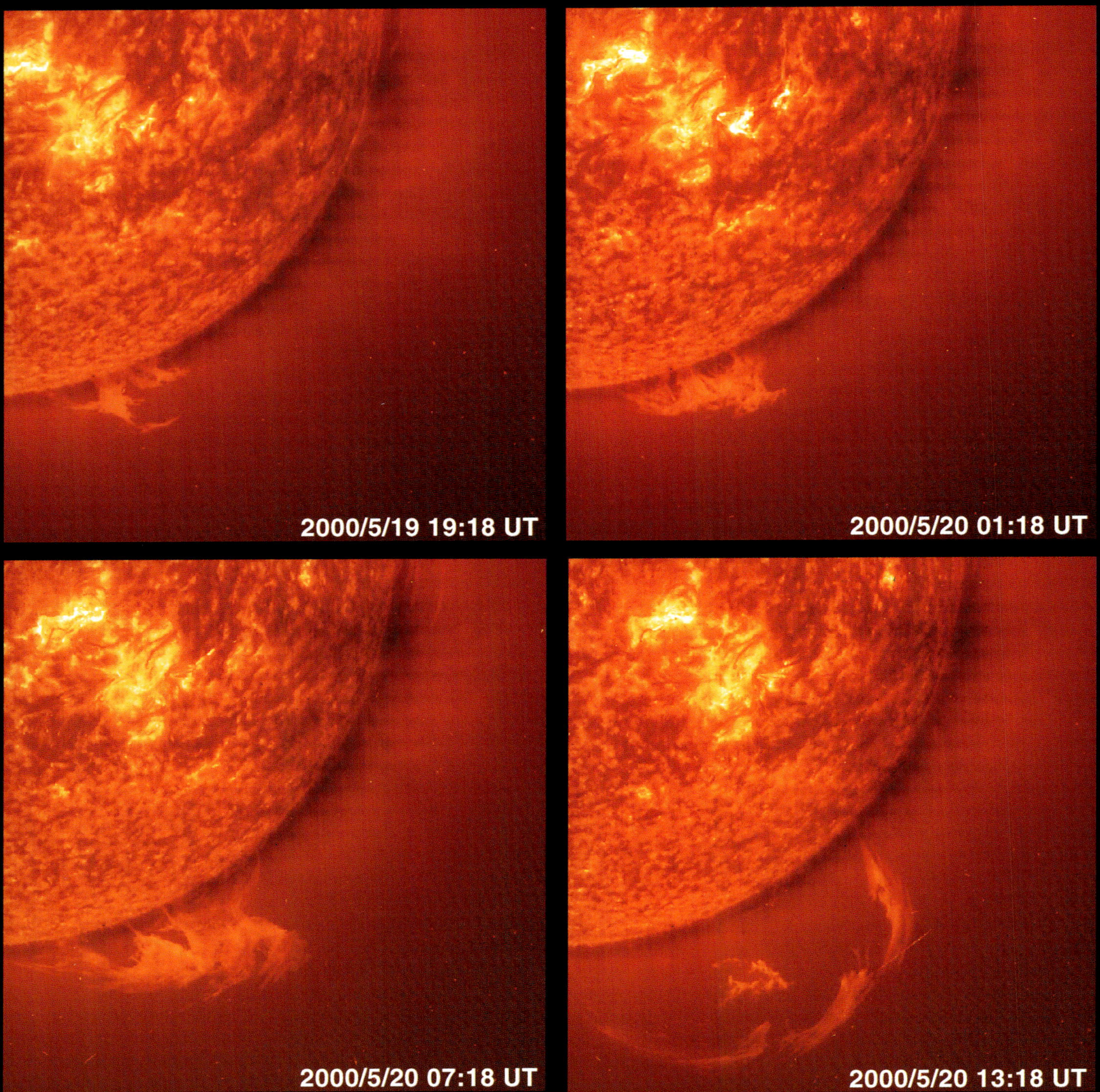

Feu d'artifice de protubérances éruptives.
Cette image a été obtenue le 28 juin 2000 par le télescope-imageur EIT, à bord de SOHO, dans la raie de l'hélium ionisé située à 30,4 nm. Cette raie permet de visualiser le plasma relativement froid dont la température est comprise entre 60 000 et 80 000 degrés K. On observe un panache de matière issue de plusieurs protubérances en éruption. La matière ainsi éjectée est relativement froide mais reste isolée de la couronne ambiante très chaude grâce au champ magnétique. Sur le disque solaire, on reconnaît des centres actifs (brillants), des filaments (sombres) et un peu partout la structure en réseau de la chromosphère.

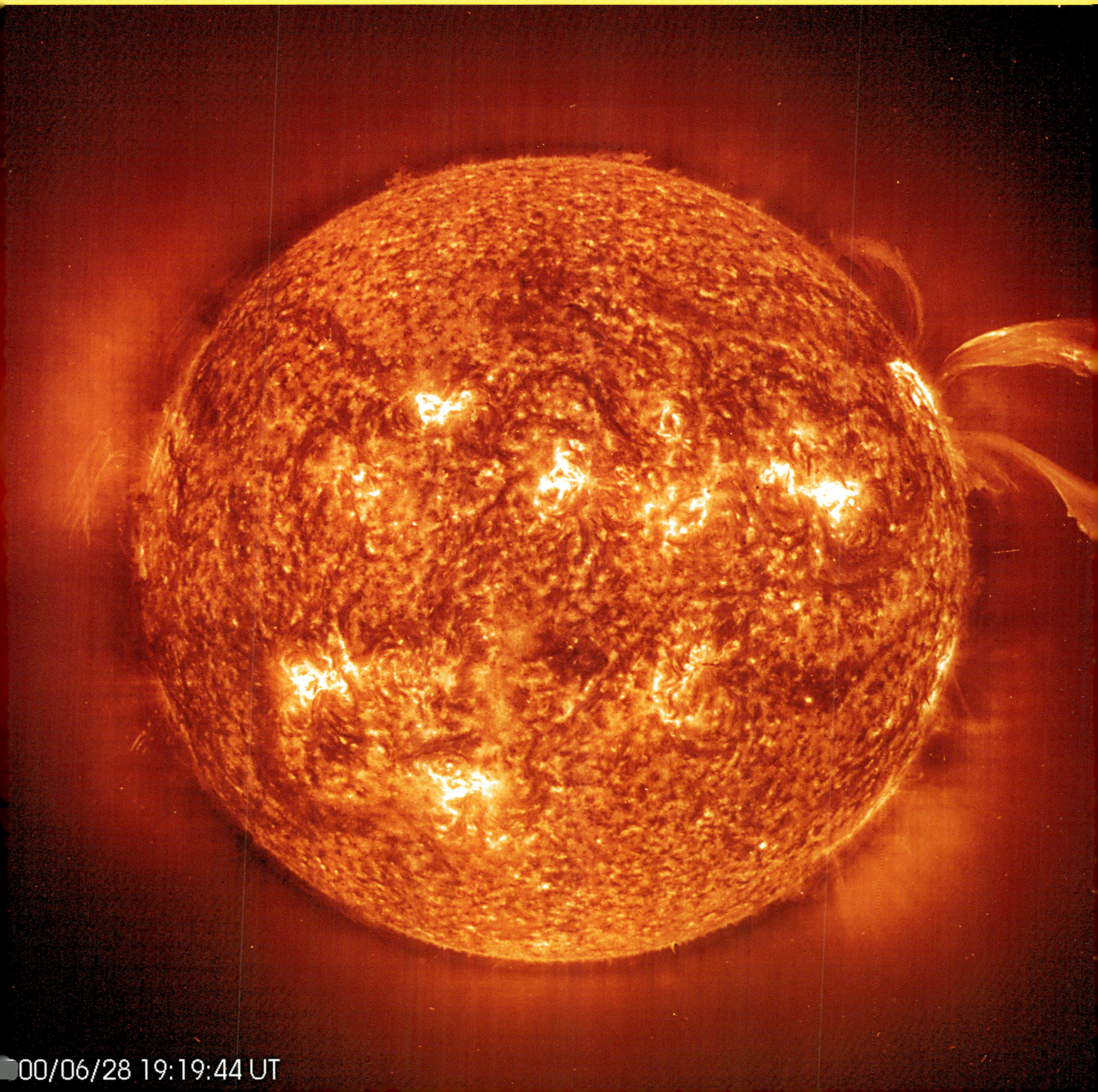

Le Soleil : de la photosphère à la couronne en passant par la chromosphère.
Le disque solaire a été partagé en deux : à gauche, la photosphère vue en lumière blanche montre de nombreuses taches ; à droite, la haute chromosphère est vue par le télescope-imageur EIT à bord de SOHO dans la raie de l'hélium ionisé située à 30,4 nm : on distingue bien le réseau de supergranulation et des régions actives (brillantes). Hors du disque, c'est le coronographe C1 de LASCO, à bord de SOHO, qui prend le relais pour montrer jets coronaux (structures radiales brillantes) et une éjection de masse coronale (boucle à droite). Le médaillon (en haut, à gauche) révèle une autre structure fugitive sur le Soleil : une éruption détectée par le télescope-imageur EIT à bord de SOHO et observée dans la raie du fer onze fois ionisé située dans l'extrême ultraviolet à 19,5 nm.

Protubérance éruptive et filaments vus dans l'extrême ultraviolet.
Cette image EIT a été obtenue le 14 septembre 1999 par le télescope-imageur EIT, à bord de SOHO, dans la raie de l'hélium ionisé située à 30,4 nm.
On observe des filaments sombres qui ne sont rien d'autre que des protubérances sur fond de disque solaire. Cet aspect sombre est dû à la présence de matière froide qui absorbe le rayonnement sous-jacent. Le mécanisme de remplissage de ces structures reste une énigme : la force qui leur permet de ne pas s'effondrer sous l'effet de la gravité et leur isolement énergétique dans le milieu coronal si chaud sont mal compris. On soupçonne là encore le champ magnétique qui servirait à la fois de support (grâce à la force résultant du courant électrique et du champ magnétique) et d'isolant.
Le filament-protubérance peut aussi être soumis à des variations brutales qui aboutissent à l'éjection de la matière contenue : la protubérance devient éruptive (en haut, à droite).

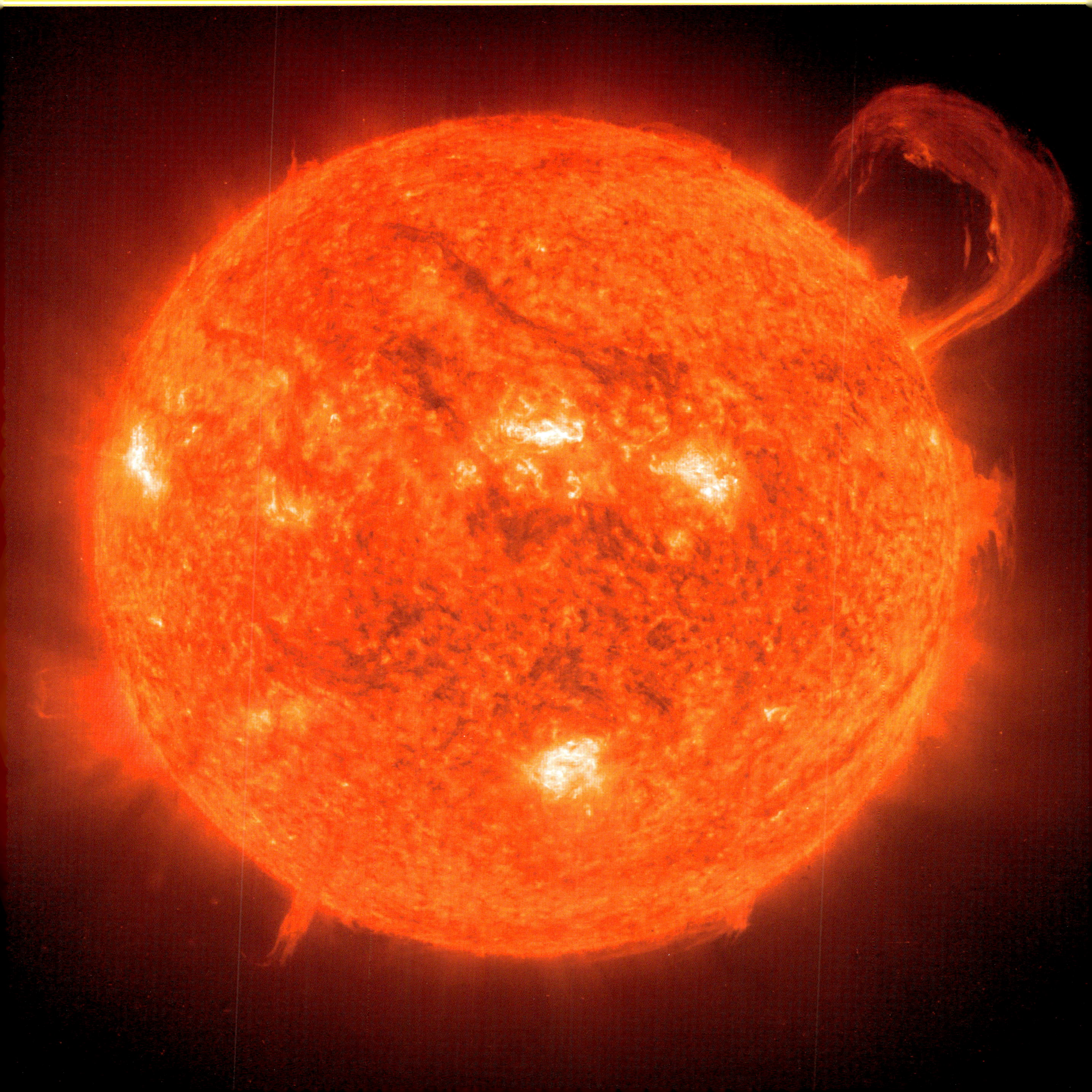

Ondes de surface accompagnant une éjection de masse coronale. Cette série de quatre images a été obtenue, toutes les 12 minutes, le 7 avril 1997, par le télescope-imageur EIT à bord de SOHO, dans la raie du fer onze fois ionisé située à 19,5 nm. Chaque image résulte de la soustraction de l'image instantanée et de la précédente. La matière ainsi visualisée est à une température de 1,5 million de degrés K. En allant du deuxième cliché en haut à droite jusqu'au cliché en bas à droite, le front de l'onde (cercle blanc) se déplace à partir de la région active centrale à la vitesse de 300 km/s. EIT a effectué des dizaines d'observations de ce type particulièrement précieuses pour détecter à l'avance le lieu et la direction des éjections de masse coronale (CME).

Le Soleil bleu.
Cette image, obtenue par le télescope-imageur EIT dans les raies du fer huit et neuf fois ionisé et situées à 17,1 nm, constitue une carte de la couronne à une température de moins d'un million de degrés K. On distingue de nombreuses régions actives de toutes tailles et formes, aussi bien sur le disque que hors du bord. Les boucles qui constituent la forme de base de toutes ces structures sont façonnées par le champ magnétique qui impose sa loi. Les longues traînées sombres représentent des filaments dont la matière absorbe le rayonnement ultraviolet.

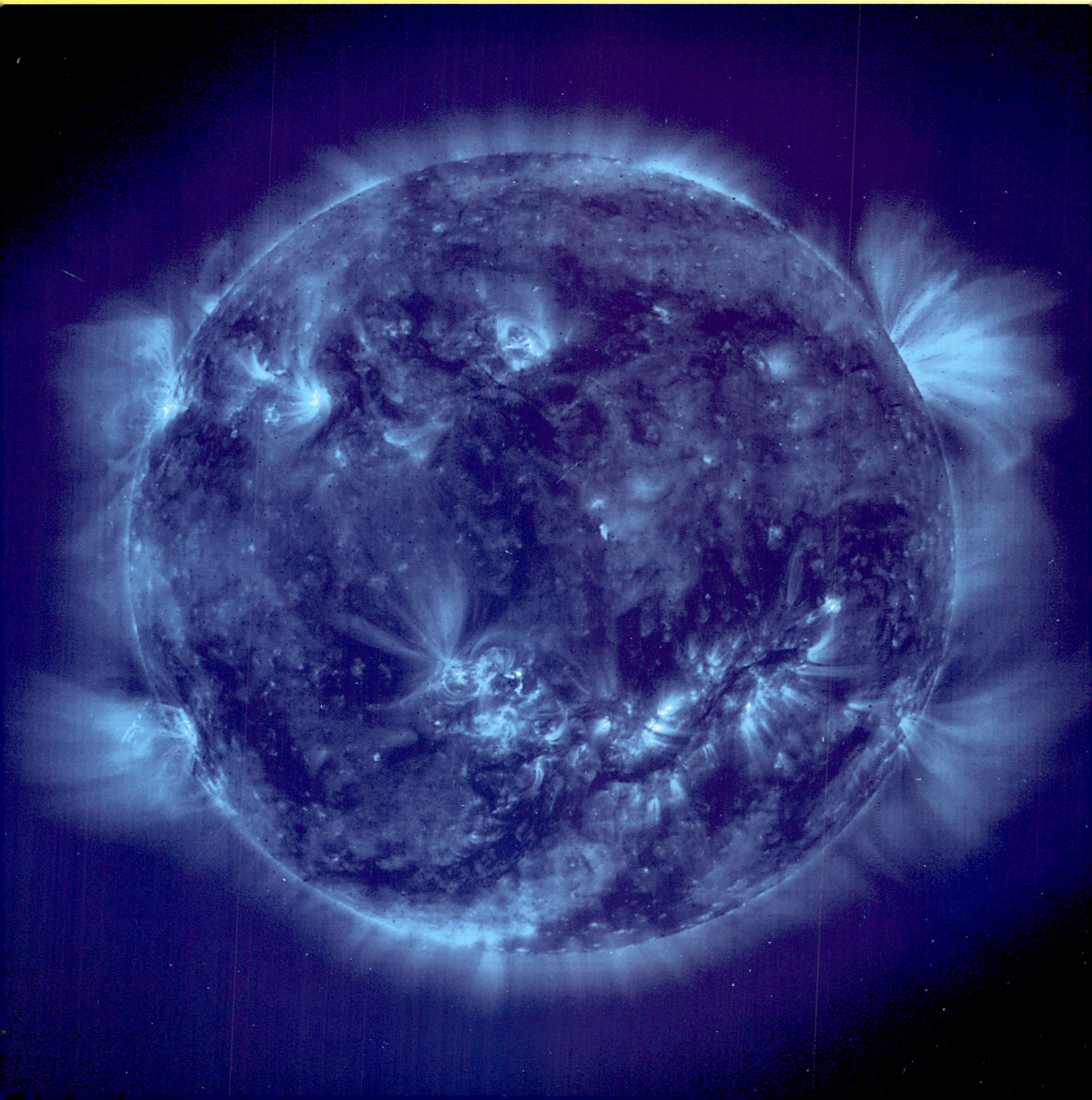

Éjection de masse coronale observée loin du Soleil.
Une éjection de masse coronale (CME) a été observée, les 5 et 6 août 1999, pendant huit heures par le coronographe C3 de LASCO à bord de SOHO. Le disque (en bleu) bloque la lumière du disque solaire (délimité par le cercle blanc) et permet d'observer la couronne lointaine. La propagation de la CME en forme de « raquette de tennis » ou d'« ampoule électrique » s'effectue avec une vitesse radiale de l'ordre de 800 km/s. Dans le cliché final (en bas à droite), la CME semble avoir coupé ses racines avec la surface solaire et la matière est concentrée dans la région de tête. Une CME peut ainsi disperser un milliard de tonnes de matière dans l'espace.

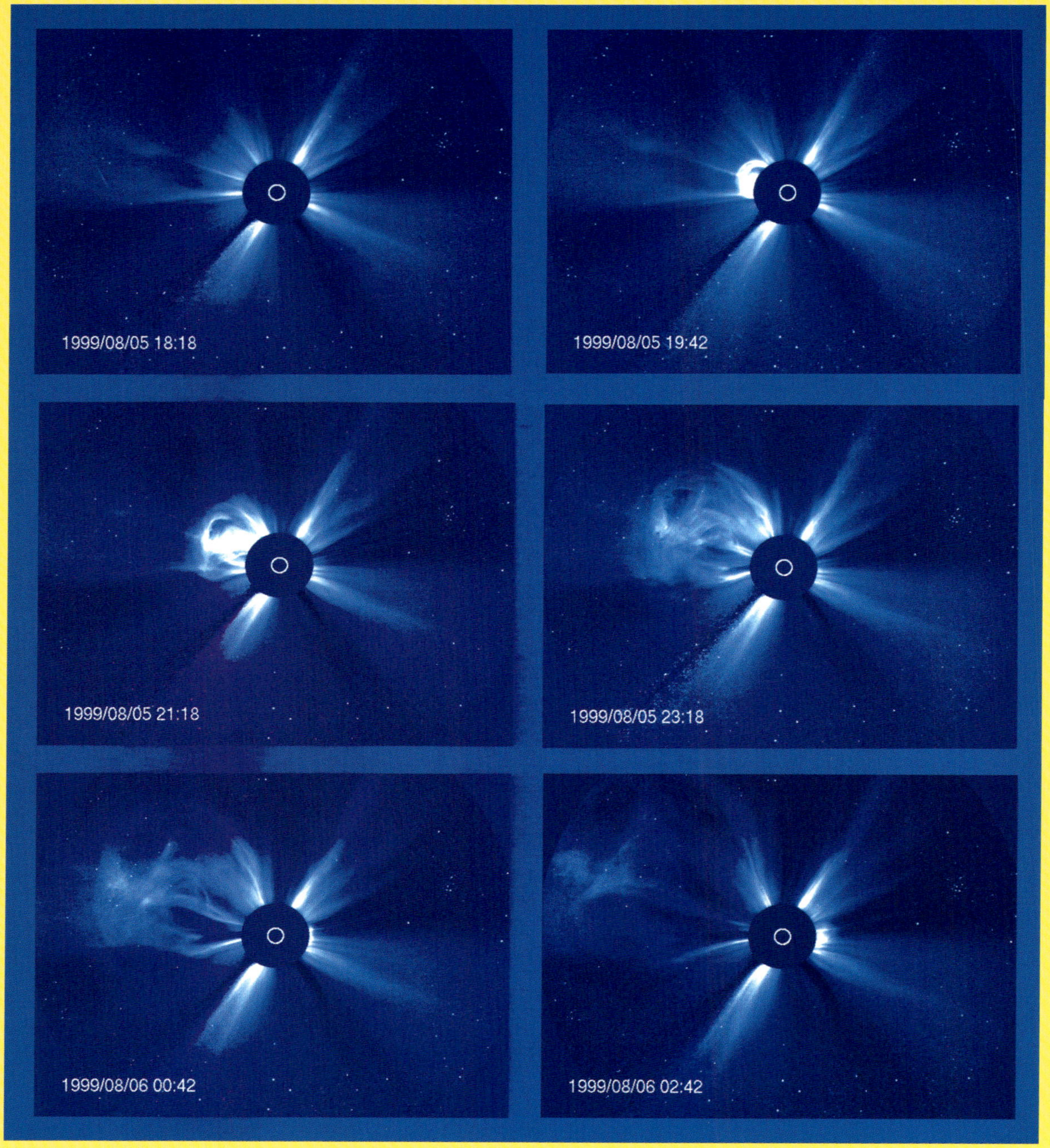

Éjection de masse coronale observée près du Soleil.
Une éjection de masse coronale (CME) a été observée, le 20 mars 2000, pendant deux heures par le coronographe C2 de LASCO à bord de SOHO. Le disque (en rouge) bloque la lumière du disque solaire (délimité par le cercle blanc) et permet d'observer la couronne proche. L'événement commence à 9h06 temps universel : près d'une heure plus tard, on distingue bien deux jeux de boucles qui semblent se tourner le dos. Trente minutes et une heure plus tard, les deux jeux de boucles ont progressé en s'éloignant du Soleil, leurs pieds encore ancrés à la surface.

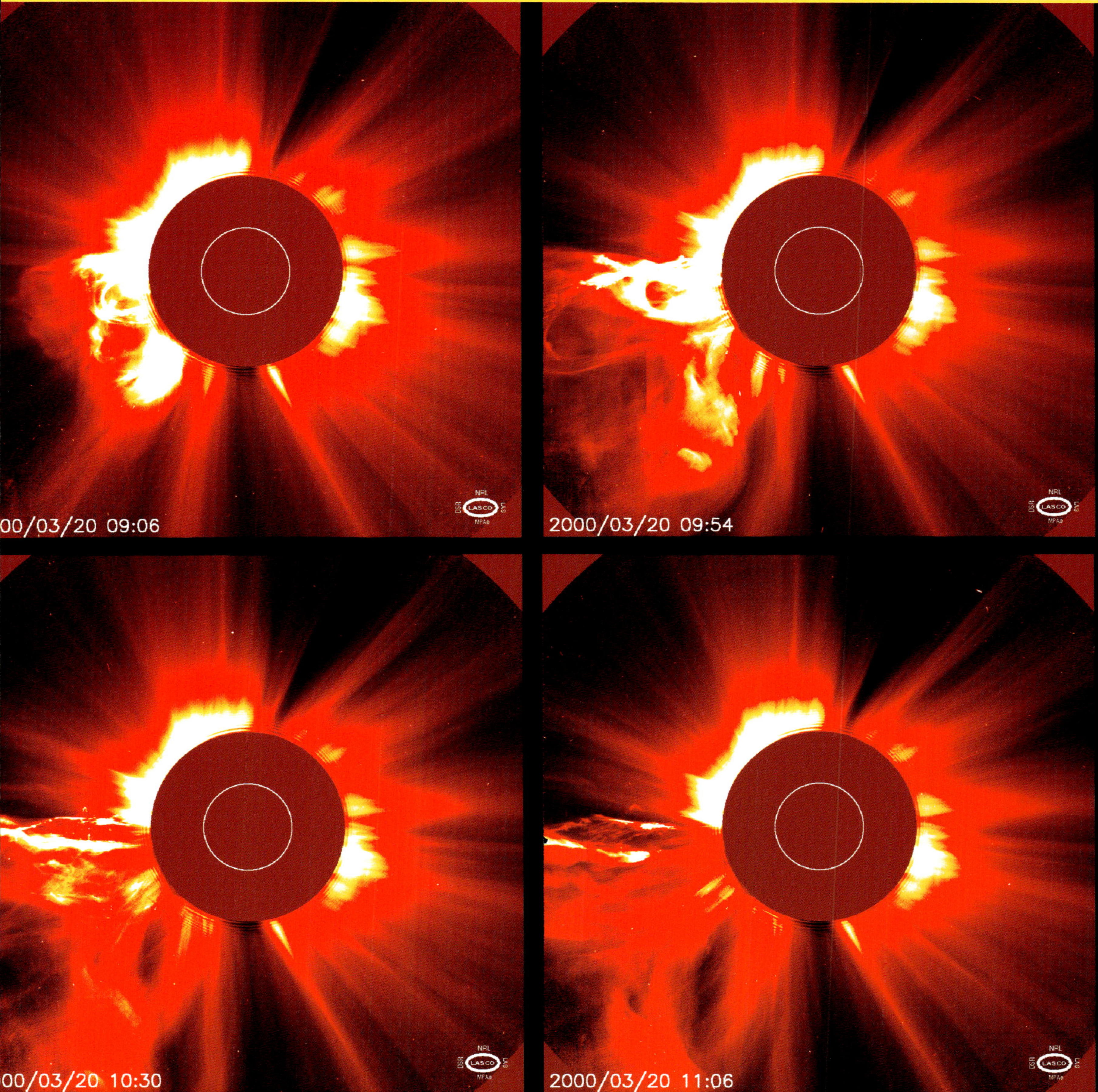

Le Soleil ultraviolet.
Cette image a été obtenue les 4 et 5 février 1996 par le spectromètre SUMER à bord de SOHO en déplaçant la fente de l'instrument de gauche à droite et de haut en bas : un balayage qui prend environ huit heures. La raie étudiée est celle du carbone trois fois ionisé située à la longueur d'onde de 155,5 nm. Elle représente la carte de densité de la matière portée à environ 90 000 degrés K. On remarque hors du bord des protubérances solaires (notamment à gauche). On note également une augmentation de brillance à l'extrême bord (mince cercle blanc). Enfin, on retrouve sur le disque le réseau typique de supergranulation.

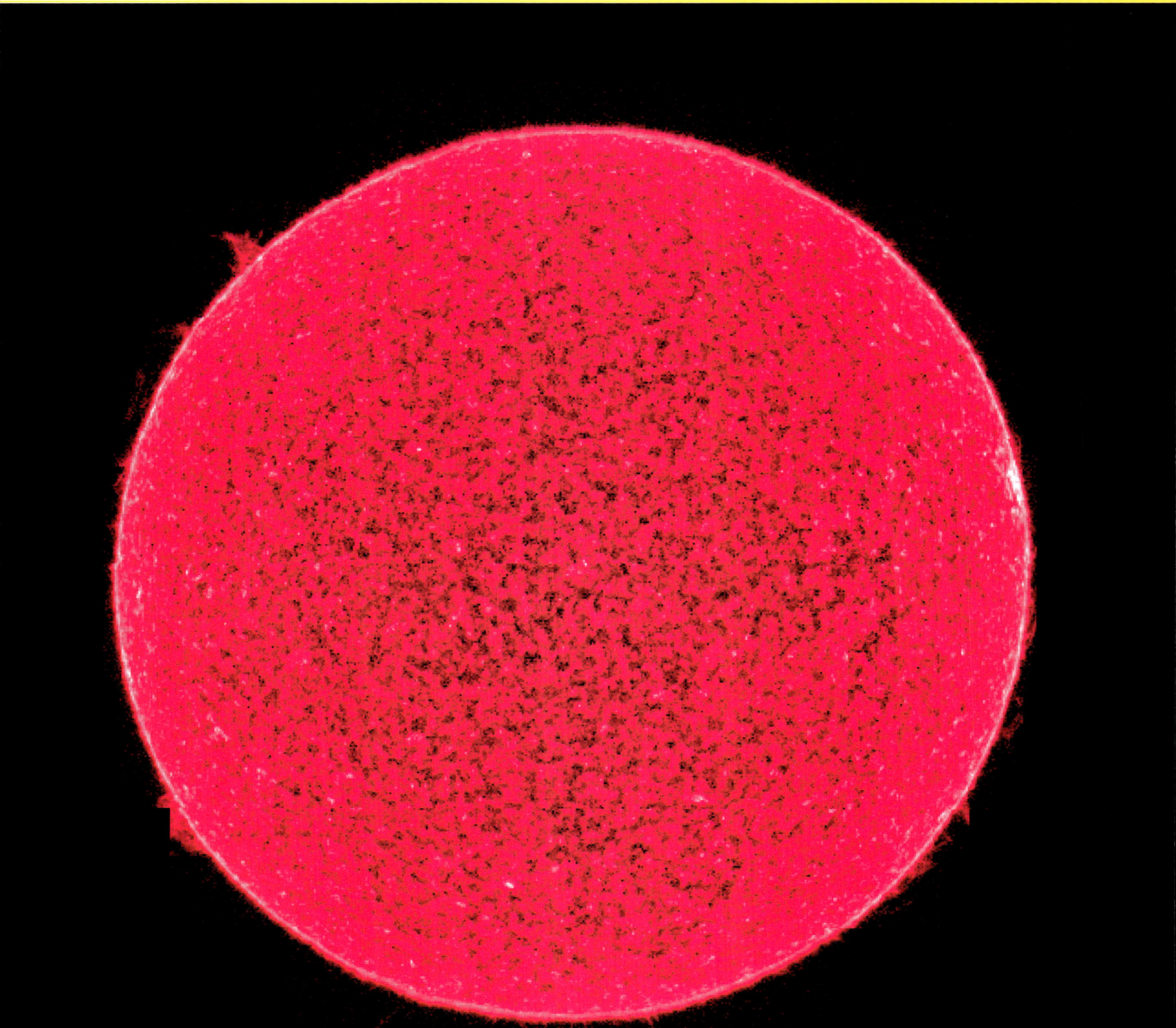

Il neige sur EIT.
Les particules expulsées lors d'une éruption solaire arrivent d'autant plus vite à la Terre qu'elles sont plus énergétiques. Certaines mettent une heure à peine pour nous parvenir du Soleil (la lumière, elle, ne met que huit minutes). C'est ainsi que, le 6 novembre 1997, le télescope-imageur EIT à bord de SOHO a fourni de curieuses images près d'une heure après une éruption solaire qui avait d'ailleurs saturé le détecteur de ce même télescope : des milliers de petits points brillants apparaissant de façon aléatoire comme des flocons de neige sur le sol. Il ne neigeait ni sur le Soleil ni sur SOHO mais chacun de ces points correspondait à l'impact d'une particule chargée sur le détecteur de EIT, probablement un proton d'énergie de l'ordre de 20 MeV (ou encore 3.10^{12} joules).

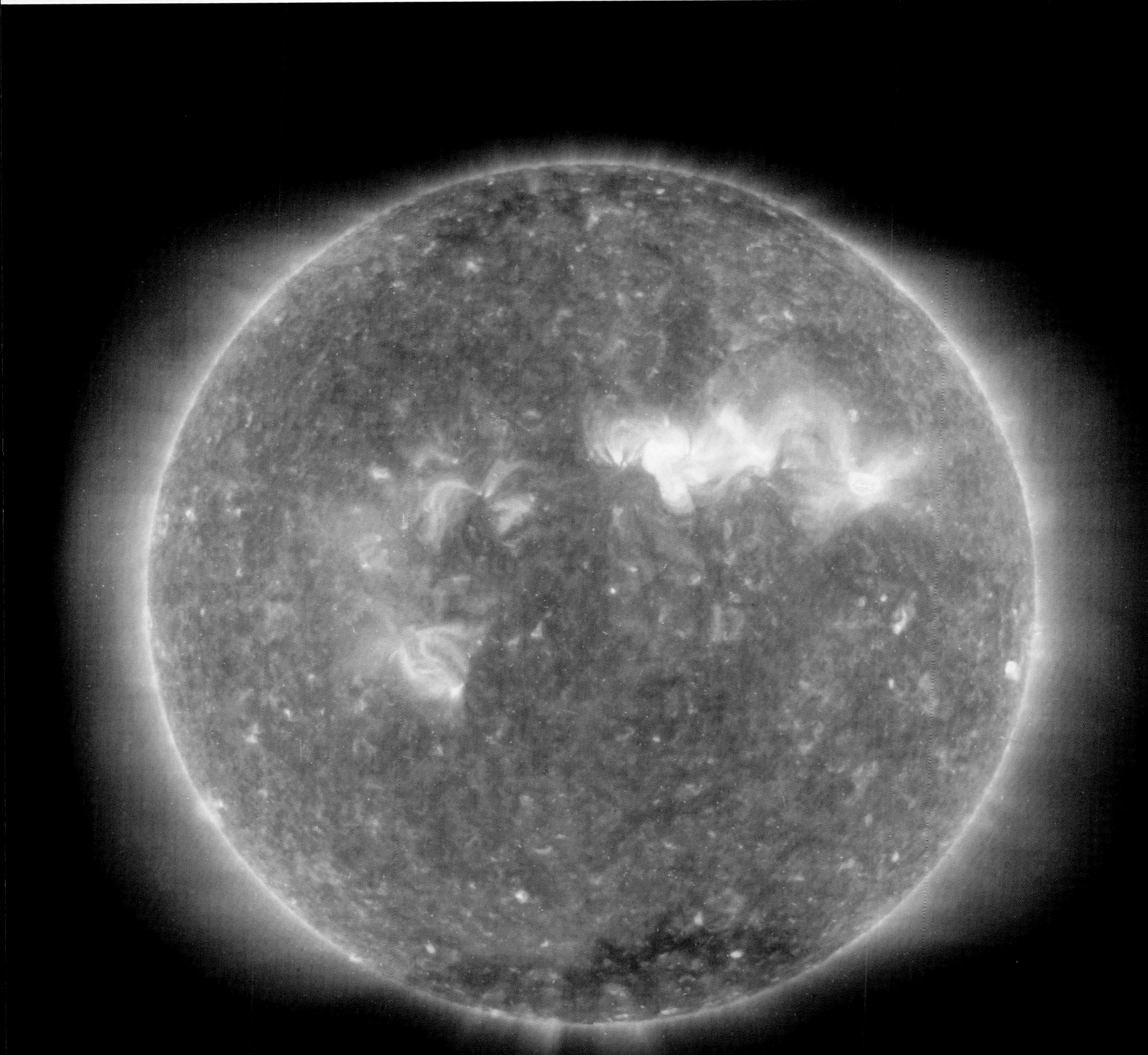

L'éruption du 14 juillet.
Cette image a été obtenue le 14 juillet 2000 à 10h24 temps universel par le télescope-imageur EIT à bord de SOHO dans la raie du fer quatorze fois ionisé et située dans l'extrême ultraviolet à 19,5 nm. Un peu au nord du centre du disque, on distingue une région très brillante avec une ligne horizontale due à la saturation du détecteur. Il s'agit d'une éruption de type X où l'augmentation d'intensité dans les rayons X peut dépasser un facteur mille. Une éjection de masse coronale en forme de halo lui a été associée. Près d'une heure plus tard, le détecteur du coronographe LASCO à bord de SOHO était littéralement bombardé par des particules solaires arrivant à la vitesse de quelques milliers de kilomètres par seconde. Le reste du Soleil a son aspect habituel en période de maximum solaire : nombreuses régions actives (brillantes) sous forme de boucles.

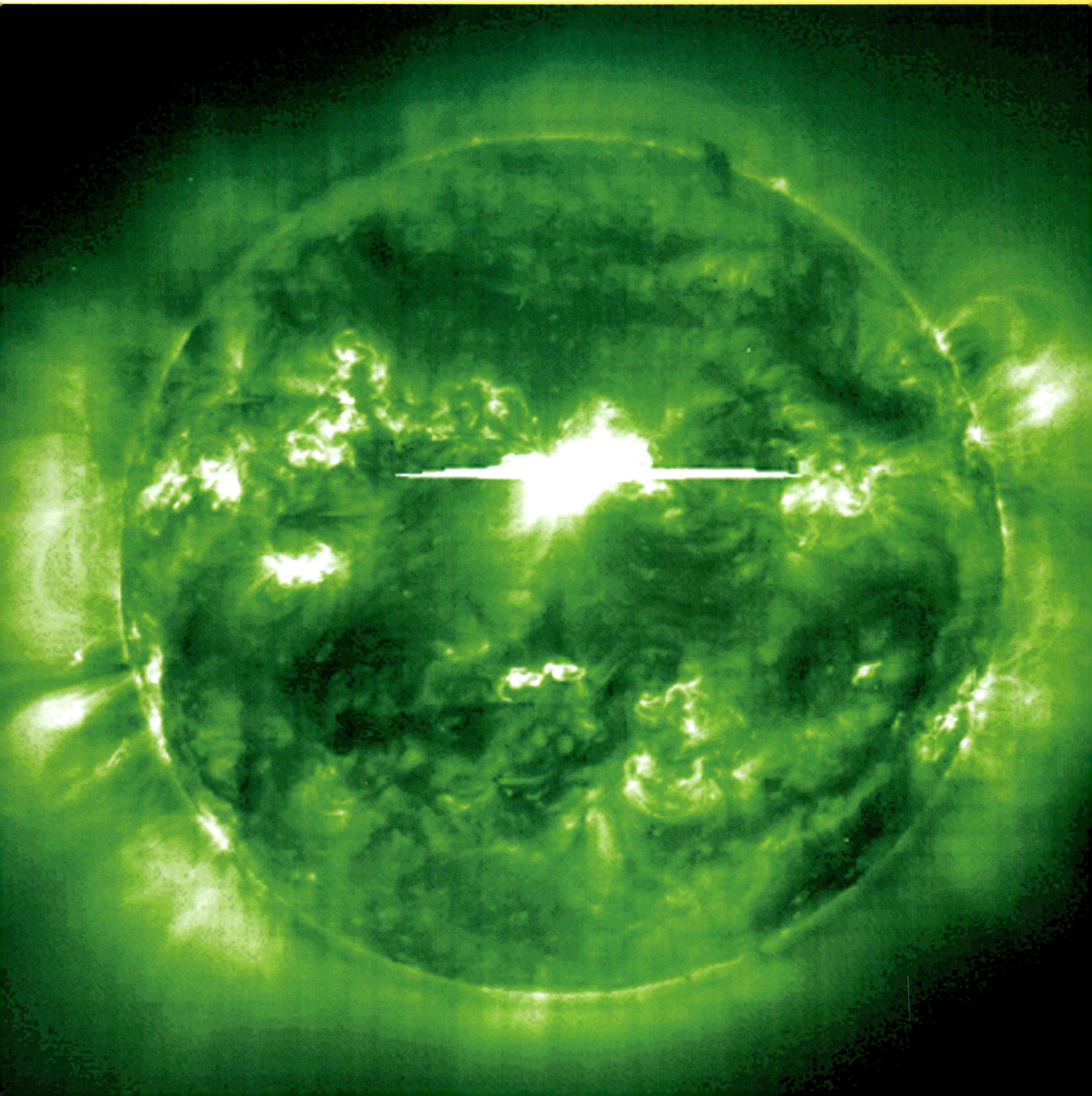

Le Soleil et la Terre

Christian Ngô

L'histoire de la Terre est intimement liée à celle de son étoile. À tous points de vue. C'est en effet à la formation du Soleil que la Terre doit son existence : elle est née comme lui d'un nuage de poussières et de gaz en rotation sur lui-même. C'est aussi au Soleil qu'elle doit l'apparition des premières formes de vie, plus ou moins directement. L'évolution de ce monde vivant ne s'est pas déroulée sans heurts. Bien au contraire. Son histoire est ponctuée de catastrophes, dont plusieurs mettent en cause l'insolation, qu'il s'agisse d'une activité solaire variable, d'éruptions dont les poussières font obstacle au passage de la lumière, d'impacts de météorites ayant le même effet, etc. Aujourd'hui encore, le Soleil fournit aux plantes l'énergie nécessaire à leur photosynthèse. Laquelle, en fabriquant de la matière organique, constitue le premier maillon de la vie. Mais cette photosynthèse est aussi source d'oxygène, sans lequel notre respiration serait impossible. Et quand nous ne nous chauffons pas directement par les rayons du Soleil, nous utilisons des combustibles qui n'auraient jamais vu le jour sans la présence de notre astre…

Fille du Soleil

Vue d'artiste du big bang.
L'univers aurait été créé il y a environ 15 milliards d'années lors d'une gigantesque explosion. Cette hypothèse s'appuie sur le fait que l'univers est en expansion et que l'on a découvert un rayonnement fossile, vestige de cette explosion originelle.

Tout a commencé avec lui. Un immense nuage de gaz et de poussières. Lourd comme plusieurs millions d'étoiles, long de plusieurs années-lumière, il renferme surtout des gaz légers – hydrogène et hélium –, mais aussi, en proportion bien moindre, des métaux comme l'or, le fer ou le nickel. C'est sans doute l'explosion d'une étoile géante, dans son voisinage, qui l'a fait éclater en morceaux. Des morceaux qui, sous le choc, se sont mis à tourner sur eux-mêmes, jusqu'à donner à l'ensemble un mouvement de rotation. S'attirant les uns les autres par gravitation*, ils concentrent la matière au centre. Dès lors, le nuage se contracte. En son cœur, voici 4,6 milliards d'années, des noyaux d'hydrogène se mettent à fusionner, dégageant une quantité phénoménale d'énergie.

Ainsi est né le Soleil. Et, quasiment dans le même temps, tout un tas de préplanètes. Car, parmi les poussières tournant dans le disque de gaz, certaines sont en effet trop lointaines pour bénéficier de sa chaleur et rejoindre son cœur. Mais se heurtant sans cesse, elles peuvent s'agréger et former des embryons de planètes, selon un processus dit d'accrétion* : des globes rocheux se constituent près du Soleil, et des « géantes gazeuses » plus loin. Les plus gros attirent ensuite les plus petits, par gravitation. Jusqu'à constituer de véritables planètes, solides ou gazeuses. La Terre grossit ainsi 100 millions d'années durant, à partir de la collision et de l'agglutination d'une multitude de planétoïdes plus petits. Elle finit par atteindre sa taille actuelle il y a 4,5 milliards d'années.

L'époque est alors au billard cosmique. Des pluies de météorites* s'abattent sur terre à un rythme effréné, au moins 10 000 fois supérieur à celui d'aujourd'hui. Mieux vaut donc ne pas pointer le nez dehors. D'autant qu'un énorme astéroïde va percuter notre globe. L'impact du projectile, dont la taille est au minimum celle de Mars, engendre aux alentours de – 4,5 milliards d'années une gigantesque explosion. Son noyau lourd fusionne alors en partie avec celui de la terre, et des débris des deux astres sont éjectés dans l'espace. Ils vont se rassembler. Avant de retomber sur terre, provoquant une seconde explosion et une nouvelle expulsion de matière. En orbite autour de notre planète, cette matière s'est finalement agrégée pour former la Lune.

UN HEUREUX CHOC

Il y a 4,5 milliards d'années, la collision avec une Lune en formation aurait pu s'avérer fatale à notre planète. Mais si l'on en croit les simulations des chercheurs, elle fut sans doute l'une des plus belles choses qui pouvait nous arriver. Le choc aurait en effet accéléré la rotation de la Terre sur elle-même, nous évitant des journées aussi longues que celles de Vénus : elles durent 5 800 heures ! Et si la Lune a ensuite freiné son emballement, fixant finalement la durée d'une journée à 24 heures, elle l'a aussi stabilisé dans la direction de son axe de rotation, lui évitant ainsi d'envoyer valser l'équateur au pôle. Malheureusement, le ralentissement de la Terre qu'engendre sa présence l'éloigne aussi de nous au rythme de 4 centimètres par an. Si bien qu'un beau jour la Terre risque de basculer et de plonger dans un véritable chaos climatique...

Il faut attendre 500 millions d'années pour que le rythme des collisions diminue réellement. Dans l'intervalle, l'impact de météorites va régulièrement faire grimper le thermomètre terrestre. Mais la température sur la Terre d'alors est déjà sans commune mesure avec celle que nous connaissons aujourd'hui : elle dépasse allègrement les 1 500 °C ! En effet, si le rayonnement du Soleil ne représente à cette époque que 70 % de celui d'aujourd'hui, la planète Terre est elle-même source de chaleur. Les collisions lui ayant donné vie l'ont fait naître chaude. Et sous le jeu de la gravité, peu avant que la pré-Lune ne la percute, ses éléments chimiques les plus lourds se sont accumulés en son centre, donnant naissance à son noyau métallique, mais faisant également monter la pression, et donc la température. De plus, certains de ses éléments – tels l'uranium, le thorium, ou le potassium – sont radioactifs. Or, en se désintégrant, ils produisent de la chaleur : ce processus est encore à l'œuvre, bien que dans des proportions moindres, et constitue le moteur de la dynamique terrestre.

Aussi chaude soit-elle, la Terre est néanmoins dès le départ destinée à se refroidir. D'abord parce que sa matière est animée de vastes mouvements de convection*, semblables à ceux que l'on observe dans de l'eau portée à ébullition, l'eau chaude montant et l'eau froide redescendant. Ensuite parce que, à sa surface, la chaleur peut s'échapper vers l'espace, par rayonnement ou par la conduction* tendant à réchauffer l'atmosphère, plus froide. Reste que, d'après les calculs, l'atmosphère primitive va dans un premier temps constituer un frein au refroidissement de la Terre : son effet de serre est tel qu'il s'oppose à l'évacuation de la chaleur terrestre.

C'est par de savantes extrapolations que l'on a reconstitué cette atmosphère primordiale. En vaporisant mentalement les millions de milliards de tonnes de carbone présents aujourd'hui dans les roches sédimentaires, en faisant retourner à l'état de vapeur toute l'eau des océans, et en tenant compte des gaz présents dans le nuage solaire d'origine. On sait ainsi que cette atmosphère devait être dense et fortement chargée en dioxyde de carbone et en vapeur d'eau, deux puissants gaz à effet de serre. Mais la Terre actuelle contenant peu d'hélium et d'hydrogène, on suppose que ces deux éléments, majoritaires dans le nuage de gaz originel, échappèrent à l'attraction de notre globe : ils étaient suffisamment légers et rapides pour s'enfuir vers des planètes lointaines. C'est finalement le dégazage de la Terre, via les nombreux volcans de son enveloppe, qui aurait donné à l'atmosphère sa composition : du dioxyde de carbone et de la vapeur d'eau, surtout, mais aussi de l'azote, de l'hydrogène sulfuré, du chlorure d'hydrogène, de l'ammoniac, du méthane, etc.

Vue d'artiste des premiers temps de la Terre.

L'enveloppe terrestre s'est sans doute formée très tôt. On ne sait pas précisément à partir de quels matériaux, de même qu'on ne connaît pas la composition exacte du noyau*. Mais, d'après l'analyse de météorites aussi vieilles que la Terre, on suppose que le matériel le plus dense, notamment constitué de fer et de nickel, a dû s'enfoncer sous l'effet de la pesanteur, tandis que le matériel plus léger (silicium, oxygène, aluminium, etc.) est resté en surface, formant dans un premier temps une enveloppe partiellement fondue. Quelques millions d'années ont alors suffi à la rendre solide. Le temps que le flux de chaleur émis par la Terre soit inférieur au flux reçu du Soleil. L'effet de serre a de ce fait diminué, et la température est passée sous la barre fatidique des 1 000 °C, permettant au magma de se solidifier.

Dès lors, le flux de chaleur interne s'est trouvé bloqué. Hormis lors d'éruptions volcaniques, il est impossible aux roches fondues de remonter en surface. La convection est désormais limitée au manteau*. Mais elle engendre d'autres mouvements : l'écorce terrestre va se scinder en plaques et se déplacer à la manière d'un tapis roulant, remontant du manteau par-ci, et s'y engouffrant par-là. Très vite, des océans vont couvrir cette écorce : le refroidissement de la planète, et par voie de conséquence de son atmosphère, va en effet entraîner un véritable « déluge ». Le dioxyde de carbone de l'atmosphère pourra ainsi être piégé : dissous dans l'eau, il va réagir avec les silicates de la croûte, lesquels seront convertis en silice et en carbonates. En quelque 120 millions d'années, ce lessivage va ramener la pression et la température à des valeurs compatibles avec l'émergence de la vie. Des conditions propices à son développement sont ainsi présentes 250 à 300 millions d'années après la formation du système solaire. Mais pour certains chercheurs, les bombardements de météorites qui continuent de sévir sont encore assez importants pour faire s'évaporer les océans, et y détruire toute forme de vie.

Sous les rayons, la vie

LES PREMIÈRES BRIQUES

Sur notre Terre primitive, il y a environ 4 milliards d'années, l'environnement est pour le moins hostile. Des météorites continuent régulièrement de tomber. La température, même si elle a baissé, est encore très élevée : environ 100 °C. Quant à l'atmosphère, elle est carrément irrespirable : totalement dépourvue d'oxygène, elle est en revanche très riche en ammoniac, méthane, dioxyde de carbone, hydrogène sulfuré et autres gaz malodorants. Une vie peut-elle se développer dans un tel enfer ?

La vapeur d'eau se condensant, la pluie a entraîné avec elle dans les océans en formation de nombreuses molécules. Le lessivage de la croûte* et les remontées de magma, au niveau des sources hydrothermales, ont par ailleurs enrichi l'eau de sels minéraux et métalliques. Enfin, la Terre reçoit d'importantes quantités d'énergie : des rayons ultraviolets* émis par le Soleil qu'aucune couche d'ozone ne filtre, des décharges électriques, c'est-à-dire des éclairs, alors nombreux dans son atmosphère, mais aussi l'énergie de ses volcans, ou encore celle des impacts de météorites. Or tous ces ingrédients pourraient permettre la formation des premières briques de la vie. Celle de molécules contenant carbone, hydrogène, oxygène et azote qui, avec le temps, deviendraient plus complexes, jusqu'à donner naissance aux cellules.

L'hypothèse remonte aux années 1920. Elle a été lancée par deux chercheurs, Alexandre Ivanovitch Oparin et John Haldane, l'un russe, l'autre anglais. Selon eux, trois éléments sont nécessaires à la formation de ces molécules dites organiques : des réactifs, un réacteur et de l'énergie. Les réactifs ne sont autres que les composés issus du Soleil ou du dégazage de l'enveloppe terrestre : méthane, ammoniac, vapeur d'eau, dioxyde de carbone, hydrogène sulfuré, etc. L'atmosphère terrestre, contenant ces divers gaz, tient lieu de réacteur. Enfin, l'énergie nécessaire pour amorcer la réaction chimique est apportée par les rayons solaires et les éclairs. La mise en scène n'a pas d'emblée convaincu. Manquaient en effet des preuves expérimentales : c'est précisément ce à quoi s'attelle en 1953 Stanley Miller, un jeune doctorant de l'université de Chicago.

Pour reproduire des conditions rappelant celles de la Terre primitive, il remplit un ballon hermétique d'eau liquide, mais aussi d'hydrogène sulfuré, de méthane et d'ammoniac, gaz mentionnés par ses prédécesseurs. Une simple flamme suffit à chauffer le mélange, où l'eau passe ainsi à l'état de vapeur, se mélangeant aux autres gaz et reconstituant l'atmosphère d'antan. À l'aide d'étincelles, il simule alors des éclairs. Le ballon est ensuite refroidi, ce qui provoque la condensation de la vapeur d'eau et la précipitation des molécules synthétisées, comme dans la « soupe primitive » des premiers océans. Or, en analysant son contenu, Miller y découvre plusieurs molécules organiques, notamment de l'acide cyanhydrique, du formaldéhyde, et plusieurs acides aminés connus pour entrer dans la composition des protéines. L'hypothèse d'Oparin et d'Haldane semble donc validée. Elle ne l'est pourtant qu'à moitié...

Depuis que Miller a publié ses travaux, plusieurs arguments sont venus contrer l'idée selon laquelle la vie serait née de molécules d'abord produites dans l'atmosphère primitive, puis accumulées dans l'océan.
Dont un de taille : on sait, depuis le milieu des années 1980, qu'en lieu et place du méthane, c'est du dioxyde de carbone qu'il convient de mettre dans le mélange gazeux de l'expérience. Car à ses débuts, comme aujourd'hui autour de Mars ou de Vénus, l'atmosphère terrestre en renfermait énormément. Or, quand on change le méthane en dioxyde de carbone, l'expérience de Miller ne produit quasiment plus d'acides aminés ! De plus, dans l'océan, la concentration des molécules organiques nées par réaction chimique ne peut être qu'extrêmement faible, du fait de l'effet de dilution. Et cela diminue les chances pour qu'elles réagissent entre elles et se complexifient. Où donc ces molécules organiques ont-elles pu se former ?

Probablement dans les profondeurs océanes, là où les rayons du Soleil ne pénètrent pas. Vers les évents hydrothermaux, dont l'environnement n'est pas sans rappeler les conditions de la Terre primitive. Il s'en échappe, à haute température (entre 300 et 400 °C), des gaz toxiques chargés de dioxyde de carbone, mais aussi d'hydrogène, d'azote, d'oxyde de carbone, de méthane, d'hydrogène sulfuré... Or en mélangeant en laboratoire du méthane et de l'azote, dans des conditions proches de celles qui règnent près de ces évents, on a réussi à obtenir des acides aminés. Reste qu'un abîme sépare les acides aminés de la cellule vivante ! E pour l'heure, personne n'est jamais parvenu à recréer pour de bon la vie à partir d'un mélange de gaz. Il n'empêche : les êtres dont les molécules sont les plus différentes des nôtres et de celles de l'ensemble du vivant sont des bactéries ne supportant pas l'oxygène et tolérant de hautes températures. Nos plus lointains ancêtres auraient ainsi pu démarrer leur vie au voisinage de sources hydrothermales. C'est-à-dire dans le noir, et donc sans l'aide directe du Soleil !

Les sources hydrothermales libèrent des minéraux riches en soufre à des températures de plusieurs centaines de degrés. L'eau est chaude grâce à l'énergie géothermique. Malgré les températures et pressions extrêmes régnant dans ce milieu, des formes de vie existent – certaines bactéries, mais aussi des êtres plus complexes, comme ce crabe blanc.

UNE VIE VENUE D'AILLEURS ?

C'est Svante Arrhénius qui en eut l'idée le premier, en 1907. Pour ce célèbre chimiste suédois, les briques élémentaires de la vie terrestre ne devaient pas être cherchées sur terre : elles étaient venues d'ailleurs et tombées du ciel. Un temps abandonnée, cette thèse est revenue au goût du jour dans les années 1960 avec Francis Crick, l'un des deux hommes ayant découvert la structure de la molécule d'ADN. On a depuis décelé la présence dans des comètes et des météorites de molécules carbonées, notamment de l'acide cyanhydrique (à partir duquel on peut former les bases azotées des acides nucléiques), du formaldéhyde (qui constitue le point de départ de la synthèse des sucres des mêmes acides nucléiques), mais aussi des acides aminés. Ce qui, pour certains, constitue autant d'arguments en faveur d'une contribution de l'espace à l'émergence de la vie, voire en faveur d'une possible vie extraterrestre...

PAS DE VIE SANS MOULE

Si la thèse de la « soupe primitive » ne permet pas d'arriver jusqu'à la cellule vivante, peut-être est-ce parce qu'il faut repenser les débuts autrement. Par exemple en envisageant que la vie est née à partir des matériaux inorganiques capables de croître, comme les argiles : telle est l'hypothèse avancée à la fin des années 1960 par le chimiste Graham Cairns-Smith. Les feuillets d'argile peuvent en effet se développer spontanément, en puisant dans le milieu extérieur les ingrédients nécessaires à leur croissance (silicium, oxygène, magnésium, etc.). Ils constituent par ailleurs une excellente matrice, étant capables d'adsorber à leur surface toutes sortes de molécules organiques. Au passage, ils leur évitent d'être diluées. Mieux : ce sont de véritables enzymes minérales, qui favorisent les réactions entre ces molécules. Celles-ci peuvent dès lors s'associer pour former des molécules complexes comme les protéines. La preuve : en partant d'acides aminés, des chercheurs sont parvenus à synthétiser des petits peptides et des nucléotides, et même des chaînes de peptides et de nucléotides sur des argiles (illite et montmorillonite). Cela laisse supposer que les briques élémentaires de la vie ont pu s'assembler à la surface d'argiles, dans les eaux chaudes et peu profondes de lagons. Mais la pyrite, un minerai de fer présent de façon majoritaire dans les cheminées hydrothermales, pourrait aussi être la solution. Car, en présence d'hydrogène sulfuré, il catalyse lui aussi l'assemblage de molécules organiques complexes. Et par ailleurs, s'il a été le support de leur formation, cela permettrait d'expliquer pourquoi des protéines fondamentales comme celles servant au transport d'électrons renferment du fer et du soufre.

UN MONDE D'ARN

Quand bien même on saurait recréer des protéines et des acides nucléiques*, on n'en aurait pas pour autant la recette de la vie.
Les protéines ne sont en effet pas faites d'acides aminés collés les uns aux autres au petit bonheur la chance. Leurs acides aminés sont assemblés dans un ordre précis, lequel dicte leur enroulement, et par voie de conséquence la forme et la fonction des protéines en question. Or cet ordre, ils le doivent à l'ADN*, support de l'information génétique.

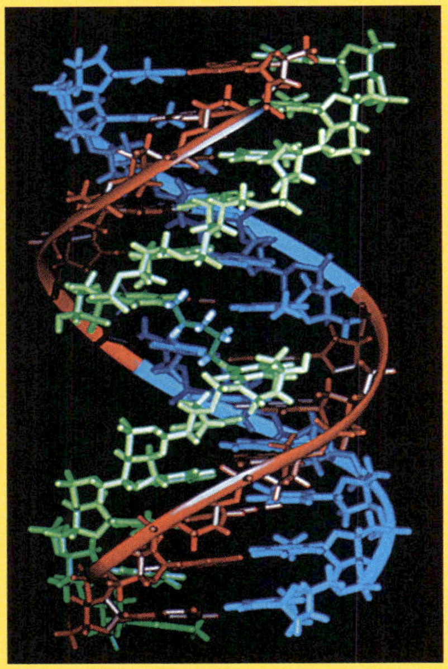

Double hélice de l'ADN, molécul qui contient tout notre patrimoine génétique.

Mais pour mettre en œuvre son programme, donner ses ordres, l'ADN a besoin... de protéines ! C'est ni plus ni moins le problème de l'œuf et de la poule. Qui est apparu en premier ?
Ni l'un ni l'autre, répond dans les années 1980 le biologiste Thomas Cech. Pour lui, c'est l'ARN* qui aurait été la première molécule complexe. Car si elle aussi possède une copie du programme génétique, elle peut de surcroît jouer le rôle de catalyseur des protéines et se reproduire toute seule comme une grande ! La vie aurait donc démarré par un monde d'ARN. Lequel aurait pu s'abriter dans des vésicules dont les membranes se seraient autoformées par l'agrégation spontanée de lipides. L'évolution aurait fait le reste, transformant ces organismes primitifs en véritables cellules...

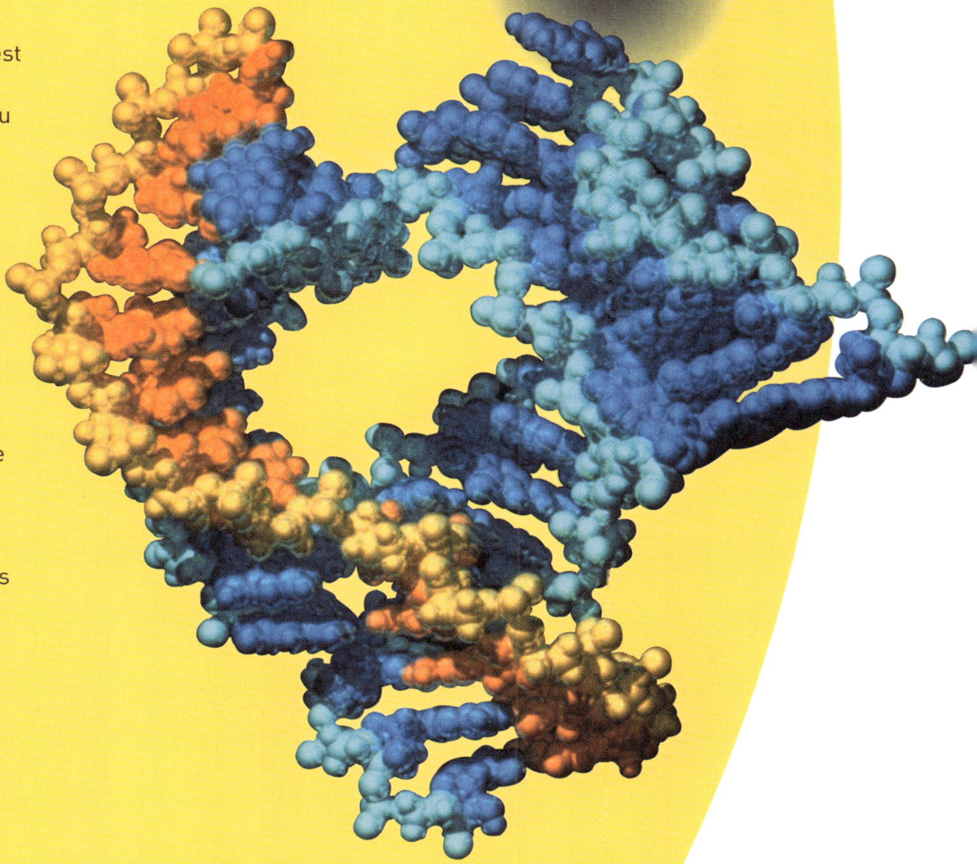

Image de synthèse de l'ARN ribosomique.

BESOIN DE CARBURANTS

Tout être vivant qui se respecte a besoin d'énergie pour rester en forme, mais aussi se reproduire. Cette énergie, nous la tirons aujourd'hui de l'oxygène que nous brûlons. Mais dans un milieu où l'oxygène est rare, sinon absent, et la respiration* impossible, comment faire ? La réponse est à trouver du côté de certaines bactéries actuelles. Celles qui vivent en profondeur près de sources hydrothermales, et obtiennent leur énergie d'une réaction chimique. La réaction du sulfure de fer et de l'hydrogène sulfuré procure en effet de l'énergie sous forme d'hydrogène. Quant au carbone nécessaire à la synthèse de matière vivante, il peut être obtenu à partir du dioxyde de carbone dissous dans l'eau.

Cette sorte de chimiosynthèse* a toutefois l'inconvénient de ne fournir qu'un minimum d'énergie. D'où l'adoption de procédés un peu plus efficaces, dès que la machinerie cellulaire s'est perfectionnée : ainsi sont apparues des bactéries adeptes de la fermentation, d'autres préférant la respiration sans oxygène (anaérobie*), et d'autres enfin spécialisées dans la photosynthèse* anaérobie. On en a retrouvé, sous forme fossile, une dizaine de types différents dans les sols australiens et africains vieux de 3,5 milliards d'années : elles reposent aussi bien dans les vestiges de sources hydrothermales, d'anciens lagons cernant de minuscules (proto)-continents, de rivières, de littoraux... Leur diversité a de quoi surprendre, tout comme celle des milieux qu'elles ont investis : les chercheurs pensent donc qu'elles ont vu le jour plus tôt. Reste que cette diversité est plutôt réduite, comparée à celle des vivants d'aujourd'hui. Pour décoller, et peupler abondamment la Terre, les organismes ont fait appel à un mécanisme fournissant encore plus d'énergie : la photosynthèse aérobie*.

C'est en dissociant l'eau des océans que les bactéries se fournissent alors en hydrogène. Mais pour ce faire, elles ont dû apprendre à se débarrasser au plus vite de l'oxygène libéré, celui-ci constituant un poison redoutable capable de détruire leurs molécules. Ce sont des enzymes, nées de mutations génétiques, qui vont permettre de rejeter cet oxygène. Reste que la mise au point du système va demander environ un milliard d'années. On en a la preuve par des sédiments un peu spéciaux, qui portent le nom de formations de fer rubanées : y alternent des couches riches en fer, et d'autres en étant dépourvues. Leur existence montre que l'atmosphère terrestre a été tour à tour pauvre et riche en oxygène. Car lorsqu'il y a du fer, c'est parce qu'il a précipité au fond de l'océan, et cela n'est possible que lorsqu'il est rouillé, autrement dit oxydé.

Les plus vieux de ces gisements datent d'environ 2,5 milliards d'années. C'est donc à cette époque qu'avec l'aide du Soleil des bactéries ont commencé à convertir l'eau et le dioxyde de carbone en matière organique et en oxygène. Cet oxygène a d'abord oxydé le fer présent dans l'eau de mer. Mais aux alentours de 1,9 milliard d'années, les éruptions volcaniques se faisant plus rares, le stock de fer dissous a fini par s'épuiser. Dès lors, l'oxygène n'a pu que s'accumuler dans l'eau, et finalement contaminer l'atmosphère.

Coupe d'un stromatolite.
Il s'agit d'une structure de roches carbonatées se présentant en couches concentriques ondulées. Le carbonate de calcium résulte de précipitations issues d'algues bleues (cyanobactéries), dont une des propriétés est de sécréter du carbonate de calcium (calcaire). Ces algues bleues sont à l'origine de l'oxygène de l'air que nous respirons. Elles sont apparues il y a environ 3,8 milliards d'années.

L'oxygène que nous respirons n'est ainsi rien d'autre qu'un déchet. Mais, en permettant la formation d'une couche d'ozone, il a filtré les rayons ultraviolets. Cette couche n'existe pas encore à l'époque des premières bactéries aérobies, lesquelles vivent dans des eaux peu profondes et abondamment éclairées. Pour faire face aux ultraviolets nocifs, elles s'enveloppent d'une couche protectrice. Le problème, c'est que cette enveloppe est gélatineuse. Au point qu'avec le temps les minéraux s'y collent, empêchant la lumière d'arriver jusqu'à elles. Étant tributaires de la lumière pour leur photosynthèse, elles n'ont alors d'autre choix que d'abandonner leur enveloppe d'origine et de s'en fabriquer une nouvelle. Le processus se répétant, les vieilles enveloppes couvertes de sédiments s'accumulent pour former des structures appelées stromatolithes. Ce sont elles que des chercheurs ont trouvées en Australie et datées à – 3,5 milliards d'années. En les comparant avec d'autres, constituées récemment, ils ont pu en déduire que leurs ex-propriétaires devaient être des cyanobactéries, c'est-à-dire des algues bleues.

Structures stromatolites issues des algues bleues trouvées à Shark Bay, à l'ouest de l'Australie.

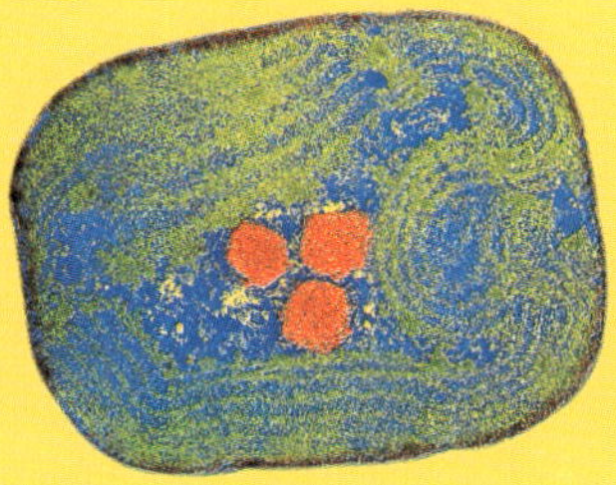

Cyanobactérie vue au microscope électronique à transmission (MET).

LA LUMIÈRE SOURCE D'OXYGÈNE

Dans le règne végétal, la photosynthèse se déroule à l'intérieur de minuscules structures en forme de lentilles : on les appelle des chloroplastes. En leur sein se trouve un réseau de membranes formant des sacs aplatis sur eux-mêmes, les thylakoïdes. Ces derniers abritent des pigments, étroitement associés à ces protéines : ce sont eux qui se chargent de capter l'énergie solaire, pour la transformer en énergie chimique. Les photons de lumière donnent en effet la bougeotte à leurs électrons : ils circulent alors le long d'une chaîne de transporteurs. Mais leur flux implique un apport d'électrons et celui-ci n'est possible que par la dissociation d'une molécule en protons et électrons. Ainsi l'eau, en se dissociant, libère-t-elle des électrons, des protons et de l'oxygène. L'oxygène sera vite évacué. Quant aux protons (H +), ils vont servir à mettre en route la turbine ATPase, dont l'énergie chimique permettra la synthèse des sucres vitaux.

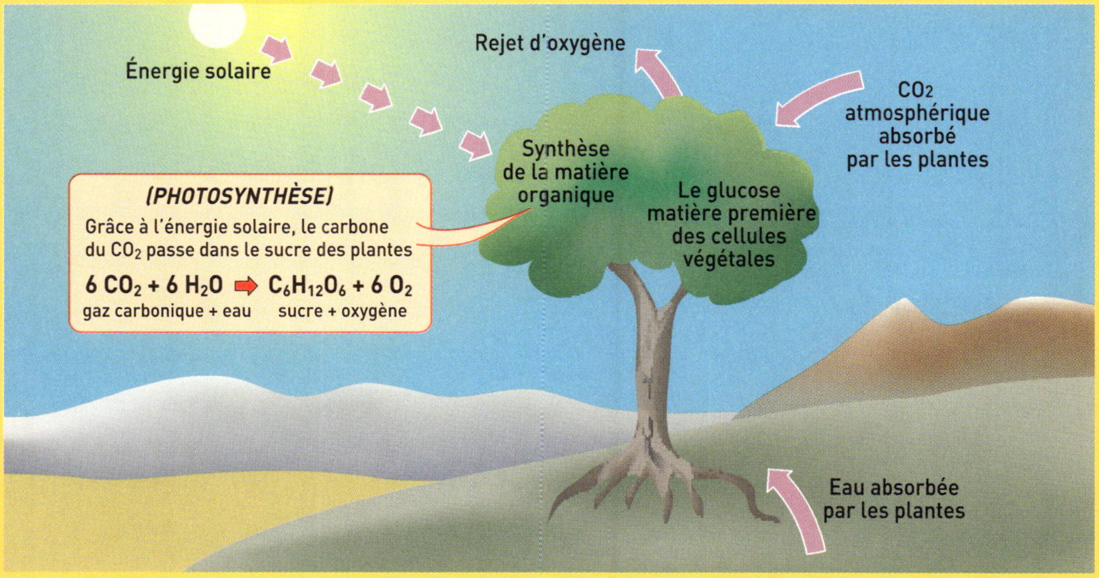

Le mécanisme de photosynthèse est utilisé par les végétaux pour transformer l'énergie solaire en une forme utilisable par leur métabolisme. Pour cela, ils captent et transforment l'énergie solaire avec la chlorophylle. Les végétaux utilisent cette énergie pour transformer le gaz carbonique présent dans l'atmosphère et l'eau qu'ils absorbent du sol en vue de fabriquer des hydrates de carbone et de produire de l'oxygène.

L'ATP, VECTEUR D'ÉNERGIE DU VIVANT

Chez les êtres vivants, le vecteur de l'énergie se nomme adénosine triphosphate, en abrégé ATP. Lors de son hydrolyse, cette molécule libère une quantité considérable d'énergie. Mais, pour l'obtenir, il faut d'abord fabriquer la précieuse molécule. Plusieurs voies sont possibles. La plus primitive consiste à user d'un processus analogue à la fermentation. À partir d'une molécule de glucose, deux molécules d'ATP sont alors produites. La respiration est une autre manière de synthétiser l'ATP : toujours à partir d'une molécule de glucose, on récupère alors 38 molécules d'ATP. Mais tout comme il faut de l'oxygène pour brûler du bois, il en faut aussi pour brûler du glucose, c'est-à-dire respirer. Et c'est la photosynthèse des végétaux qui le procure, grâce à l'énergie du Soleil. Respiration et photosynthèse impliquent toutes deux des transferts d'électrons et une production d'ATP. Le couplage entre les deux s'effectue grâce à une pompe à protons, l'enzyme ATP synthase. Celle-ci fonctionne à la manière d'une turbine couplée à une usine chimique. Chaque fois qu'un proton y passe, le rotor tourne d'un pas. La rotation déforme des sites catalytiques qui, dans leur nouvelle configuration, sont aptes à associer de l'ADP (adénosine diphosphate) à du phosphate pour fabriquer de l'ATP.

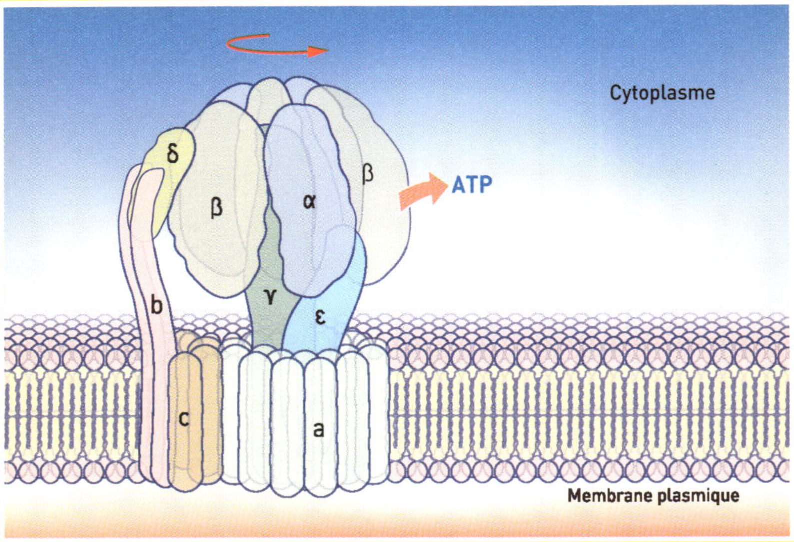

L'enzyme ATP synthase, présente chez tous les êtres vivants, est une molécule dont la structure est une merveille de complexité et d'esthétisme. C'est un convertisseur universel d'énergie qui se trouve dans les membranes transductrices d'énergie. Elle contient 12 à 14 protéines, implantées dans la membrane, et trois sites catalytiques situés à l'extérieur (partie supérieure du schéma). Ce système est un couplage entre un moteur moléculaire et une usine chimique.

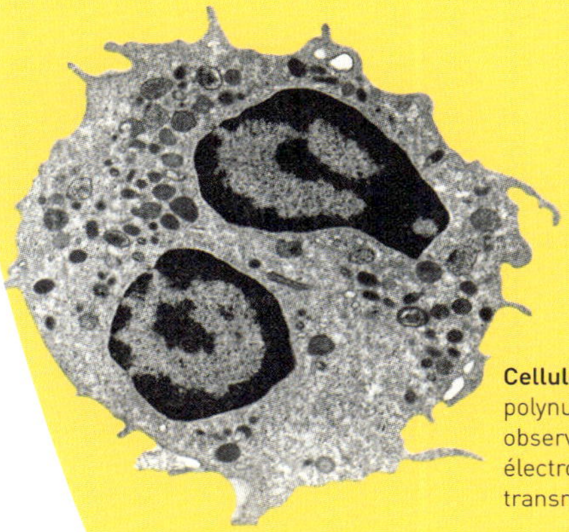

Cellule eucaryote polynucléaire neutrophile observée au microscope électronique à transmission (MET).

UNE LONGUE HISTOIRE

Polluée à l'oxygène, il y a un peu moins de 2 milliards d'années, la Terre ne fait pas que des heureux. Car tous les organismes ne sont pas capables de lutter contre ce poison. Des bactéries se réfugient dans les profondeurs, voire dans les eaux stagnantes ou autres lieux propices à leurs habitudes de putréfaction. D'autres y laissent leur peau. D'autres, enfin, vont par hasard trouver le moyen d'utiliser l'énergie de l'oxygène pour dégrader de la matière organique en dioxyde de carbone et en eau. Avec ces bactéries apparaît la respiration aérobie. Et dès cet instant, quoique leur apparition soit sans doute plus ancienne, on voit dans les gisements fossiles proliférer de nouveaux types de cellules, abritant en leur sein un noyau : on les nomme eucaryotes*.

Jusque-là les organismes peuplant la Terre se contentaient d'un simple filament d'ADN enroulé sur lui-même pour héberger leur programme héréditaire (c'étaient des procaryotes*). Désormais, chez certains, cet ADN va être associé à des protéines pour former des chromosomes : le tout est

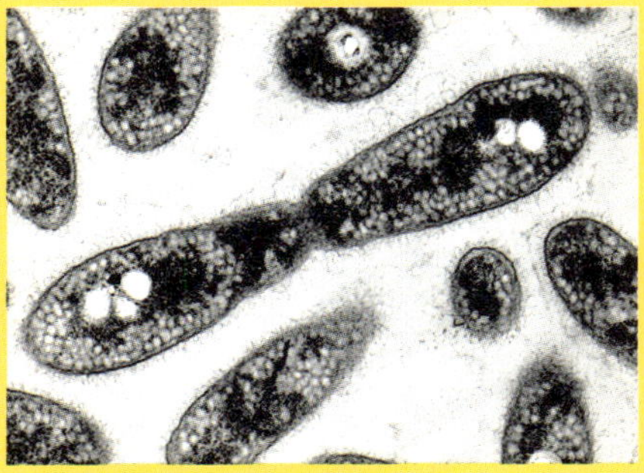

Cellule procaryote : bactérie non pathogène rhodobacter.

maintenu à l'abri de toute agression par une membrane, constituant ainsi un noyau à l'intérieur de la cellule. Ce noyau, c'est probablement à une ex-bactérie que le doivent les eucaryotes. De même que d'autres petites vésicules, servant chez les unes à produire de la nourriture (les chloroplastes), chez d'autres au contraire à la brûler (les mitochondries). Car, selon des thèses avancées dans les années 1970, certaines bactéries ont fini par en parasiter d'autres. Et, au final, elles sont restées partenaires pour toujours. Au passage, elles sont à l'origine d'une grande invention : celle de la reproduction sexuée.

La coopération cellulaire marque l'étape suivante. Les cyanobactéries avaient déjà l'habitude de se regrouper, mais sans partage des tâches. Ce partage apparaît voici environ 1,3 milliard d'années avec les premières algues vertes : des cellules y assurent la flottaison, d'autres ont en charge la reproduction, etc. Il faut ensuite attendre quelque 500 millions d'années supplémentaires pour que surgissent les premiers animaux pluricellulaires : vers, coraux, éponges, méduses et tout un tas d'animaux étranges à corps mou. Leur taille atteint la dizaine de centimètres. Mais leur forme est le plus souvent aplatie. Pourquoi ? Peut-être du fait de l'oxygène. Tant que son taux est faible, toutes les cellules du corps doivent respirer. Elles ne peuvent donc s'empiler à l'excès, les cellules situées en profondeur risquant l'asphyxie. En revanche, si son taux grimpe, des cellules peuvent se spécialiser dans son stockage et sa distribution. Les autres peuvent ainsi se consacrer à d'autres tâches et notamment à la fabrication d'un squelette. Celui-ci apparaît vers – 530 millions d'années, avec presque tous les grands groupes d'animaux actuels, y compris les vertébrés.

Tout ce petit monde va d'abord rester dans l'eau, se protégeant ainsi des ultraviolets nocifs. Puis, l'atmosphère devenant plus clémente, et le rayonnement solaire moins dangereux, quelques-uns tentent leur chance sur la terre ferme. De minuscules plantes sont les premières à le faire, 430 millions d'années en arrière. Elles prennent toutefois soin de s'envelopper d'un revêtement imperméable, percé de quelques orifices laissant entrer l'air riche en dioxyde de carbone. Tout en les soutenant, ce revêtement empêche l'eau qu'elles renferment d'être transformée en vapeur par la chaleur du Soleil, moyennant quoi elles mourraient desséchées. Avec le temps, ce soutien devient de plus en plus solide. Si bien que les plantes peuvent gagner en hauteur, s'élevant jusqu'à 30 mètres du sol. Plus grandes, elles profitent au maximum de la lumière. D'autant que de larges feuilles augmentent la surface exposée. Seul problème : ces plantes sont aussi plus lourdes, et tombent facilement (on leur doit d'ailleurs la plupart de nos réserves de charbon). Elles développent donc de grosses racines pour s'ancrer dans le sol. Enfin, grâce à leurs graines, elles parviennent à proliférer ailleurs qu'au bord des marécages. En l'espace de 100 millions d'années, des arbres et des fougères géantes couvrent ainsi le globe de luxueuses forêts, vastes parasols pour les premiers animaux terrestres.

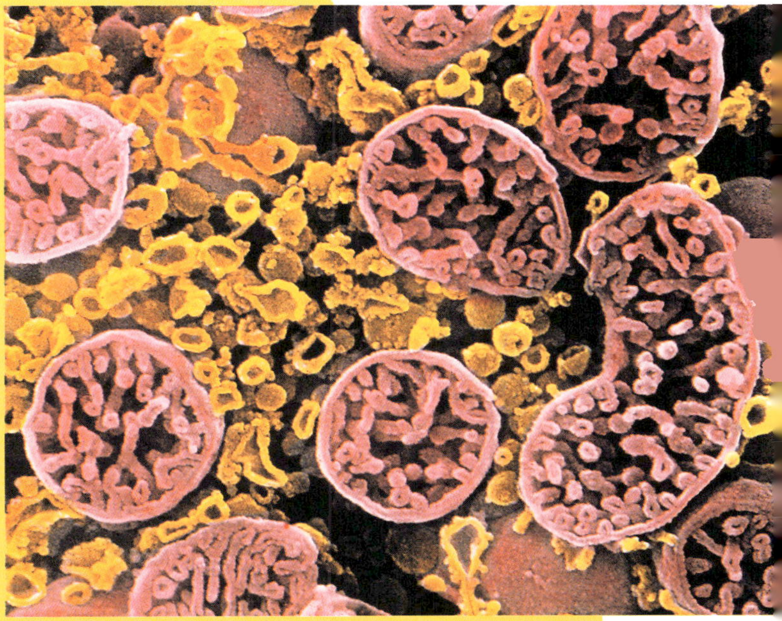

Mitochondries observées au microscope électronique à balayage (MEB).

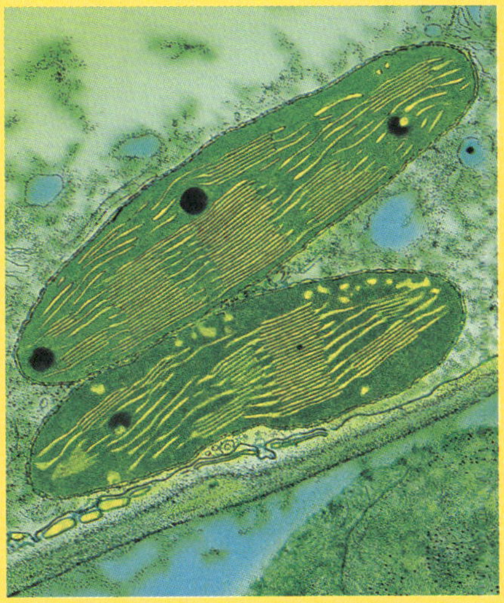

Chloroplastes observés au microscope électronique à transmission (MET). Il s'agit d'organites au sein desquels se produisent les réactions de photosynthèse.

À terre, cette vie animale n'est d'abord que scorpions, araignées et acariens, puis mille-pattes et cloportes se nourrissant de leurs cadavres ou de feuilles mortes. Leurs œufs sont souvent déposés à l'intérieur des plantes, histoire de leur éviter de se rabougrir sous la chaleur. Voire carrément pondus dans l'eau, donnant naissance à des larves aquatiques. Il faut en effet attendre l'avènement des reptiles, il y a 300 millions d'années, pour que la vie s'affranchisse totalement du milieu aquatique : protégés du dessèchement par une coquille dure, leurs œufs renferment un sac empli de liquide et de réserves nutritives pour le jeune embryon. Ces reptiles, par leur épaisse peau, sont eux aussi plus ou moins à l'abri de toute insolation. Reste qu'ils se heurtent à des problèmes

Cœlacanthe fossile.
C'est un poisson à respiration pulmonaire qui avait la capacité de ramper sur la terre. Jusqu'en 1938, on pensait qu'il avait disparu, jusqu'à ce que l'on en pêche un près des côtes d'Afrique du Sud.

de thermorégulation. Car, à leurs débuts, c'est en se chauffant au Soleil qu'ils tirent l'énergie nécessaire pour galoper après leurs proies. Et il leur faut en perdre le moins possible pendant la nuit, pour partir en chasse au petit jour. Certains vont ainsi acquérir des plumes. D'autres des poils, à l'instar de leurs cousins mammifères. Ce qui n'empêche pas le climat de jouer de sales tours aux bêtes poilues : à partir de – 2 millions d'années, le froid sévissant par vagues provoque des hécatombes.
Comme avant elles nombre de catastrophes ayant ponctué la longue histoire de la vie sur Terre…

CHANGEMENT D'ÉCHELLE

Voilà environ 4,5 milliards d'années que notre planète est née. Il est difficile d'imaginer mentalement une telle durée. Pour mieux se la représenter, on peut la ramener à une année, soit 365 jours : une année vaut alors 7 millièmes de seconde, et un siècle 7 dixièmes. Si la Terre s'est formée le 1er janvier à 00h00, les plus vieilles roches connues ne datent que de la mi-février. Les premières traces de vie apparaissent en mars, les poissons le 21 novembre, les plantes terrestres le 25 novembre. La Pangée, longtemps continent unique, se disloque le 11 décembre. Les dinosaures disparaissent le 25 décembre, après 11 jours d'existence. L'*Homo sapiens* voit le jour le 31 décembre à 23h56, soit six heures après les premiers hominidés. L'ère chrétienne dure depuis quatorze secondes et la Révolution française a éclaté 1,4 seconde en arrière. Quant au Soleil, il aura brûlé tout son hydrogène d'ici un an et quatorze jours. Utilisant l'hélium comme combustible, il va d'abord se dilater avant de perdre son enveloppe. Il ne pourra alors plus chauffer la Terre.

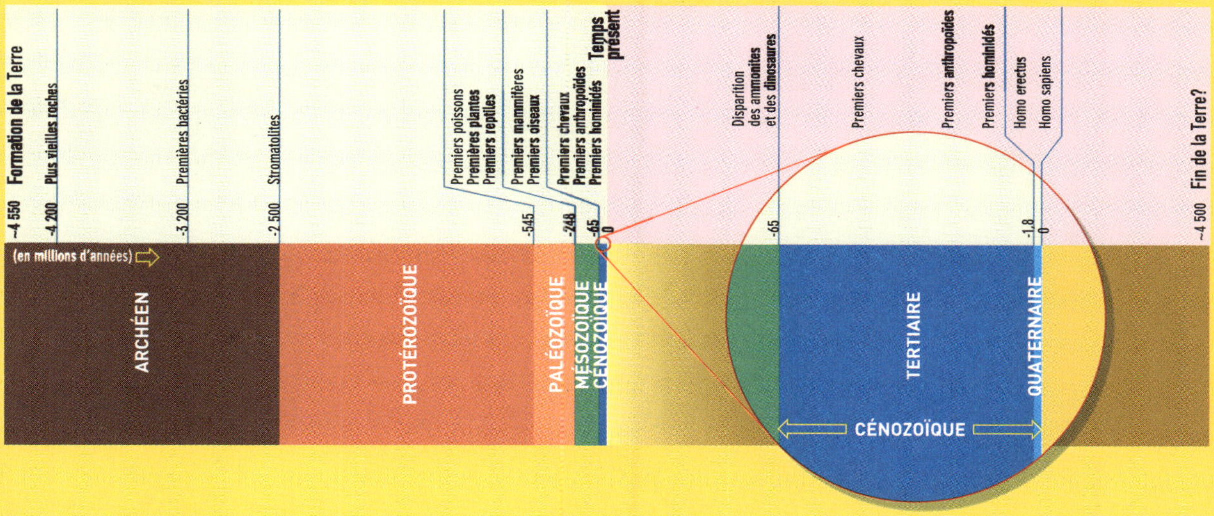

Notre planète est née il y a environ 4,5 milliards d'années.
Pour mieux se représenter cette durée, on peut la ramener à une année. Dans cette échelle, un siècle vaut 0,7 seconde, et une année 7 millièmes de seconde.

CATASTROPHES EN SÉRIE

L'oxygène, le climat, les météorites, les mouvements de la mer, l'activité du Soleil… Pour de multiples raisons, la vie est souvent quasi réduite à néant au cours de son histoire : on y repère une vingtaine d'extinctions massives. La première a lieu aux alentours de – 2 milliards d'années, quand l'oxygène rejeté par la photosynthèse a raison d'un certain nombre de bactéries dépourvues des moyens de s'en accommoder. En s'accumulant dans l'atmosphère, cet oxygène a également pour effet d'épaissir la couche d'ozone et de faire obstacle au rayonnement solaire. Ce qui, naturellement, pousse la Terre à se refroidir. Elle finit ainsi par se transformer en véritable « boule de neige » : d'immenses glaciers la recouvrent alors jusque sous les tropiques, et, en réfléchissant les rayons du Soleil, ils l'empêchent de se réchauffer. Mais en rejetant du dioxyde de carbone, les éruptions volcaniques permettent par effet de serre à l'atmosphère terrestre de se réchauffer. Et la vie réfugiée dans les profondeurs peut ainsi regagner la surface et exploser à la lumière du grand jour.

De nouvelles glaciations vont cependant mettre un frein à son élan : il y en a plusieurs, entre – 730 et – 590 millions d'années, dont l'origine reste inexpliquée. L'activité volcanique de la Terre joue sans doute une nouvelle fois un rôle salvateur, autorisant la vie à reprendre le dessus. Les espèces végétales et animales peuvent alors se diversifier. Mais elles sont derechef touchées par de sévères refroidissements, l'un rapide vers – 450 millions d'années, l'autre beaucoup plus lent, entre – 350 et – 250 millions d'années. Or, au moins pour ce dernier, l'activité géologique de notre planète figure au banc des accusés. Par l'analyse des roches, on sait en effet qu'à cette époque le globe est l'objet de profonds remaniements. Son écorce terrestre a la bougeotte. Et ses plaques continentales finissent par se rassembler, il y a 300 millions d'années, pour ne former qu'un seul et vaste continent, la Pangée.

L'événement entraîne une baisse record du niveau de l'océan. Toutes les zones de faible profondeur se retrouvent découvertes, signant l'arrêt de mort de nombreuses espèces. Mais les courants océaniques sont également modifiés, bouleversant aussi bien les écosystèmes que le climat. Enfin, à peine la Pangée est-elle formée que l'activité volcanique de la Terre redouble d'intensité. Or, cette fois, ces éruptions libèrent dans l'atmosphère quantité de poussières qui forment un écran opaque aux rayons solaires (d'où une diminution de la température) et détruisent une partie de la couche d'ozone protectrice ! Enfin, pour couronner le tout, la création de croûte au milieu des océans reprend de plus belle. Ce qui, tout en conduisant à l'éclatement de la Pangée, fait remonter le niveau de la mer à une vitesse éclair : environ 210 mètres en moins de 10 millions d'années. Résultat : des eaux pauvres en oxygène envahissent les continents, donnant le coup de grâce aux rares espèces ayant survécu. Le bilan est lourd : au final 95 % des espèces vivantes disparaissent.

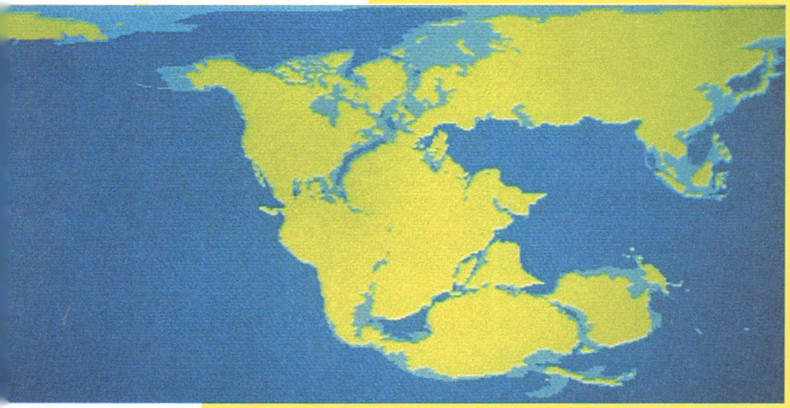

Modélisation numérique de la séparation des continents, il y a environ 200 millions d'années.

Le monde marin change alors de figure. Lui qui était avant tout peuplé d'êtres sédentaires devient un univers d'aventuriers : les espèces n'y sont plus comme avant en majorité fixées à leur lieu de vie, mais au contraire adeptes d'une vie libre en pleine eau. Quant au monde terrestre, il va d'abord voir s'épanouir les ancêtres des mammifères. Avant qu'une nouvelle catastrophe ne les mette à mal : la plupart des vertébrés terrestres dominants disparaissent en effet il y a environ 220 millions d'années, de même qu'un certain nombre de poissons, d'oursins, etc. Mais rien ne permet aujourd'hui d'expliquer l'origine de cette crise du trias : d'aucuns invoquent des impacts de météorites, d'autres mettent plutôt en cause des changements du niveau marin... Une seule chose est sûre : les mammifères seront ensuite condamnés à vivre pendant plusieurs millions d'années sous la domination des dinosaures. Adoptant généralement la vie nocturne qu'autorise leur thermorégulation, et échappant ainsi aux griffes des « terribles lézards ».

Cartographie de l'anomalie gravitationnelle du cratère de Chicxulub, dans la péninsule du Yucatan (Mexique). Ce cratère se serait formé il y a environ 65 millions d'années sous l'impact d'une météorite.

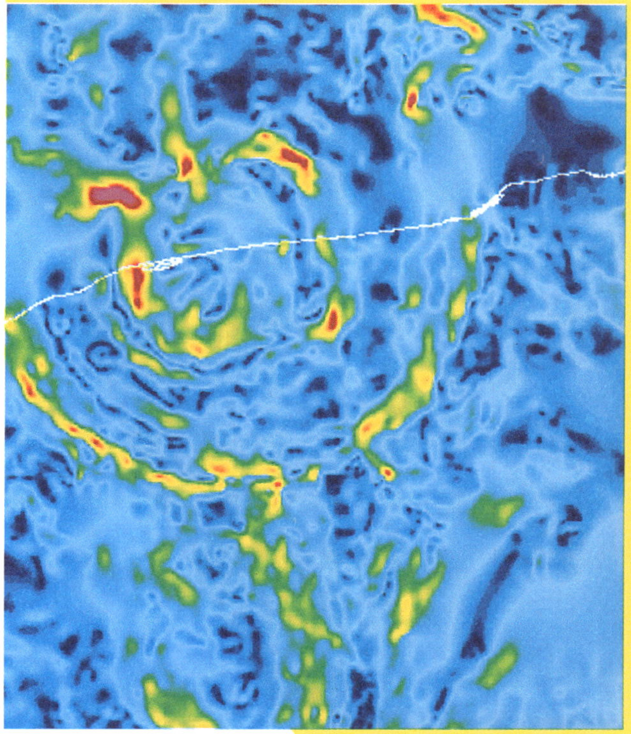

C'est probablement l'impact d'une énorme météorite qui met fin au règne de ces tyrans, il y a 65 millions d'années : on en a retrouvé non seulement divers indices chimiques, mais aussi un immense cratère d'environ 200 kilomètres de diamètre au Mexique. Cela n'exclut pas cependant une autre hypothèse, selon laquelle le globe est alors le théâtre d'un très intense volcanisme. Les deux phénomènes se produisent sans doute simultanément. Toujours est-il que le choc de la collision engendre tremblements de terre et raz-de-marée, tout en injectant dans l'atmosphère quantité de poussières. Plongeant pour plusieurs mois la surface du globe dans l'obscurité, ces poussières sont aussi à l'origine de pluies acides et d'une détérioration de la couche d'ozone. La Terre, pour le moins inhospitalière, se refroidit. Elle se recouvre alors de plusieurs mètres de neige, qui ne disparaîtront une nouvelle fois qu'à la faveur de l'effet de serre. Les mammifères pourront ainsi prospérer. Mais le climat chaud et humide, si ce n'est carrément torride, se détériore aux alentours de – 35 millions d'années, faisant disparaître nombre d'entre eux et couvrant pour longtemps l'Antarctique de glaces. Pourquoi ? Plusieurs hypothèses ont été émises, dont une mettant en cause l'inclinaison changeante de la Terre sur son axe de rotation. Mais celle qui a aujourd'hui la préférence des scientifiques fait intervenir la tectonique des plaques : l'Australie se séparant de l'Antarctique, et un bras de mer s'ouvrant entre Groenland et Norvège, des eaux froides sont venues au contact d'eaux plus chaudes et ont altéré la circulation océanique des eaux profondes, d'où un refroidissement des terres aux hautes latitudes.

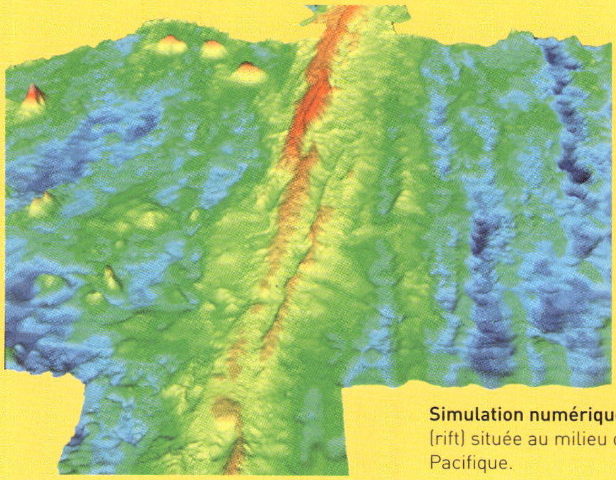

Simulation numérique de la faille (rift) située au milieu de l'océan Pacifique.

Après un sursaut de chaleur, vers – 20 millions d'années, la Terre continue de se refroidir : le Groenland est à son tour pris dans les glaces, il y a un peu moins de 3 millions d'années. Cette baisse constante des températures est sans doute elle aussi le fait de vastes mouvements de plaques, et notamment de la formation des reliefs. Car, en exposant davantage de surface à l'atmosphère, les reliefs augmentent la quantité de dioxyde de carbone prélevé pour la photosynthèse, et cela réduit l'effet de serre. Les mammifères sont alors contraints de se couvrir de graisse et d'un manteau de poils. Et, pour se nourrir, ils doivent faire du chemin : descendant vers le Sud en hiver, quand neige et glace couvrent leurs pâturages, ils rebroussent chemin en été, lorsque la végétation reprend le dessus. Reste qu'en entrant dans l'âge glaciaire, voici environ 2 millions d'années, la Terre se met en quelque sorte à jouer au « Yo-Yo » : elle va désormais voir se succéder à intervalles réguliers périodes glaciaires et interglaciaires. Comment l'expliquer ?

Vue de la chaîne de l'Himalaya depuis l'espace.
Lorsque deux plaques continentales se rencontrent, la plus lourde glisse sous l'autre et il se forme, sous le choc, des chaînes de montagne. Mais il n'y a pratiquement pas de volcanisme associé. C'est ainsi que s'est formé l'Himalaya.

Selon une théorie avancée dès 1924 par le mathématicien serbe Milutin Milankovitch, c'est la combinaison de plusieurs cycles qui en serait responsable. Des cycles affectant la quantité de rayonnement solaire reçu par la Terre, via le mouvement conique de l'axe de rotation de notre planète (ce qu'on appelle « précession* »), les changements d'inclinaison de cet axe vis-à-vis du plan de l'orbite (c'est-à-dire les variations de l'« obliquité* »), ou encore la forme de cette orbite autour du Soleil (ou encore son « excentricité* »). Précession, obliquité et excentricité varient chacune à leur propre rythme : la première redevient identique tous les 23 000 ans, la seconde tous les 41 000 ans, et la dernière tous les 100 000 ou tous les 400 000 ans. Or, en recalculant les variations d'insolation mois par mois pour les trois derniers millions d'années, on a pu mettre en évidence dans les années 1970 l'existence de périodicités proches de 100 000 ans, 41 000 ans, 23 000 ans et 19 000 ans. Troublant… Mais pas suffisant. La périodicité de 100 000 ans, compatible avec l'alternance de périodes glaciaire et interglaciaire, n'est en effet significative que depuis 1 million d'années. Qui plus est, les plus forts changements d'insolation ne correspondent pas toujours aux plus grands cycles. Enfin, l'analyse des sédiments montre que ces changements se sont parfois révélés bien plus rapides que ceux prévus par la théorie…

La thèse de Milankovitch, bien qu'acceptée par tous, a donc dû faire l'objet d'un petit toilettage. Et les glaciations sont désormais expliquées par nombre de facteurs autres qu'astronomiques, comme la teneur atmosphérique en dioxyde de carbone, la circulation des masses d'eaux profondes, etc. Mais on se demande également si le rayonnement du Soleil n'est pas lui-même en cause. Car, au moins pour le dernier millénaire, il semble bien que son éclat variable, notamment par le nombre de taches présentes à sa surface, ait en partie déterminé notre climat. Des chercheurs ont en effet montré qu'au « petit âge glaciaire », entre 1450 et 1700 après J. - C., ces taches solaires sont à plusieurs reprises quasi absentes. Or, depuis, on n'a plus jamais vu si peu de taches sur d'aussi longues périodes, et il n'a plus jamais fait aussi froid ! Reste que si l'existence du phénomène ne fait aucun doute, son impact suscite aujourd'hui de houleux débats...

TECTONIQUE ET CLIMAT

Lorsqu'on met en regard les contours de l'Afrique et de l'Amérique du Sud, on est frappé par l'étonnante coïncidence des côtes. On retrouve par ailleurs les mêmes fossiles au Brésil et en Afrique du Sud. Ces observations amènent en 1915 Alfred Wegener à penser que les continents bougent horizontalement. La découverte des dorsales océaniques, puis celle de bandes d'orientation magnétique alternée, viendra confirmer ses intuitions : ainsi apparaît dans les années 1960 la théorie dite de la tectonique des plaques. Selon cette théorie, de vastes plaques de lithosphère se déplacent, au rythme de quelques centimètres par an, du fait de mouvements de convection dans la couche plus ou moins plastique située en dessous d'elles. Or, dans leurs mouvements, ces plaques peuvent se rapprocher, s'écarter, glisser l'une contre l'autre ou l'une sous l'autre. Et en faisant bouger les continents, elles influent sur le climat terrestre : des terres majoritairement placées aux pôles et couvertes de glace font ainsi diminuer la température moyenne, parce qu'elles réfléchissent beaucoup la lumière (on dit qu'elles présentent un fort albédo*). Alors qu'en position équatoriale elles ont plutôt tendance à accumuler la chaleur solaire et à faire grimper le thermomètre. En outre, la position des continents influe sur la circulation des océans. Laquelle joue un rôle considérable sur la circulation atmosphérique, que modifie par ailleurs la présence de reliefs ! De la terre au ciel en passant par la mer, tout est donc lié...

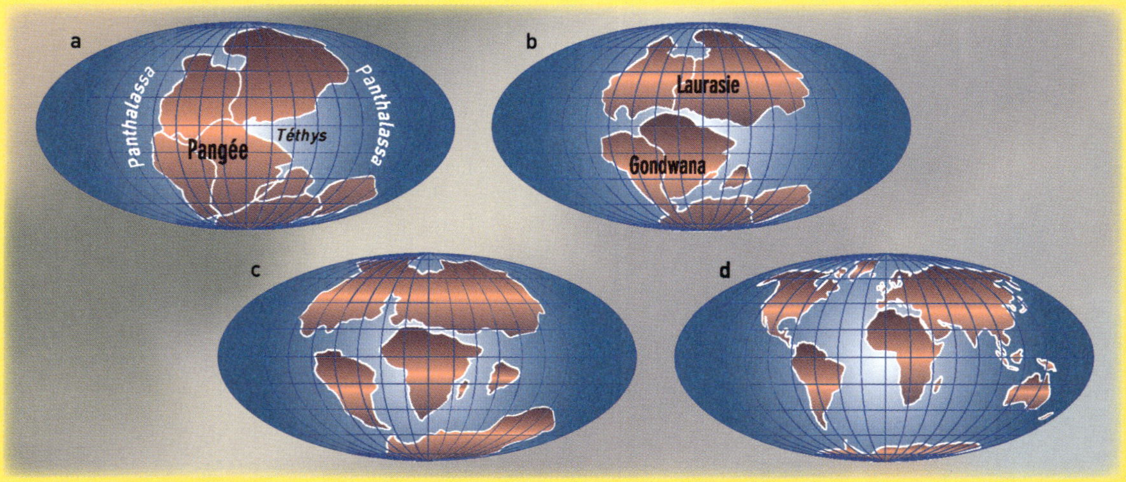

-250 millions d'années (a) : la Pangée constitue un continent unique entièrement contenu dans un seul hémisphère, avec une partie océanique unique : la Téthys. L'autre hémisphère est occupé par un océan immense : Panthalassa. **-200 millions d'années (b) :** la fragmentation de la Pangée, avec la formation d'une dorsale entre l'Afrique et l'Antarctique, met à jour deux grands continents : la Laurasie (avec les futurs Amérique du Nord, Groenland, Europe et Asie) et le Gondwana (regroupant les futurs Amérique du Sud, Australie, Antarctique, Inde, Afrique et Madagascar). **-65 millions d'années (c) :** l'Amérique du Sud se sépare de son continent d'origine, le Gondwana. L'Amérique du Nord s'écarte également de la Laurasie, mais elle ne la quittera totalement qu'après l'ère quaternaire. **(d) L'Afrique et l'Europe** se sont progressivement rapprochées pour atteindre la configuration actuelle. L'ancienne Téthys est devenue Méditerranée.

Lors de sa formation, la Terre était très chaude et la croûte terrestre flottait sur un magma. Peu à peu elle s'est refroidie, entraînant la condensation de la vapeur d'eau et la formation des océans. La croûte terrestre s'est solidifiée, donnant naissance à la terre ferme. On pense que cela s'est produit voilà environ 4,4 milliards d'années. La quantité d'eau initialement présente dans l'atmosphère était considérable. Cette eau a permis de dissoudre petit à petit le gaz carbonique en le transformant en carbonates. Une partie de ces derniers a été dissoute en surface à cause des pluies acides résultant du gaz sulfureux (SO_2) et de l'acide chlorhydrique (HCl) présents initialement dans l'atmosphère. Gravure extraite de l'ouvrage *La Création naturelle et les êtres vivants* du Docteur J. Rengade, 1883.

Notre planète s'est formée, il y a environ 4,5 milliards d'années, à partir d'un nuage de poussières et de gaz qui s'est contracté sous l'action de sa propre gravité. Lors de la formation du Soleil, la nébuleuse solaire, nuage de gaz et de poussières, contenait essentiellement de l'hydrogène, de l'hélium et moins de 1 % d'éléments plus lourds ou composites. Ces éléments étaient de la glace pour 90 % et des grains rocheux pour 10 %. Comme il faisait plus chaud au centre de la nébuleuse qu'à l'extérieur, la glace était en plus grande proportion à l'extérieur et les grains de roche plus nombreux au centre.

La Terre s'est formée par une série de mécanismes physiques qui ont permis de fabriquer des corps de plus en plus gros. Après une condensation chimique des grains, des planétésimaux (petits corps solides) se sont formés par instabilités gravitationnelles. Ces embryons de planètes qui ont des dimensions de quelques kilomètres à quelques centaines de kilomètres vont s'agglomérer, sous l'action de la gravitation, pour former des planètes : c'est le phénomène d'*accrétion*.
La Terre a ainsi grossi pendant quelques dizaines de millions d'années avant d'atteindre sa taille actuelle.

L'une des hypothèses pour expliquer l'extinction des dinosaures est la collision d'un astéroïde avec la Terre, il y a 65 millions d'années. En un éclair, l'astéroïde traverse l'atmosphère à environ 90 000 km/h, plonge dans l'océan et lui transfère une quantité énorme d'énergie. L'eau au point d'impact est portée à une température de près de 100 000 °C. Une quantité d'eau sans doute équivalente à celle contenue dans l'atmosphère est rapidement vaporisée et se disperse dans celle-ci. La violence du choc a ralenti l'astéroïde, mais il pénètre encore à une vitesse de 21 600 km/h dans le plancher océanique, formant, au bout de 4 secondes, un cratère de 70 km de diamètre. Un millier de km^3 de débris sont projetés dans l'atmosphère. La violence du choc crée un tremblement de terre et le cratère initial s'agrandit pour atteindre, en une minute, un diamètre de 300 km. Une vague de 1 km de hauteur se forme et

se propage sur l'océan tandis qu'une onde de chaleur à 2 200 °C s'abat sur les continents, allumant de gigantesques incendies qui détruisent la végétation sur leur passage. Il existe des indices scientifiques appuyant ce scénario, comme la présence d'une concentration anormale d'iridium, métal présent dans certaines météorites. Cela n'exclut pas une autre hypothèse qui suggère que la Terre aurait été le théâtre d'un très fort volcanisme.

MAG 99

Un des scénarios probables concernant la formation de la Lune suppose qu'une collision s'est produite entre la Terre et un objet de taille analogue à celle de la planète Mars (environ 10 % de celle de la Terre). Les débris, éjectés dans l'espace, se sont mis en orbite autour de la Terre avant de se rassembler, sous l'action de la gravitation, pour former la Lune. Notre satellite est situé à environ 384 402 km de la Terre. Son rayon moyen est de 1 738 km, soit 3,7 fois moins que celui de notre planète, et sa surface totale est d'environ trois fois celle de l'Europe. Comparée aux autres planètes du système solaire, la Lune est presque une fois et demie plus grosse que Pluton et représente environ 70 % de la taille de Mercure. Les roches terrestres et lunaires ont la même composition isotopique. La formation de la Lune a très probablement modifié la durée d'une année terrestre, c'est-à-dire le temps qu'il faut à la Terre pour effectuer une révolution autour du Soleil.

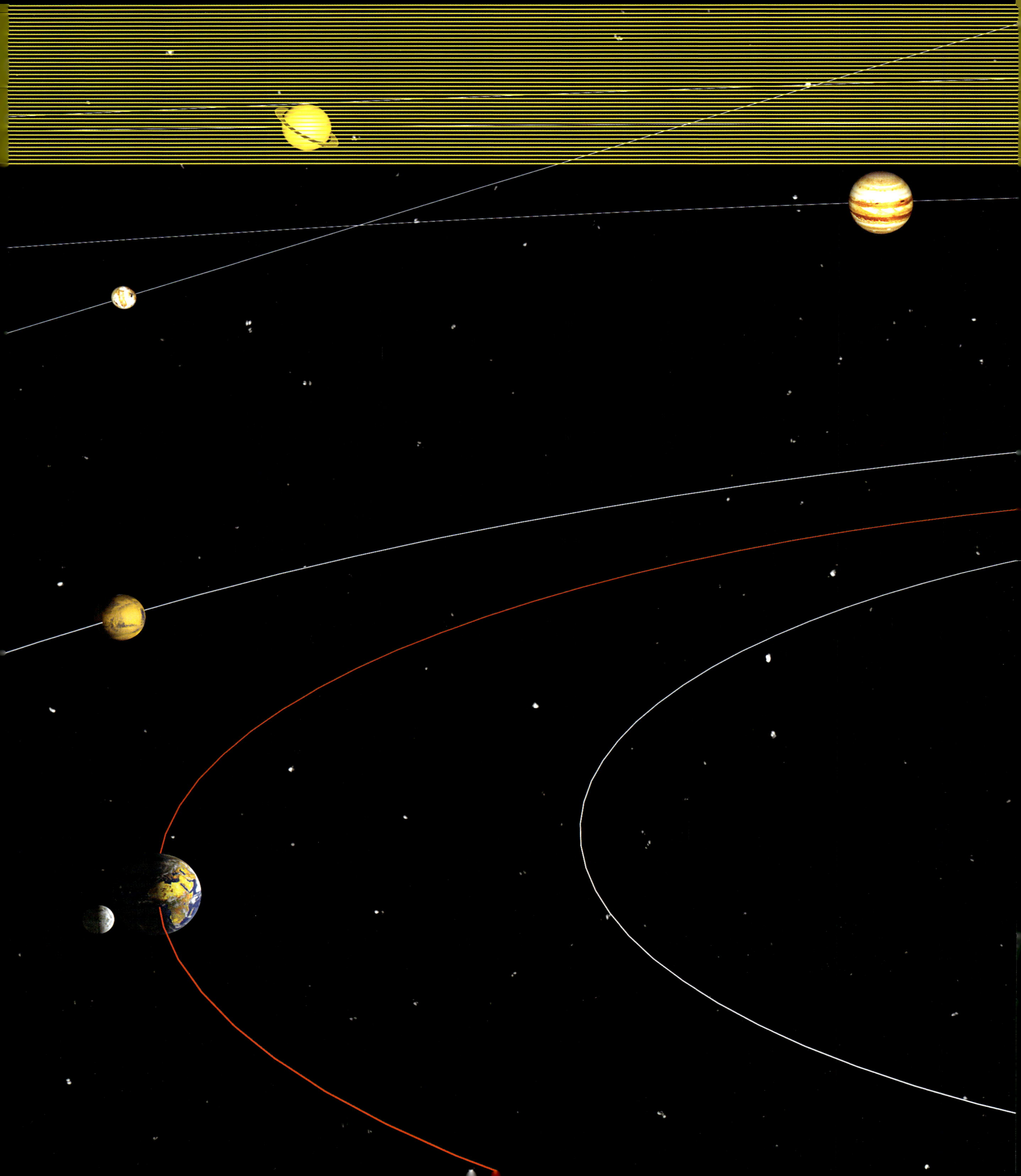

Sur cette illustration du système solaire, on a représenté le Soleil et les planètes à la même échelle. On distingue le groupe des petites planètes rocheuses dans la banlieue du Soleil (Mercure, Vénus, Mars et la Terre), et au-delà les grosses planètes gazeuses (Jupiter, Saturne, Uranus et Neptune). Ces 8 planètes se déplacent suivant des orbites légèrement elliptiques dans des plans presque confondus. Pluton, la 9e planète du système, se singularise : elle conserve le titre de planète, mais serait plutôt un gros astéroïde dont l'orbite est franchement elliptique, au point qu'il lui arrive d'être plus près du Soleil que Neptune. L'ensemble de ces 9 planètes et de leurs 60 satellites ne représente qu'un peu plus du millième de la masse du Soleil.

Le dévonien est une période de l'ère primaire située entre – 395 et – 345 millions d'années. C'est une période d'activité volcanique importante qui voit le développement des fougères et celui de la vie marine. Celle-ci n'est plus seulement dominée par les algues et les invertébrés : les poissons occupent désormais une place significative et montrent une grande diversité. Au dévonien, les poissons vivant sur le littoral ont dû remonter les cours d'eau pour s'installer dans des lacs et des lagunes.

La période du carbonifère durant l'ère primaire s'est étendue de – 345 à – 280 millions d'années. L'Amérique du Nord et l'Europe sont alors proches de l'équateur, le climat y est chaud et humide. Une végétation luxuriante de type tropical s'y développe ; elle sera à l'origine de la formation du charbon. Des animaux constitués d'une seule cellule minuscule à l'intérieur d'une coquille calcaire (les foraminifères) évoluent rapidement et certains groupes, tels les fusulines, pullulent dans les eaux profondes et tièdes de la Téthys. Insectes, mollusques, poissons et amphibiens forment l'essentiel de la faune de cette période.

Le permien termine l'ère primaire (de – 286 à – 248 millions d'années). La vie marine permienne est dans la continuité de celle du carbonifère (mollusques...). Cette période verra l'apparition des premiers reptiles et celle de la graine, en particulier chez les conifères comme les ginkgos et les cycas. La fin de l'ère primaire sera celle de l'extinction de nombreux groupes d'animaux et végétaux. Cette crise biologique s'expliquerait selon certains chercheurs par un important bouleversement climatique. Gravure extraite de l'ouvrage *La Création naturelle et les êtres vivants* du Docteur J. Rengade, 1883.

La période du trias
(– 205 à – 245 millions d'années) appartient à l'ère secondaire. Les mers ont dégagé de grands espaces où des marécages font le « bonheur » des premiers mammifères. Les eaux peu profondes de ces niches écologiques se peuplent de brachyopodes et de mollusques en abondance. La végétation est favorisée par un climat chaud et humide. C'est à l'ère secondaire que surgissent les premiers insectes à métamorphose complète (coléoptères, lépidoptères, etc.). Gravure extraite de l'ouvrage *La Création naturelle et les êtres vivants* du Docteur J. Rengade, 1883.

FATALE MÉTÉORITE

Comparée à la Lune, la météorite qui frappe de plein fouet la Terre voici 65 millions d'années n'est pas bien grosse : à peine 10 kilomètres de diamètre. Mais elle s'approche de la Terre à une vitesse de l'ordre de 20 kilomètres par seconde, c'est-à-dire plus de 70 000 kilomètres par heure ! D'où un choc libérant une quantité non négligeable d'énergie : on l'estime équivalant à 100 000 milliards de tonnes de TNT, soit 5 milliards de fois la bombe d'Hiroshima. L'impact ayant lieu dans une mer peu profonde, il transforme d'abord en vapeur une énorme quantité d'eau. Puis engendre un raz-de-marée colossal : tout est dévasté à plusieurs milliers de kilomètres à la ronde. La collision a certes ralenti le bolide, mais elle n'empêche pas sa pénétration dans le plancher océanique : il y creuse un gigantesque cratère, dont la taille finit par atteindre 200 kilomètres de diamètre, tout en propulsant dans l'atmosphère des tonnes de poussières. Celles-ci créent alors un voile opaque à la lumière solaire : la nuit s'installe pour plusieurs mois, et le thermomètre baisse en flèche. Résultat : le monde végétal qui ne peut vivre sans capter l'énergie lumineuse dépérit, et avec lui dans un premier temps toutes les espèces animales s'en nourrissant, y compris les dinosaures herbivores. Manquant de proies, les dinosaures et autres reptiles carnivores vont s'éteindre à leur tour. Seuls survivront en effet ceux qui appartiennent à une chaîne alimentaire n'impliquant pas directement les plantes : certains mammifères font alors partie de cette catégorie.

Une Terre sous influence

ET ELLE TOURNE...

Il faut une année à la Terre pour faire le tour du Soleil. Selon une trajectoire tenant plus du cercle que de l'ellipse : la distance moyenne de la Terre au Soleil, d'un point à l'autre de son orbite, ne varie en effet que de 3 %. Plus proche de son étoile en janvier (147 millions de kilomètres la séparent du Soleil), moment qu'on qualifie de périhélie*, elle s'en éloigne jusqu'en juillet (la distance atteint 152 millions de kilomètres), période baptisée aphélie*. Contrairement à une idée reçue, ce n'est donc pas parce que le Soleil est plus près de nous que la température augmente. Un simple constat permet de s'en rendre compte : quand l'hiver se déclare dans l'hémisphère Nord, c'est au contraire l'été qui arrive dans l'hémisphère Sud...

Reste que la trajectoire de notre globe n'est pas toujours identique. Elle se déforme au cours du temps, redevenant la même tous les 100 000 et 400 000 ans. L'orbite terrestre peut ainsi devenir complètement circulaire – elle devrait l'être dans 30 000 ans. Ou au contraire s'allonger, cet aplatissement ou excentricité pouvant aller jusqu'à 6 % (il est actuellement de 1,67 %). Et de fait, sur une année, la Terre reçoit moins d'énergie quand son orbite est circulaire que lorsqu'elle est elliptique. En termes de température, l'impact est cependant négligeable : la variation à l'échelle du globe ne dépasse pas quelques dixièmes de degrés ! Mais la Terre tourne aussi sur elle-même en 24 heures, faisant alterner le jour et la nuit. Autour d'un axe dont l'inclinaison par rapport au plan de son orbite (l'obliquité) joue un rôle considérable sur le climat. Or cette obliquité, actuellement d'environ 23°3, peut osciller entre 22 et 24°5 sur une période de 41 000 ans.

Prises de vue séquentielles d'un coucher de Soleil.
Le Soleil change de couleur et d'intensité au fur et à mesure qu'il se couche. La diminution de la luminosité provient du fait que la lumière du Soleil traverse une épaisseur d'atmosphère de plus en plus importante.

Par son inclinaison, la Terre ne reçoit pas toujours la lumière de la même façon. Selon le moment de l'année, elle fait pencher tantôt son hémisphère Nord (été boréal), tantôt son hémisphère Sud (été austral) vers son étoile préférée. Résultat : les rayons du Soleil tombent quasi à la verticale dans l'hémisphère exposé, et à raz de terre dans l'autre. Et ils chauffent de façon bien plus efficace dans le premier cas de figure : à Assouan, par exemple, on reçoit moitié plus d'énergie lumineuse en été qu'en hiver. L'effet s'accroît d'ailleurs avec la latitude : les pôles sont constamment éclairés durant l'été de leur hémisphère, et au contraire 24 heures sur 24 plongés dans l'obscurité pendant l'hiver correspondant. Il est aussi d'autant plus prononcé que l'obliquité est importante : en imaginant qu'elle atteigne 90° – ce qui ne devrait normalement pas arriver, à moins que la Lune nous laisse tomber –, la planète présenterait tour à tour son pôle Nord et son pôle Sud au Soleil, laissant grelotter ses régions tropicales et équatoriales. En bref, il n'y aurait plus de saisons...

Ces saisons varient d'ailleurs en raison du mouvement de toupie de la Terre autour de son axe. Celui-ci, qui pointe aujourd'hui vers l'étoile Polaire, décrit un cône autour de la direction perpendiculaire au plan de son orbite. De sorte qu'à un même moment de l'année la Terre ne se trouve pas toujours au même point de son orbite : alors qu'elle est aujourd'hui la plus proche du Soleil en janvier, elle l'était il y a 11 500 ans en juillet. Le climat s'en ressent : l'été est désormais plus frais, mais l'hiver est plus doux. Toutefois, la situation devrait s'inverser d'ici 11 500 ans, la périodicité de ce mouvement dit de précession étant d'environ 23 000 ans.

Relation entre l'orientation de la direction nord-sud de la Terre et la longueur des jours et des nuits.
La Terre, en parcourant son orbite en un an, passe par ses quatre saisons. Pour simplifier le schéma, l'orbite de notre planète a été représentée par un cercle et non par une ellipse.

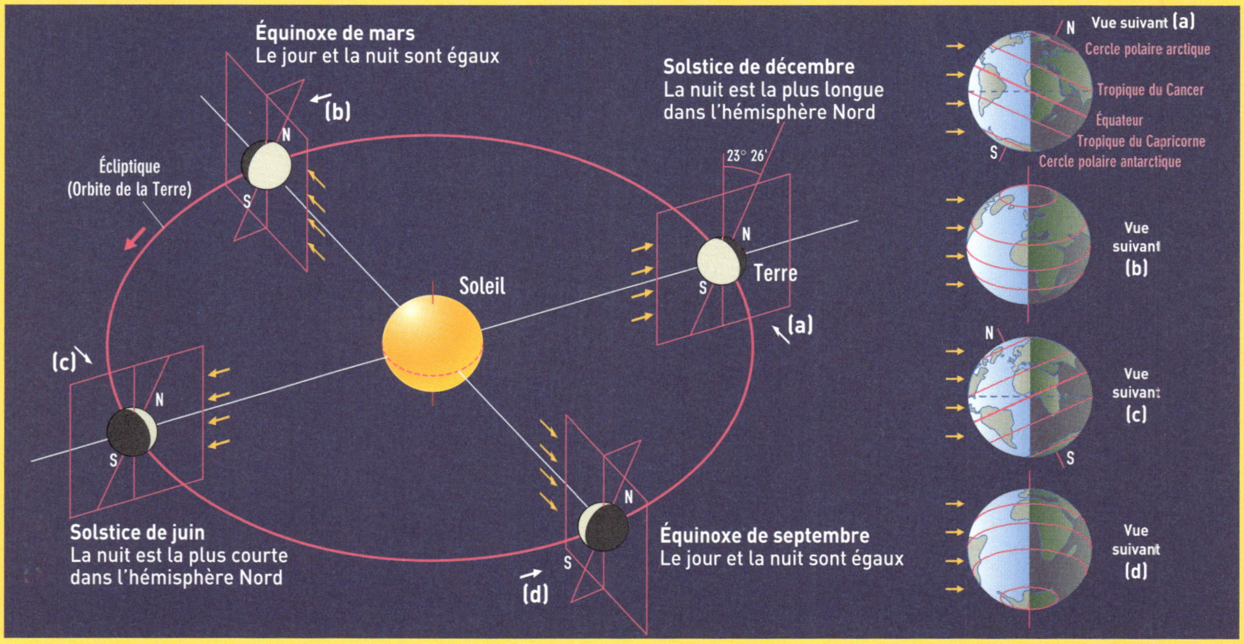

UNE ANNÉE VARIABLE

D'un printemps à l'autre, il s'écoule 365 jours, 5 heures, 48 minutes et 45 secondes, c'est-à-dire une année. Mais, en raison de la précession, c'est-à-dire du mouvement conique que décrit l'axe des pôles, l'année est plus courte de 20 minutes environ que le temps mis par la Terre pour parcourir son orbite et revenir au même point par rapport au Soleil. C'est pour rattraper cette dérive qu'on a fixé le nombre de jours de notre calendrier à 365, nombre auquel est ajouté un jour tous les 4 ans (années bissextiles) et sont retranchés 3 jours tous les 400 ans (en supprimant les années séculaires bissextiles, exception faite de celles dont le nombre de siècles est divisible par 4).

PLUS OU MOINS DE SOLEIL

Lorsqu'en 1801 il expose sa théorie à la Royal Society de Londres, l'astronome William Herschel se heurte à un mur d'incompréhension. Intrigué par les taches sombres qui apparaissent et disparaissent à la surface du Soleil, il est intimement persuadé qu'elles correspondent à des variations de son activité. Et pour le prouver, il a analysé en parallèle ses relevés sur le nombre de taches et... les prix du blé ! Son idée est simple : plus le flux lumineux est important, meilleures sont les récoltes de blé et moins élevé doit être leur prix. Le nombre de taches doit ainsi être corrélé au prix du blé. Or c'est précisément ce qu'il constate. Mais son auditoire n'en démord pas : le Soleil est une valeur sûre, un apport d'énergie invariable.

Il faudra attendre près de deux siècles pour que l'idée d'un Soleil variable ne paraisse plus saugrenue. Grâce aux mesures précises de son rayonnement par des satellites, on constate en effet à la fin des années 1970 que l'éclat du Soleil varie. Dès lors, on s'intéresse de près à ses effets sur le climat. Car si elles assombrissent le Soleil, les taches sombres sont associées à des taches brillantes où la température est supérieure de 2 000 °C à celle de la surface de notre astre. D'où une inévitable influence sur les températures terrestres. Les travaux d'un chercheur américain ont ainsi mis en évidence le lien entre taches solaires et « petit âge glaciaire » : les taches se faisant rares, l'éclairement aurait baissé de 0,3 %, une valeur compatible avec la baisse de température estimée de la Terre à l'époque (entre 1 et 2 °C en moyenne dans l'hémisphère Nord).

On sait aujourd'hui que le nombre de taches solaires passe par un maximum tous les 11 ans, faisant varier l'éclairement d'environ 0,1 %. Mais il existe d'autres cycles, comme celui de 90 ans qui relie entre elles les périodes où le nombre de taches est le plus élevé. Quant à leurs répercussions sur le climat, elles sont aujourd'hui au cœur d'une véritable controverse. D'aucuns estiment en effet que le Soleil connaît une activité croissante depuis plus d'un siècle, suffisante pour expliquer le réchauffement constaté. D'autres jugent en revanche que la contribution solaire n'excède pas le quart de ce réchauffement, et mettent en avant le rôle dominant des gaz à effet de serre. Leur désaccord porte en réalité sur la manière dont le Soleil agit.

Tous reconnaissent qu'un minimum d'éclairement se traduit par un refroidissement de 0,5 à 1 °C. Et qu'en outre, lorsque le nombre de taches solaires est faible, la Terre est davantage bombardée par des particules cosmiques : à l'inverse, quand le Soleil pique sa crise, il lâche dans l'atmosphère quantité d'électrons et de protons qui font barrage à ces particules. Mais quand les uns affirment que ce rayonnement cosmique favorise la formation de nuages sur la basse atmosphère, les autres jugent que tout se déroule dans la haute atmosphère. Et selon l'altitude des nuages la Terre est soit refroidie, soit réchauffée !

Reste qu'en période de forte activité solaire le rayonnement ultraviolet plus intense pourrait aussi influer sur le climat : en épaississant la couche d'ozone dans la haute atmosphère, il peut modifier l'écart de température entre ciel et terre. Cet écart joue un rôle clé sur notre climat : c'est lui qui est à l'origine des vents et de leur circulation. Or si ces vents deviennent plus violents, le climat en est bouleversé. Et, dans ce cas, l'impact des crises solaires sur notre climat pourrait concurrencer celui des gaz à effet de serre !

UN SUBTIL ÉQUILIBRE

Si le Soleil nous fait profiter de sa lumière, notre planète réexpédie cependant illico vers l'espace l'énergie qu'elle reçoit. Et pour cause : si elle ne le faisait pas, elle verrait sa température s'élever indéfiniment. Mais c'est la présence d'un complice qui le lui permet : une atmosphère sans laquelle il ne pourrait y avoir de vie sur terre. Ainsi les rayons solaires se livrent-ils à un véritable parcours d'obstacles ! Leurs ennuis commencent avec la traversée de l'atmosphère : certains sont réfléchis sur les nuages ou les molécules d'air, d'autres sont piégés par les gouttelettes d'eau ou la couche d'ozone. Seule la moitié d'entre eux atteignent en fin de compte leur objectif. Mais la Terre s'en débarrasse par tous les moyens. De sorte que sa température au sol reste en moyenne de 15 °C.

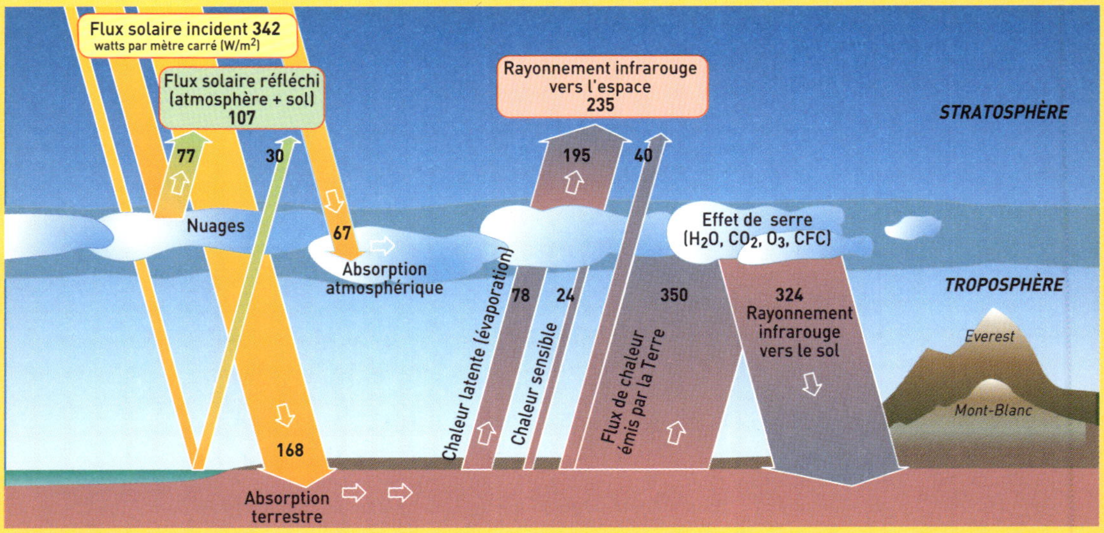

Bilan énergétique de la planète.
Il arrive environ 1 368 W/m2 au sommet de l'atmosphère terrestre mais, comme notre planète est un cercle vue du Soleil, la puissance moyenne reçue est de 342 W/m2. Environ 30 % de cette puissance (107 W/m2) est réfléchie dans l'espace et la différence est transformée en chaleur, soit 265 W/m2 (l'atmosphère et les nuages en absorbent 67 et la surface terrestre 168). La Terre, pour être en équilibre thermique, émet 235 W/m2 au sommet de l'atmosphère. Grâce à l'effet de serre, la température moyenne de la Terre est de 15 °C, et notre planète émet 390 W/m2 à la surface du sol. Les gaz à effet de serre absorbent 90 % de cette puissance (350 W/m2), et seulement 40 W/m2 atteignent l'espace. L'énergie absorbée par l'atmosphère sert à chauffer celle-ci. Elle émet en retour 324 W/m2 vers la Terre. La surface terrestre reçoit 492 W/m2, alors qu'elle ne rayonne que 390 W/m2 sous forme d'infrarouges. Sur la différence, une partie (24 W/m2) chauffe directement l'air à partir du sol et l'autre (78 W/m2) est utilisée dans le cycle de l'eau.

Dans les faits, l'atmosphère reçoit globalement du Soleil 342 watts par mètre carré (W/m^2), essentiellement sous forme de lumière visible. Un tiers est réfléchi, que ce soit par l'atmosphère elle-même (77 W/m^2) ou par la surface de la Terre (30 W/m^2). Le reste est converti en chaleur, au sein de l'atmosphère (67 W/m^2) ou à terre (chaque mètre carré reçoit 168 W). Cette chaleur permet de chauffer l'air à partir du sol (ce qui demande environ 24 W/m^2), ou d'y transformer l'eau liquide en vapeur (78 W/m^2 sont alors nécessaires). Mais notre planète au cœur chaud est elle-même source de rayonnements. Elle émet 390 W/m^2 sous forme d'infrarouges, dont 324 s'en retournent vers elle via l'effet de serre.

Nul à l'échelle du globe et de l'année, ce bilan radiatif varie en fonction de la latitude et de la saison. Ainsi, par exemple, l'équateur reçoit-il davantage de lumière que les pôles, alors même que le pourcentage réfléchi y est plus faible. Le bilan annuel, positif à l'équateur, est donc négatif aux pôles : c'est ce qui explique que l'air chaud de la zone équatoriale s'élève dans l'atmosphère pour rejoindre les régions polaires, tandis que l'air froid fait le chemin inverse. Cette circulation des masses d'air est compliquée par la rotation de la Terre, mais aussi par la présence des continents et des océans. Et les climats qui en découlent sont forcément très sensibles aux moindres changements affectant l'équilibre entre Terre et Soleil.

La Terre vue de l'espace.
On distingue les masses d'air et les courants nuageux.

RAYONS EN TOUS GENRES

Tout corps dont la température dépasse le zéro absolu émet de l'énergie par rayonnement. Cette émission d'énergie croît naturellement avec la température, via un rayonnement dont la longueur d'onde diminue. Ainsi, lorsqu'on le chauffe jusqu'à 100 °C, le fer émet-il dans le domaine de l'infrarouge. Mais quand on atteint les 1 000 °C, son spectre d'émission se déplace vers de plus courtes longueurs d'onde, dont certaines sont visibles. Il devient rouge et l'on sent sa chaleur à plus grande distance. La surface du Soleil, elle, est à une température d'environ 5 800 °C : son rayonnement va de l'infrarouge à l'ultraviolet en passant par toutes les longueurs d'onde du visible (la partie visible représente 42,4 % de ce rayonnement, les ultraviolets 9,2 % et les infrarouges 48,4 %). Si sa température était moindre, il nous paraîtrait plus rouge. Et si au contraire elle était supérieure, il nous semblerait plus bleu.

UNE ATMOSPHÈRE QUI NOUS RÉCHAUFFE

Tout comme le vitrage d'une serre laisse passer les rayons du Soleil et garde la chaleur, notre atmosphère est relativement transparente à la lumière visible et opaque au rayonnement de l'infrarouge. Sa vapeur d'eau et certains de ses gaz absorbent en effet les infrarouges, pour les renvoyer vers la Terre et chauffer au passage les couches d'air qui l'enveloppent. On estime à 33 °C l'apport de chaleur fourni par cet effet de serre. Sans lui, la température moyenne à la surface du globe ne serait que de – 18 °C, et la Terre une grosse boule glacée. Les gaz auxquels nous devons la vie ne sont pourtant présents qu'à de très faibles concentrations : les plus abondants sont la vapeur d'eau (H_2O, moins de 1 %) et le dioxyde de carbone (CO_2, 0,035 %), suivis par le méthane (CH_4), les chlorofluorocarbures (CFC), l'ozone (O_3) ou l'oxyde nitreux (NO_2) qui n'existent

Prélèvements de carottes de glace en Antarctique (à gauche). L'étude au microscope de ces échantillons de glace (à droite) permet de comprendre les climats du passé.

qu'à l'état de traces. Reste que, si infime soit-elle, l'élévation de leur taux pourrait avoir de fâcheuses conséquences sur notre climat.

C'est l'analyse de carottes de glace qui a conduit les chercheurs à tirer la sonnette d'alarme. Ils ont ainsi constaté qu'au cours des 160 000 dernières années les concentrations atmosphériques en dioxyde de carbone et en méthane ont changé en même temps que la température : leur taux atteint une valeur maximale pendant les périodes les plus chaudes, et minimale lors des périodes glaciaires. Or, depuis le début de l'ère industrielle, ces taux, comme ceux des autres gaz à effet de serre, ne cessent d'augmenter. D'où l'idée selon laquelle l'homme, par ses activités, pourrait bien être responsable de l'actuel réchauffement de la planète de 0,6 °C en moyenne durant le XXIe siècle.

TROIS SOURCES D'ÉNERGIE

Depuis environ 14 milliards d'années, moment où commence son expansion, l'univers se refroidit. Sa température moyenne est de 3 degrés K, soit – 270 °C. Et, sans source d'énergie, les corps célestes seraient condamnés à rester aussi froids. La Terre, elle, se chauffe en partie de l'intérieur. La radioactivité naturelle de son cœur produit de la chaleur qui diffuse lentement mais sûrement vers sa surface. Le flux de cette énergie dite géothermique représente 0,87 watt par mètre carré : s'il n'y avait qu'elle, la température moyenne de la Terre serait de – 243 °C, donc supérieure d'une trentaine de degrés à celle de l'espace. Mais le flux d'énergie solaire est 4 000 fois plus important que le flux géothermique : grâce à lui, la température de la Terre grimpe encore de 150 °C. L'effet de serre que procure l'atmosphère fournit 33 °C additionnels, d'où une température moyenne de 15 °C.

CHEZ NOS VOISINES

Grâce à l'effet de serre, la Terre jouit de conditions physiques favorables au développement de la vie. Dans le système solaire, les planètes rocheuses dont les conditions se rapprochent le plus de celles régnant sur Terre sont Vénus et Mars : la première est située à 108 millions de kilomètres du Soleil, la seconde à 228 millions, contre 150 millions pour la Terre. L'atmosphère de la planète Mars est très diluée, la pression au sol n'y représentant que 0,6 % de celle de la Terre, et sa température moyenne à l'équateur est de – 73 °C. Quant à Vénus, elle reçoit 4 fois plus d'énergie du Soleil que Mars (la puissance reçue par unité de surface dans une direction perpendiculaire au rayonnement incident varie comme le carré de la distance). Mais, alors que la température devrait y être de l'ordre d'une dizaine de degrés Celsius, elle atteint 457 °C. Cela vient du fait que son atmosphère est très dense (94 fois la pression atmosphérique terrestre au niveau du sol) et constituée pour 95,5 % de dioxyde de carbone.

La planète Vénus.

La planète Mars.

SOUS HAUTE PROTECTION

Réchauffant la Terre par ses gaz à effet de serre, l'atmosphère constitue également un écran protecteur. Car le Soleil ne nous envoie pas que des rayons bénéfiques. Selon leur longueur d'onde, ses rayons ont une énergie plus ou moins concentrée. Or l'énergie des rayons gamma, des rayons X ou encore de certains ultraviolets est suffisamment forte pour détruire des cellules vivantes.

Rayons gamma* et rayons X* sont piégés au sommet de l'atmosphère, dans la couche qui s'étend entre 100 et 400 kilomètres d'altitude (on l'appelle ionosphère) : c'est de là que viennent les aurores boréales. Quant aux ultraviolets les plus énergétiques, ils sont absorbés bien plus bas, dans la couche d'ozone de la stratosphère. Cet ozone est en effet produit par la dissociation de molécules d'oxygène gazeux (O_2) qu'engendrent les ultraviolets, entre 20 et 30 kilomètres d'altitude : les atomes d'oxygène réagissent alors avec d'autres molécules d'oxygène pour former de l'ozone (O_3). Mais instable et très réactif, cet ozone peut à son tour se dissocier : son taux est maintenu constant par un équilibre entre la quantité formée et celle détruite.

En réalité, on ne trouve finalement que très peu d'ozone dans l'atmosphère : ramené à la pression atmosphérique et aux températures s'exerçant au sol, il ne formerait qu'une couche de 3 millimètres d'épaisseur ! Mais en dépit de sa faible concentration, l'ozone joue un rôle fondamental : il filtre en effet le rayonnement solaire et transforme en chaleur les plus nocifs des ultraviolets (UV-C et UV-B), rendant possible la vie à l'air libre. Or, depuis 1985, des scientifiques ont mis en évidence l'existence d'un « trou d'ozone », ou plus précisément une forte réduction de l'épaisseur de sa couche au-dessus du pôle Sud. Des facteurs naturels, comme l'émission de gaz soufrés lors d'éruptions volcaniques, en sont sans doute partiellement responsables. Mais ce sont surtout les activités humaines, avec l'utilisation de produits chlorés, qui sont pointées du doigt…

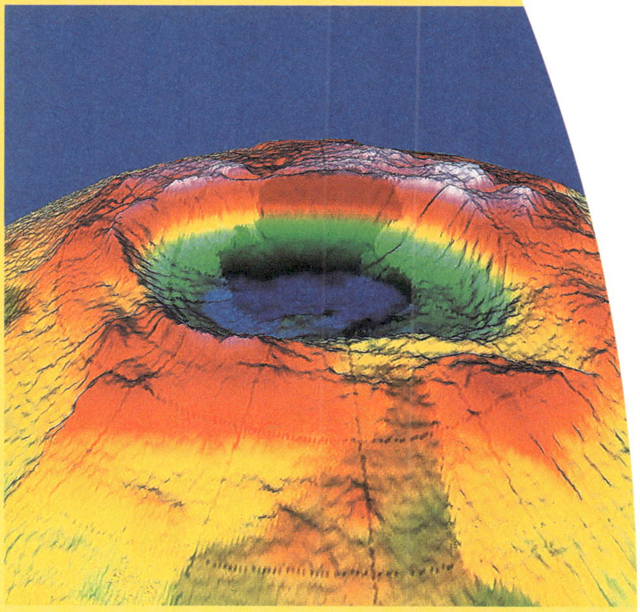

Trou dans la couche d'ozone au-dessus de l'Antarctique. Il résulte des émissions de gaz halocarbonés dues aux activités humaines. Ces gaz sont des composés carbonés dont certains atomes d'hydrogène, voire tous, ont été remplacés par des atomes d'halogènes : fluor, chlore, brome et iode. Il y a dans cette famille les CFC (chlorofluorocarbures), les halons, etc. Ces gaz contribuent non seulement à l'accroissement de l'effet de serre, mais certains (les CFC) détruisent aussi la couche d'ozone stratosphérique qui protège la Terre des rayons ultraviolets les plus dangereux. Le protocole de Montréal a décidé, en 1987, l'interdiction progressive de l'utilisation des CFC.

DEUX TYPES D'OZONE

Si l'ozone produit entre 20 et 30 kilomètres d'altitude nous protège des ultraviolets, celui qui se forme juste au-dessus de nous, dans la basse atmosphère (de 0 à 12 kilomètres d'altitude) est au contraire un polluant redoutable tant pour les végétaux que pour l'homme. Résultant de réactions entre les oxydes d'azote et certains hydrocarbures sous l'effet du Soleil, il est en cause dans de nombreux troubles respiratoires. Dans l'hémisphère Nord, sa concentration a été multipliée par 5 depuis 1900. D'où les mesures prises pour la surveiller de près, et alerter la population en cas de hausses trop importantes.

Et la boucle est bouclée

Arrivé à terre, le rayonnement solaire permet entre autres de chauffer l'eau. Il la transforme en vapeur qui, en se condensant dans l'atmosphère, retombe sous forme de pluie, et ainsi de suite. Mais en étant le moteur de ce cycle, le Soleil intervient aussi dans d'autres : celui du carbone, par exemple, créé lors de la photosynthèse des végétaux pompant l'eau du sol ou celle de la mer, ou encore celui de l'oxygène dégagé lors du même processus. Or, comme le disait un certain Lavoisier à propos de l'énergie : « Rien ne se perd, rien ne se crée, tout se transforme. » L'énergie solaire que les plantes utilisent pour fabriquer leur matière organique finit toujours par être recyclée.

DU CIEL À LA TERRE, EN PASSANT PAR L'EAU

Couvrant environ 360 millions de kilomètres carrés, les eaux océaniques et continentales représentent près de 72 % de la surface du globe ! C'est dire si l'eau occupe une place importante sur terre. Du reste, elle est l'un des constituants essentiels de la matière vivante : la teneur en eau y est généralement de l'ordre de 70 %. La chaleur du Soleil provoque donc non seulement l'évaporation de l'eau des océans et rivières, mais aussi la transpiration des plantes et des animaux.

Au total, ce sont chaque jour plus de 1000 milliards de tonnes d'eau qui partent en vapeur et gagnent l'atmosphère – l'essentiel provenant des océans. Cette vapeur d'eau s'élève en altitude au gré des courants d'air. Et donne naissance à des nuages qui circulent puis redistribuent la chaleur prélevée sous forme de précipitations, dont les océans sont les premiers bénéficiaires. La majeure partie de l'eau tombée repart alors en vapeur. À terre, l'eau peut également ruisseler sur les pentes pour former ruisseaux, rivières et fleuves qui tous se jettent en définitive dans la mer.

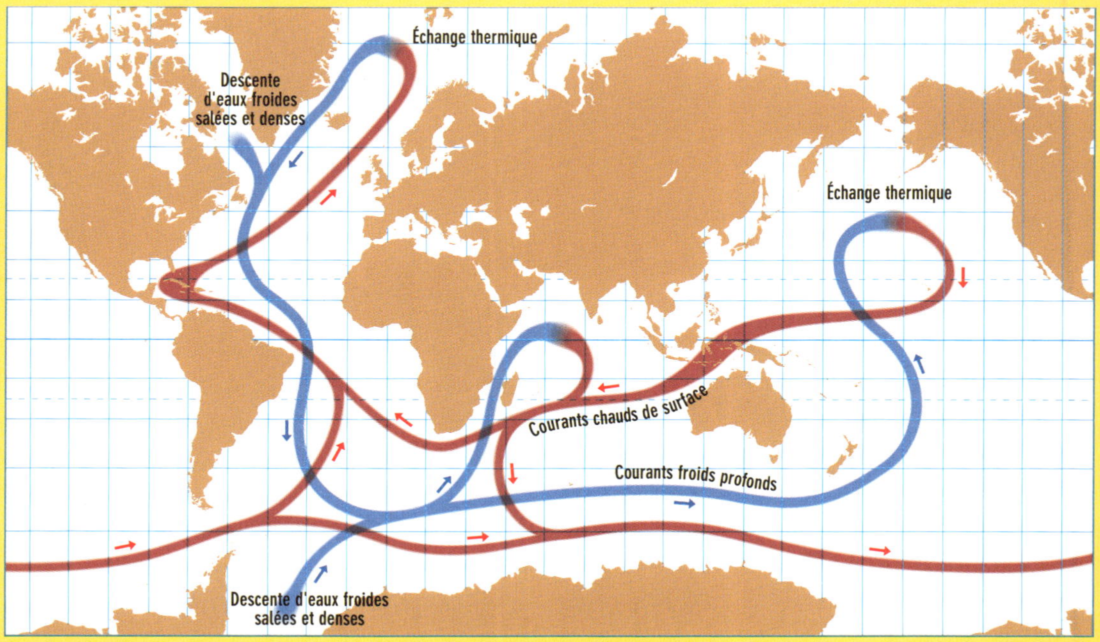

La circulation thermohaline est le second moteur de la circulation océanique, le premier étant les vents de la basse atmosphère qui induisent des courants de surface, comme le Gulf Stream. Cette circulation est due aux différences de salinité et de température de l'eau, qui changent la densité du liquide. Ainsi, dans les mers froides où la glace est présente, l'eau est enrichie en sel. Cette eau froide, plus dense, plonge dans les profondeurs (2 000 à 3 000 m) et se dirige vers l'équateur. La circulation thermohaline est très lente : quelques centaines à quelques milliers d'années.

Ou, sous l'effet de la pesanteur, s'infiltrer dans le sol et alimenter sources et nappes phréatiques. Enfin, l'eau des océans peut aussi pénétrer dans les roches, puis s'en échapper au niveau des geysers sous-marins.

Les océans jouent évidemment un rôle clé dans ce cycle. Ils ont par ailleurs une action déterminante sur notre climat. Pourquoi ? D'abord parce que les océans sont capables d'absorber dans les dix premiers centimètres de leur surface tous les infrarouges que leur envoie le Soleil, et de les transformer en chaleur : la température de surface des océans est ainsi en moyenne de 17,5 °C, contre un peu plus de 14 °C pour l'air. Ensuite parce que la température de l'eau à leur surface ne varie jamais avec les saisons de plus de 5 °C, quand elle peut accuser des écarts de 40 °C sur les continents. Au final, les océans se comportent donc comme une gigantesque machine thermique. Laquelle, selon les conditions, relâche ou accumule la chaleur...

Ces flux de chaleur s'opèrent dans le temps comme dans l'espace. La chaleur stockée par l'eau au printemps et en été est ainsi rejetée dans l'atmosphère en hiver : c'est ce qui explique que le climat hivernal soit plus doux près d'un océan. Mais les régions proches de l'équateur étant par ailleurs mieux chauffées par le Soleil que celles des pôles, océan et atmosphère interagissent pour rétablir l'équilibre. L'air chaud et léger de l'équateur tend ainsi à s'élever vers les pôles, où, refroidi, il redescend en direction de l'équateur. Alors même que les courants marins, engendrés à la surface des océans par le vent, déplacent les eaux chaudes des basses vers les hautes latitudes et les eaux froides en sens opposé.

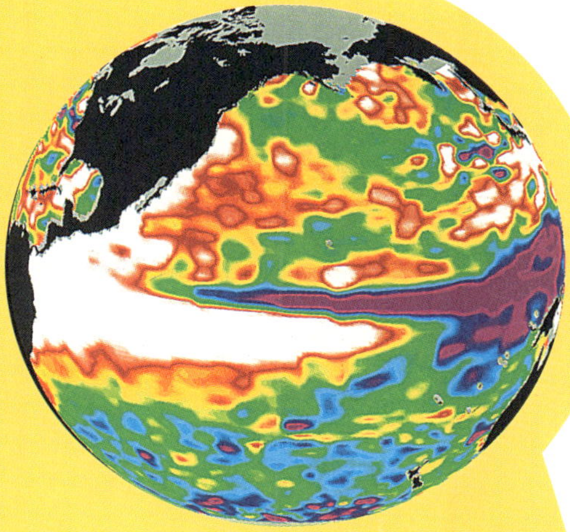

Cette image, prise par le satellite TOPEX/Poseidon en 1997, montre la différence entre le niveau moyen de la mer et celui induit par le phénomène El Niño. Ce phénomène se caractérise par un réchauffement de la zone tropicale est du Pacifique et par un déplacement des précipitations également vers l'est. Ceci entraîne des catastrophes écologiques et économiques importantes pour les pays touchés.

DES VENTS NÉS DE DIFFÉRENCES D'ENSOLEILLEMENT

Mouvement d'air parallèle au sol, le vent résulte d'abord de différences de pression atmosphérique. Laquelle, dans les faits, ne traduit rien d'autre que le poids de la colonne d'air au-dessus de nos têtes, autrement dit sa température : plus l'air est chaud, plus il est léger, moins la pression est importante. Or l'air cherche naturellement à rétablir l'équilibre entre les zones de différentes pressions : le vent s'écoule donc des régions froides, à haute pression (on les nomme anticyclones), vers les régions chaudes, à basse pression (appelées dépressions). Il est donc lié à l'ensoleillement. La rotation de la Terre dévie par ailleurs sa trajectoire, vers la droite dans l'hémisphère Nord et vers la gauche dans l'hémisphère Sud (elle dévie de même les courants marins engendrés par le vent).

L'EAU EN CHIFFRES

C'est dans les océans que se trouve la majeure partie de l'eau terrestre : son volume est estimé à près de 1,4 milliard de kilomètres cubes, soit 97,4 % du volume total d'eau. Les eaux douces n'en représentent que 2,6 %, dont 2 % immobilisés dans les calottes glaciaires. Quant à la vapeur d'eau contenue dans l'atmosphère, elle semble quantité négligeable : avec 0,001 % du volume total, elle n'occuperait en étant condensée qu'une épaisseur de 3 centimètres à la surface de la Terre !

GLACES ET DÉSERTS

Bien que les calottes glaciaires ne renferment qu'une infime partie de l'eau terrestre, leur fonte soulage les océans de leur poids, ce qui les conduit à se dilater. Et dès lors le niveau de la mer monte. Ce phénomène s'est déjà produit dans le passé : il y a 100 millions d'années, le niveau des océans était ainsi situé 200 mètres au-dessus de son niveau actuel. À l'inverse, la formation de glaciers découvre les littoraux : le niveau moyen des mers se situait de la sorte 120 mètres au-dessous de l'actuel après le dernier maximum glaciaire, il y a 20 000 ans. La glaciation réduit par ailleurs le taux d'évaporation. Si bien que les précipitations se raréfient et les déserts s'étendent.

UNE ÉNERGIE CONVERTIE EN CARBONE

Cycle du carbone.
Le carbone se présente sous forme organique, ou minérale. La forme organique est issue des êtres vivants, la forme inorganique provient de composés contenant du carbone qui ne sont pas ou n'ont pas été vivants. Le gaz carbonique CO_2 et le calcaire $CaCO_3$ sont des exemples de composés inorganiques contenant du carbone. On trouve du carbone dans l'atmosphère (gaz carbonique ou méthane), dans la biosphère (matière organique des plantes et des animaux), dans l'hydrosphère (CO_2 dissous dans l'océan) et dans la lithosphère (carbone des roches sédimentaires et combustibles fossiles). Sur le schéma, les ordres de grandeur sont donnés en milliards de tonnes de carbone (Gt). Le plus grand réservoir de carbone est constitué des roches sédimentaires. Le second, par ordre d'importance, se trouve dans les océans. Bien que la concentration du CO_2 dans l'atmosphère soit faible, elle joue un rôle essentiel par sa contribution à l'effet de serre naturel. Atmosphère, biosphère, hydrosphère et lithosphère sont en constante interaction.

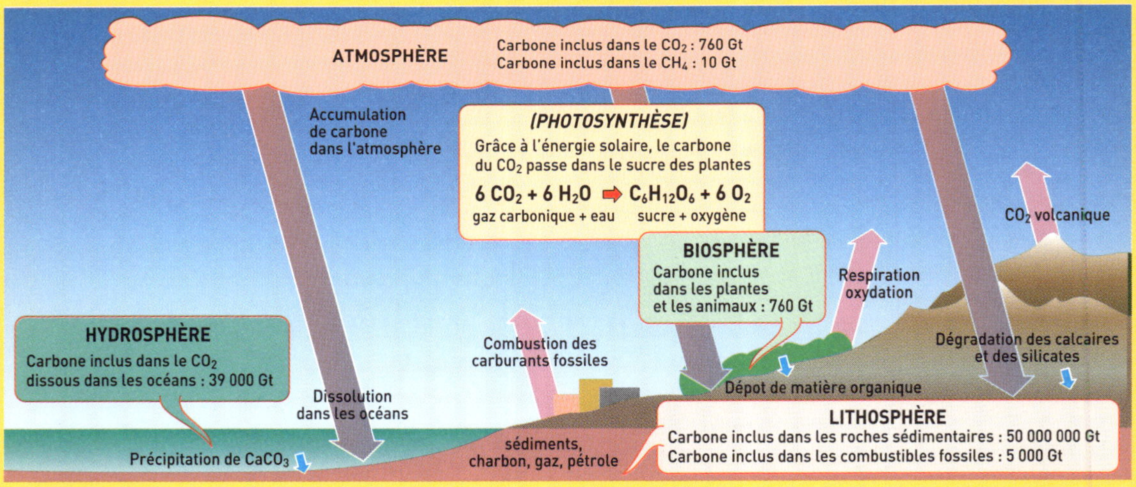

Jouant un rôle essentiel dans la constitution de la matière vivante, le carbone exerce par ailleurs une influence déterminante sur notre climat. Et, de fait, on le trouve partout : il circule en permanence entre l'atmosphère, les océans, la croûte terrestre et l'ensemble des êtres vivants (ce qu'on nomme biosphère). Les processus qui interviennent dans son cycle sont nombreux et complexes. Ainsi, en piégeant les carbonates* dissous dans l'eau pour fabriquer leur coquille ou leur squelette, les organismes marins participent aux échanges de carbone entre les océans et la croûte terrestre. À leur mort, leurs parties dures se déposent en effet sur les fonds et s'y transforment en roches carbonatées. Lesquelles sont au fil du temps érodées, et libèrent ainsi leur carbone. Mais les éruptions volcaniques transfèrent pour leur part directement du carbone des roches terrestres aux océans, voire à l'atmosphère…

Dans la pratique, photosynthèse et respiration constituent les principaux moteurs de ce cycle. Or la respiration est tributaire de l'oxygène dégagé par la photosynthèse. Et ce processus se déroule sous l'action du Soleil, qui permet de transformer du dioxyde de carbone et de l'eau en matière organique. Au bilan, la photosynthèse requiert deux fois plus de carbone que n'en émet la respiration dans l'atmosphère : 60 milliards de tonnes pour l'une, contre 30 pour l'autre. Mais une partie

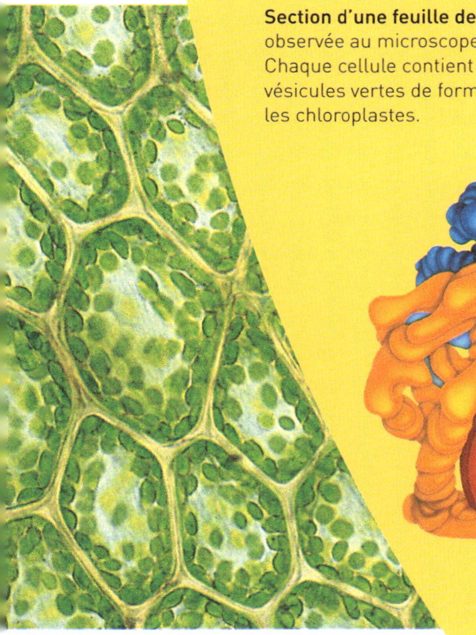

Section d'une feuille de végétal observée au microscope optique. Chaque cellule contient plusieurs vésicules vertes de forme ronde, les chloroplastes.

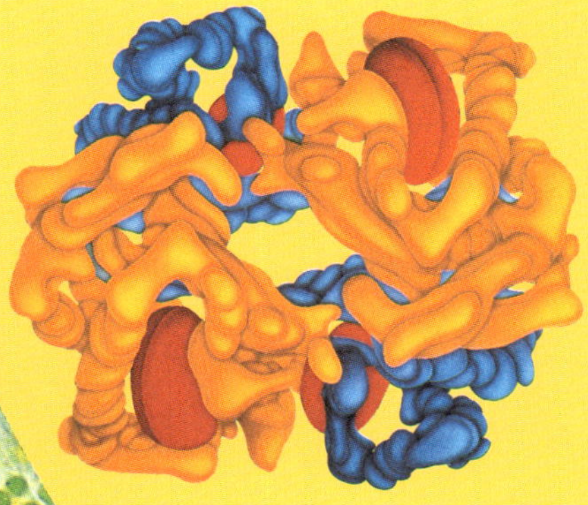

Image de synthèse d'une molécule d'hémoglobine qui permet de transporter l'oxygène dans le sang.

de la matière organique est aussi décomposée par les bactéries et champignons, ce qui a pour effet de rejeter dioxyde de carbone et méthane dans l'atmosphère. Et en définitive, chaque année, ce sont environ 100 milliards de tonnes de carbone qui sont échangés entre la Terre et son atmosphère. Ce recyclage s'opère donc à une échelle de temps très courte. On estime d'ailleurs à 4 ans le temps de résidence d'un atome de carbone dans l'atmosphère, contre 11 ans dans la biosphère, 385 ans dans la couche éclairée de l'océan, 100 000 ans dans l'océan profond et 200 millions d'années dans la croûte terrestre !

DU CARBONE PARTOUT

Abondant dans les roches carbonatées ou certains minéraux (diamant, graphite) de la croûte terrestre, le carbone est aussi largement présent, cette fois sous forme dissoute, dans les océans et eaux douces (dioxyde de carbone, carbonates et bicarbonates). On le trouve également dans les molécules constituant les êtres vivants, dans celles de la matière vivante en décomposition, ou encore dans les combustibles fossiles. Enfin, l'atmosphère en contient sous une forme gazeuse (dioxyde de carbone et méthane). Les ordres de grandeur varient considérablement : plus de 50 millions de milliards de tonnes de carbone dans les roches et sédiments, 39 000 milliards de tonnes dans les eaux marines et terrestres, 1 700 milliards de tonnes dans les sols, près de 800 milliards de tonnes pour l'atmosphère et environ 600 milliards de tonnes pour l'ensemble des êtres vivants...

SOUS-PRODUIT RECYCLÉ

Si la vie est apparue puis a proliféré à la surface du globe, c'est parce qu'elle a inventé un mécanisme de défense contre le poison qu'est pour elle l'oxygène. La respiration lui a en effet permis de l'utiliser à profit. Mais elle l'en a aussi rendue dépendante !

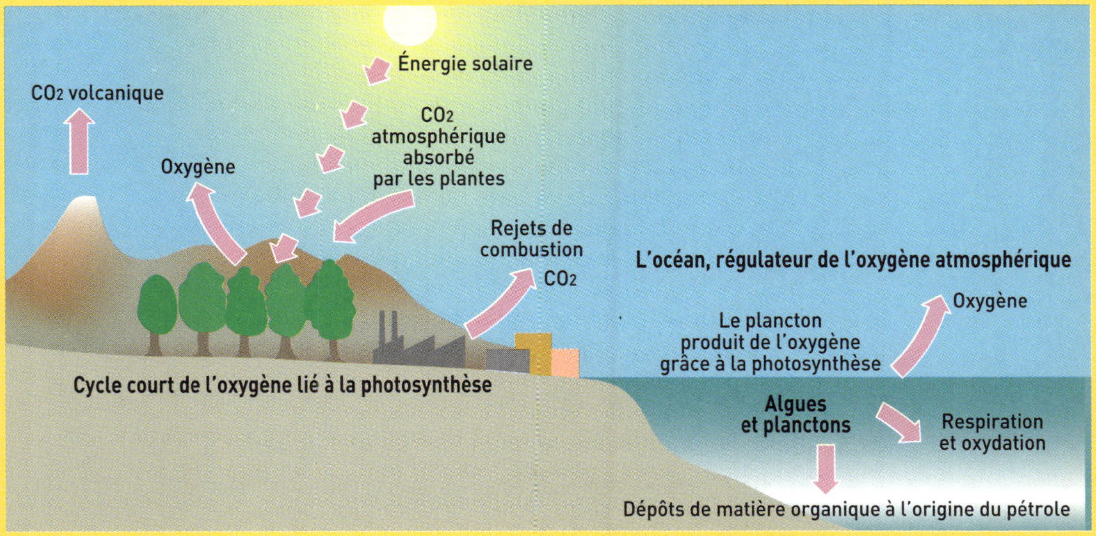

Cycle de l'oxygène. L'oxygène n'existait pas dans l'atmosphère terrestre originelle. Il a été lentement produit par le processus de photosynthèse qu'utilisent les végétaux pour tirer leur énergie. Les êtres vivants se sont adaptés à la présence d'oxygène, bien qu'il s'agisse d'un composé oxydant très réactif, donc toxique. Ils ont développé pour cela le processus de respiration aérobie. On a donc un cycle dans lequel la photosynthèse produit de l'oxygène en absorbant du gaz carbonique, et la respiration du gaz carbonique en consommant de l'oxygène. La fabrication et la consommation d'oxygène s'équilibrent pour donner la concentration actuelle d'oxygène dans l'atmosphère.

Cet oxygène provient en partie de la dissociation des molécules d'eau et de dioxyde de carbone dans l'atmosphère, sous l'effet des ultraviolets. Mais il est avant tout un sous-produit de la photosynthèse se produisant à la lumière, et obéit donc à un cycle qui se rattache à celui du carbone. Sur la terre ferme, la photosynthèse des végétaux en produit une certaine quantité, mais leur respiration en consomme autant : le bilan en oxygène d'une forêt devient ainsi nul en quelques années. Les océans interviennent en revanche sur un laps de temps plus long. Le plancton* végétal (phytoplancton) qu'ils renferment constitue une importante source d'oxygène, utilisé tant pour la respiration du zooplancton que pour les autres animaux marins. Mais, tous les organismes n'étant pas oxydés à leur mort – certains étant enfouis dans le sédiment –, une partie de l'oxygène peut donc diffuser vers l'atmosphère et servir entre autres à la respiration des animaux terrestres.

Sans photosynthèse ni respiration, le taux d'oxygène diminuerait lentement, jusqu'à disparaître au bout de 4 millions d'années : la Terre regorge en effet de matériaux réducteurs comme le fer, qui ne demandent qu'à piéger l'oxygène. C'est d'ailleurs de leur abondance, mais aussi du taux d'enfouissement de la matière organique, que dépend essentiellement le taux d'oxygène atmosphérique.

Forêt tropicale à Hawaï.

Énergie en stock

La quantité d'énergie solaire qui atteint la Terre est considérable : environ 1,6 x 10^{18} kilowattheures. Environ 30 % de cette énergie sont directement réfléchis dans l'espace, et 45 % convertis en chaleur. Sur les 25 % restants, 24 % sont utilisés dans les cycles hydrologiques (dont le vent) et 0,06 % pour la photosynthèse (9,6 x 10^{14} kilowattheures). Or l'énergie transformée en matière vivante par les plantes est facilement récupérable : il suffit de brûler les végétaux. Le bois, utilisé dès les débuts de l'humanité, reste ainsi une importante source d'énergie. Sa combustion libère néanmoins bien moins d'énergie que les combustibles fossiles, dans lesquels l'énergie a été concentrée. Mais pour se former ces derniers ont requis des conditions très particulières, sur des centaines de millions d'années !

LE VÉGÉTAL AU TRAVAIL

Sur notre planète, la matière vivante est végétale à 90 %. L'énergie qu'elle recèle est utilisée dans de nombreux pays : elle couvre environ 10 % de la demande énergétique mondiale. Mais pour produire ce carbone que nous brûlons sans modération, les plantes ont dû consommer de l'air, de l'eau et de l'énergie solaire. Ainsi, la fabrication d'un kilo de bois sec demande à un arbre de piéger le dioxyde de carbone de 4 000 mètres cubes d'air ! Et ce n'est pas tout : la photosynthèse est gourmande en eau. Laquelle se trouve dans le sol. Pour la transporter jusqu'aux feuilles, où se déroule la photosynthèse, l'arbre profite de l'appel d'eau créé par l'évaporation (le Soleil est donc une nouvelle fois mis à contribution). La succion engendrée est considérable : la sève peut ainsi s'élever des racines jusqu'à 60 mètres de haut en une heure. Reste que le Soleil ne suffit pas toujours.

Quand il ne chauffe pas suffisamment pour faire monter la sève, les racines de l'arbre mettent en jeu un autre phénomène : elles concentrent en elles les minéraux du sol, créant un autre appel d'eau qui pousse la sève vers le haut.

Les quantités d'eau en jeu sont impressionnantes. Du printemps à l'été, soit six mois durant, un chêne rouvre fait ainsi monter de ses racines aux feuilles une centaine de tonnes d'eau, soit plus de 200 fois son poids. Or cet arbre vit en moyenne de 300 à 350 ans : faites le calcul ! Mais l'énergie qu'il dépense pour parvenir à ses fins est aussi de taille. Un séquoia aspirant 2 tonnes d'eau par jour sur 100 mètres de haut consomme ainsi 0,6 kilowattheure. De plus, pour faire ses provisions d'eau, un arbre doit disposer de racines s'étalant dans un grand volume de sol : haut d'une vingtaine de mètres, il exploite ainsi jusqu'à 250 mètres cubes de terre. Reste que le travail en vaut la chandelle : contrairement aux animaux, les végétaux n'ont pas à se déplacer pour partir en quête d'énergie ingérable. Moyennant quelques efforts, ils n'ont qu'à profiter de l'énergie du Soleil...

DES COMBUSTIBLES ENFOUIS SOUS TERRE

À leur mort, les êtres vivants se décomposent. Et à 99,9 % la matière carbonée dont ils sont constitués est alors recyclée (le dioxyde de carbone est réutilisé par les végétaux vivants, les matières azotées leur servent d'engrais...). Une infime fraction échappe au processus : celle qui est engloutie dans un milieu où l'oxygène est absent. Elle est à l'origine du charbon, du pétrole, du gaz et des autres combustibles fossiles dans lesquels l'énergie solaire se trouve stockée. Ces stocks, dès lors qu'ils ont été exploités, ont permis à notre civilisation de se développer rapidement. Mais ils se renouvellent à une vitesse bien inférieure à celle à laquelle nous les consommons. Leur rendement est très faible : ils représentent dans leur ensemble moins d'une année d'énergie solaire exploitable, alors qu'il a fallu des millions voire des centaines de millions d'années pour les fabriquer.

Or noir sous pression

C'est pour l'essentiel aux organismes marins ou lacustres que le pétrole doit son existence. En tombant sur les fonds, leurs cadavres ont été rapidement recouverts de sédiments, échappant ainsi à l'appétit d'une foule de bactéries. Et, les sédiments faisant obstacle au passage de l'oxygène, leur matière n'a pas pu s'oxyder. Certaines bactéries vivent néanmoins sans oxygène : elles s'attaquent donc aux restes enfouis pour y puiser l'oxygène et l'azote indispensables à leur métabolisme. En les dégradant, elles en font disparaître quasiment tous les glucides, protéines et lipides. Il ne reste au bout du compte que les grosses molécules qu'elles sont incapables d'assimiler. Elles forment des résidus bruns et insolubles : le kérogène* (du grec *kêros*, cire).

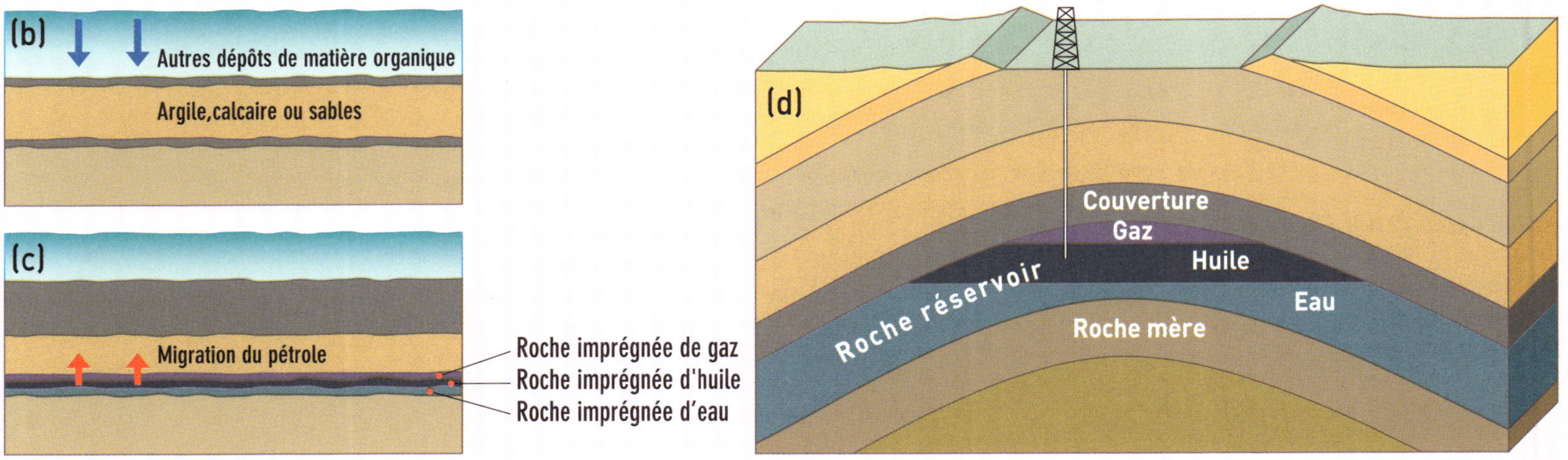

Formation du pétrole.
Le pétrole s'est formé essentiellement à partir de la décomposition d'organismes marins (plancton) et, pour une faible part, d'organismes terrestres apportés par les rivières ou de plantes poussant au fond des mers. C'est un processus qui dure des dizaines, voire des centaines de millions d'années et dont le rendement est extrêmement faible. La formation d'hydrocarbures n'a lieu que lorsque la matière organique se trouve dans un milieu très pauvre en oxygène pour limiter la dégradation par oxydation et permettre l'accumulation et la sédimentation. La consommation d'oxygène et d'azote par les bactéries anaérobies va donner un précurseur des hydrocarbures : le kérogène. Celui-ci, après une lente transformation et migration, peut donner, si les conditions sont réunies, des réservoir de pétrole et de gaz qu'il est maintenant possible d'exploiter.

Après quelques millions d'années, ce kérogène se trouve sous des milliers de mètres de sédiments. Il est alors soumis à une forte pression, tout en étant porté à des températures très élevées : à l'intérieur du globe, la température augmente en moyenne de 3 °C tous les 100 mètres, atteignant donc les 60 °C à 2 000 mètres de profondeur. Or, sous l'action conjuguée de la pression et de la température, le kérogène se dégrade. Il libère d'abord de l'eau et du dioxyde de carbone. Puis expulse des hydrocarbures liquides composés d'hydrogène et de carbone, c'est-à-dire du pétrole, encore appelé « huile ». Ce pétrole sera d'autant plus abondant que l'enfouissement est important. Mais, passé une certaine profondeur, les molécules d'huile se cassent en hydrocarbures plus légers, donc gazeux : le pétrole domine ainsi entre 2 000 et 3 000 mètres, et le gaz sous 3 500 mètres. Lorsque la pression de ce gaz devient suffisante pour fracturer la roche, pétrole et gaz en sont expulsés. Ils remontent alors le long des couches perméables jouxtant leur « roche mère ».

Si aucun obstacle ne se présente sur leur chemin, ils finissent par arriver en surface. Là, des bactéries les dégradent et les transforment en bitumes : c'est l'exemple des sables bitumineux de l'Athabasca, au Canada. Mais, au cours de leur voyage, il leur arrive souvent de rencontrer des roches imperméables – sel, marne, etc. Celles-ci constituent un couvercle étanche sous lequel pétrole et gaz, en étant piégés, s'accumulent : c'est dans ce type de réservoir que l'on va généralement chercher l'or noir. Reste que, l'écorce terrestre se déplaçant sous le jeu de la tectonique des plaques, les réservoirs sont inexorablement entraînés vers les profondeurs. Le pétrole subit alors une nouvelle dégradation, qui génère non seulement du gaz, mais aussi une variété particulière de bitume. Si la couche de roches qui le recouvre est bien étanche, il constitue un gisement de gaz. Dans le cas contraire, le gaz s'en échappe et il n'y reste plus que des bitumes dont il n'est pas facile de tirer du pétrole.

COUP DE CHAUD EN PROFONDEUR

On appelle gradient géothermique l'élévation de la température en fonction de la profondeur : son origine réside dans la radioactivité naturelle des roches, la désintégration de certains éléments étant source de chaleur. En moyenne, il est de 3 °C par tranche de 100 mètres d'épaisseur. Mais il varie d'un point à l'autre du globe, étant nettement plus élevé là où l'activité tectonique est importante : la température peut alors s'élever de 8 °C tous les 100 mètres. Il n'est par ailleurs pas constant à la verticale, sans quoi on aboutirait à une température du noyau incompatible avec son état solide. Cette température s'élève d'abord rapidement : elle est de l'ordre de 600 °C à la base de la croûte continentale, de 1 100 à 1 200 °C à la base de la lithosphère. Puis son gradient est moins fort, menant à une température de 5 000 °C dans le noyau.

Des végétaux carbonisés

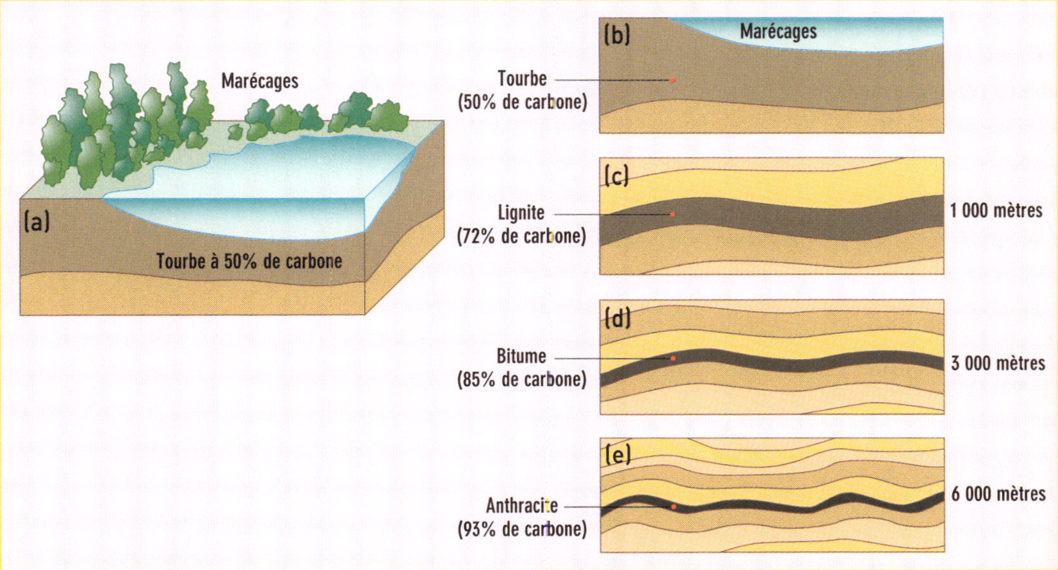

Il y a 300 millions d'années, la Terre était recouverte d'une végétation luxuriante. Les débris végétaux (forêts, fougères...), en grande quantité, se sont accumulés au fond des eaux des lagunes et des marécages où ils ont été recouverts par des boues, du sable... Comme pour la formation du pétrole, cette matière organique s'est peu à peu transformée à l'abri de l'air. Toutefois, à la différence du pétrole, où le kérogène était une faible part des sédiments, il est ici majoritaire. Le premier stade de la sédimentation conduit à la tourbe. Puis, par enfouissement progressif, comme pour la roche mère conduisant au pétrole et au gaz, un phénomène de pyrolyse s'est produit et des charbons de plus en plus riches en carbone se sont formés : lignite, houille et enfin anthracite. Les gisements les plus anciens sont les plus riches en carbone. De la même manière que l'on obtient du pétrole et du gaz lors de la pyrolyse du kérogène, il se forme aussi du gaz dans les formations de charbon. Il est en particulier responsable des coups de grisou dans les mines.

Le charbon n'est en fait qu'une variété de kérogène. Il résulte quant à lui de l'accumulation de plantes terrestres dans des marécages, lacs et lagunes. Quand et comment s'est-elle produite ? Il y a 300 millions d'années, les arbres et fougères géantes s'érigeant sur Terre ne s'ancraient pas encore dans le sol par de puissantes racines. Au moindre gros coup de vent, ils tombaient. Avec le temps, des mètres de boue ou de sable ont fini par les recouvrir. Et, sous l'effet de la pression et de la température, les végétaux maintenus à l'abri de l'oxygène se sont peu à peu transformés. D'abord en tourbe, puis en lignite, en houille, en anthracite, voire exceptionnellement en graphite, c'est-à-dire en carbone pur : tout au long de ce processus, appelé carbonification (d'où le nom de carbonifère donné à l'époque correspondant aux roches datant de 300 millions d'années), la matière végétale a perdu ses éléments volatils et est devenue de plus en plus riche en carbone. Comme les autres kérogènes, le charbon produit aussi du pétrole et du gaz lors de son enfouissement. Notamment au stade de la houille, où le méthane, encore appelé grisou, constitue la hantise des mineurs...

DES TONNES DE RÉSERVES

Bien que présent en faibles proportions dans les sédiments, le kérogène représente, à l'échelle de la planète, une masse totale de 10 millions de milliards de tonnes : un millième de ce kérogène constitue le charbon (soit 10 000 milliards de tonnes !), le gaz et le pétrole n'en représentant chacun que 0,003 % (c'est-à-dire environ 300 millions de tonnes). Mais plus il est enfoui et plus son exploitation est difficile. Or, les autres réserves ayant été largement pompées, c'est vers les réservoirs profonds que les opérateurs du pétrole sont aujourd'hui obligés de se tourner...

PIÉGÉS DANS LA GLACE

Sous des conditions de température et de pression particulières, la glace peut prendre la forme d'une sorte de cage qui piège les molécules de gaz. Ensemble, elles constituent des hydrates de gaz, ou clathrates. Les gaz retenus prisonniers sont variés : on trouve du dioxyde de carbone (CO_2), du sulfure d'hydrogène (H_2S) et du méthane (CH_4). Et en faisant fondre la glace, on peut en libérer d'énormes quantités. Dans le cas de l'hydrate de méthane, par exemple, la fonte d'un centimètre cube de glace fournit 164 centimètres cubes de méthane ! Or les réserves en hydrates de méthane se chiffrent en centaines de milliards de tonnes : deux fois tous les combustibles fossiles réunis. Cette manne, présente à la marge des plateaux et talus continentaux, se trouve généralement dans les interstices du sédiment. Les hydrates de méthane sont donc pour l'heure inaccessibles. Pour les exploiter, c'est tout le sédiment qu'il faudrait racler, puis filtrer. Mais, en le faisant, on risque de libérer du méthane, d'où de probables accidents. Reste que l'élévation de température des océans, engendrée par le réchauffement de la Terre, pourrait conduire au même résultat. Tout en engendrant glissements de terrain et tsunami... Une véritable bombe à retardement !

Au début de la période du jurassique, à l'ère secondaire, l'époque du lias est celle où apparaissent de grands reptiles comme le plésiosaure ou l'ichthyosaure représentés ici. Les reptiles s'imposent sans véritable concurrence parmi les vertébrés alors que les mammifères restent un groupe très discret. L'exceptionnelle richesse évolutive des reptiles leur permettra d'évoluer avec succès dans tous les éléments. Gravure extraite de l'ouvrage *La Création naturelle et les êtres vivants* du Docteur J. Rengade, 1883.

De nombreux reptiles évoluant dans l'air, sur terre et dans l'eau existent à l'époque du jurassique (ère secondaire). Le jurassique a débuté il y a 205 millions d'années et s'est achevé il y a 140 millions d'années. C'est l'époque des dinosaures qui sont sans doute les animaux préhistoriques (herbivores et carnivores) les mieux connus. Ils ont dominé la Terre pendant 165 millions d'années avant de disparaître pour des raisons qui ne sont pas encore complètement élucidées. Gravure extraite de l'ouvrage *Le Monde avant la création de l'homme*, Paris, 1957.

Au crétacé, il y a 70 millions d'années, apparaît le tyrannosaure Rex. Ce dinosaure carnivore est probablement le plus formidable prédateur (environ 14 m de long, 5 m de haut et presque 7 tonnes) que la Terre ait jamais connu. Il fut l'un des derniers dinosaures et une figure emblématique, au même titre que le diplodocus, ce grand sauropode herbivore des débuts du jurassique, et que l'iguanodon, le dinosaure herbivore le plus abondant et le plus représentatif au crétacé inférieur.

De plus en plus de chercheurs sont convaincus aujourd'hui de la nature catastrophique de l'extinction d'un grand nombre d'espèces à la fin du crétacé. Le scénario pourrait être le suivant : les dinosaures ont vu un point lumineux se rapprochant rapidement. L'astéroïde n'était pourtant pas bien gros : seulement 10 km de diamètre (celui de la Terre approche les 13 000 km). Sa vitesse lui conférait néanmoins une énergie considérable, bien supérieure aux plus puissantes bombes atomiques mises au point depuis par les hommes.
Les poussières et fumées générées obscurcirent l'atmosphère et la nuit s'installa sur la Terre pendant près de 2 mois. La photosynthèse s'arrêta faute de lumière solaire et ne reprit que 4 mois plus tard. De grandes concentrations de CO_2 et d'autres gaz donnèrent des pluies acides ; la couche d'ozone fut endommagée. La lumière ne pouvant plus traverser l'atmosphère, la Terre se refroidit et les continents se recouvrirent de plusieurs mètres de neige. Il fallut attendre 6 mois pour que notre planète se réchauffe à nouveau, aidée en cela par la grande concentration de gaz carbonique qui augmenta l'effet de serre. Cette catastrophe écologique entraîna l'extinction des dinosaures.

Le cénozoïque (du grec *kainos*, récent) englobe la période du tertiaire, de – 65 à – 3 millions d'années, et celle du quaternaire, qui s'étend jusqu'à nos jours, bien qu'il n'y ait pas de rupture réelle entre les deux époques. L'océan Atlantique, qui baigne une grande partie de nos côtes, s'individualise au début du tertiaire, il y a environ 50 millions d'années. La mer Méditerranée naît à partir de l'ancienne mer de Téthys qui s'était refermée voilà – 152 millions d'années. Les collisions entre les plaques continentales flottant sur la roche fondue ont créé des chaînes de montagnes comme les Pyrénées, les Alpes et, plus récemment, l'Himalaya, qui résulte d'une collision entre l'Inde et la Chine.

Les premiers primates supérieurs sont peut-être apparus il y a 35 millions d'années.

C'est probablement vers – 10 millions d'années qu'une bifurcation s'est produite dans l'évolution entre les singes anthropomorphes (chimpanzés, gorilles) et les australopithèques, puis les hommes. Le patrimoine génétique des hommes et des chimpanzés est d'ailleurs très proche puisque 99 % des gènes sont communs aux deux espèces. Il y a 4 millions d'années, en Afrique de l'Est (Kenya, Tanzanie, Éthiopie), la forêt dense commence à reculer pour laisser la place à une savane plus dégagée. Dans ce milieu vont apparaître les « ancêtres » des hommes, les australopithèques. Toutes les découvertes de restes ou d'objets que l'on peut attribuer à ces « ancêtres » l'ont été dans ces régions du globe. Il n'y a qu'à partir de – 2 millions d'années que l'on trouve des traces en Europe et en Asie, ce qui indique déjà des migrations importantes.

Entre – 2 et – 1 millions d'années, l'expansion des hommes s'accélère. L'*Homo ergaster* et l'*Homo erectus* sont des espèces de plus grande taille, au cerveau plus développé, avec une anatomie du tronc et des membres qui atteste de leur capacité à courir et à se déplacer sur de longues distances. Ils deviennent de véritables chasseurs. Plus tard, entre – 1 million d'années et – 500 000 ans, ils apprendront à maîtriser le feu et développeront une « industrie » de la pierre taillée biface très importante. Cette gravure représente l'*Homo heidelbergensis* à la chasse, il y a environ 550 000 ans.

L'homme de Neandertal (*Homo sapiens neanderthalensis*) se répand en Europe entre – 80 000 et – 35 000 ans. Son espérance de vie est faible, de l'ordre de 18 ans. Il maîtrise le feu, habite dans des grottes et enterre ses morts. Il est rapidement supplanté par l'*Homo sapiens sapiens*, que l'on trouve en Europe à partir de – 40 000 ans. C'est l'homme moderne (homme de Cro-Magnon), qui maîtrisera le langage.

L'homme de Cro-Magnon,
qui est notre ancêtre le plus proche,
allait conquérir la terre entière,
inventer l'écriture et l'histoire.

Le Soleil et l'homme

Christian Ngô

Ni trop proche, ni trop éloignée. La Terre est située juste à la bonne distance du Soleil : celle qui lui a permis de bénéficier de son rayonnement et de faire éclore la vie. Comme tous les vivants, l'homme tire profit de ses rayons. Ce sont même eux qui, captés par ses yeux et pénétrant jusqu'à son cerveau sous forme de messages nerveux, règlent avec précision le rythme de son horloge biologique et, partant, celui de son métabolisme. Du reste, sauf à compléter son alimentation, l'homme ne peut pas vivre sans lumière : d'elle dépend en effet la synthèse d'une précieuse vitamine qui dicte en partie sa croissance. De trop longues ou trop fréquentes expositions au soleil peuvent néanmoins mettre sa santé en péril. De même qu'en dégradant son environnement l'exploitation abusive des sources d'énergie* issues du Soleil pourrait bien nuire à l'homme…

Une vie rythmée par la lumière

Les végétaux sont les premiers à profiter de la lumière solaire. Grâce à elle, ils fabriquent leur propre matière à partir du dioxyde de carbone et de l'eau. Leur croissance est donc directement liée au rayonnement de notre astre. Mais l'homme subit lui aussi l'influence du Soleil. D'abord parce que c'est de lui que dépend sa vision. Ensuite parce que l'alternance du jour et de la nuit n'est pas sans impact sur son métabolisme. Elle génère d'ailleurs de véritables rythmes biologiques, qualifiés de circadiens (du latin *circa*, environ, et *dies*, jour) : élimination urinaire et, bien sûr, éveil et sommeil sont ainsi réglés sur un rythme d'environ 24 heures…

Seuls certains types de rayons sont perçus par l'œil humain. Ceux qu'on appelle visibles, et dont la longueur d'onde se situe entre 390 et 700 nm. Mais l'œil n'est pas sensible de façon identique à tous ces rayons. Sa vue est meilleure autour de 560 nm, c'est-à-dire dans le vert. Pourquoi ? Sans doute parce que la vision de l'homme s'est construite autour du spectre du Soleil. Et que notre astre rayonne avec un maximum dans cette longueur d'onde. Pour autant, le Soleil ne nous semble pas vert : la largeur de son spectre fait qu'il nous apparaît de couleur jaune. Et ce grâce à des cellules photosensibles, ou photorécepteurs*, nichées dans la rétine : des cônes* et bâtonnets* dotés de pigments absorbant la lumière.

Ce sont également des photorécepteurs qui gouvernent nos rythmes circadiens. Bâtonnets et cônes y ont leur rôle. Mais ce sont d'autres photorécepteurs dont l'action s'avère indispensable. L'absorption de lumière par leurs pigments déclenche en effet toute une cascade de réactions chimiques et électriques. Et finit par agir sur des amas de cellules nerveuses perchés au-dessus du croisement de nos nerfs optiques, autrement dit sur notre horloge interne*. L'existence de cette horloge est connue de longue date. Nombre d'expériences ont ainsi montré qu'en étant isolé de son environnement extérieur l'homme, comme l'animal, continue de vivre selon sa routine habituelle. Cette routine s'effectue cependant à un rythme différent, avec une périodicité plus longue ou plus courte que 24 heures. Car, à l'instar des vieilles montres mécaniques, l'horloge biologique peut à tout moment s'emballer ou ralentir. Elle doit donc être remise à l'heure, grâce à un certain nombre de signaux : la présence ou l'absence de lumière est le plus puissant d'entre eux.

UN ŒIL POUR CAPTER LA LUMIÈRE

Sphère creuse emplie de liquide, l'œil humain comporte plusieurs enveloppes : fibreuse, vasculaire et sensitive. La première est composée de deux éléments : la conjonctive opaque aux rayons lumineux, et la cornée, dont la transparence est due à des fibres de collagène. Cette cornée a non seulement pour rôle de protéger l'œil, mais aussi de dévier les rayons lumineux vers les cellules visuelles. Reste que, pour les atteindre, la lumière doit d'abord traverser l'iris, partie visible de l'enveloppe vasculaire. Cet iris fonctionne comme un diaphragme, dosant la quantité de lumière qui pénètre en modifiant le diamètre de son orifice, ou pupille. Quand la lumière est vive, ou que l'objet à observer est proche, la pupille se resserre. Inversement, quand l'objet s'éloigne ou que la lumière diminue, elle se relâche. Les rayons lumineux traversent ensuite le cristallin, sorte de lentille à focale variable. Pour se retrouver finalement concentrés sur la rétine. Là, une première couche de cellules absorbe la lumière et l'empêche de diffuser. Des cellules sensitives se chargent finalement de traiter l'information lumineuse pour l'acheminer jusqu'au cerveau. Certaines, appelées bâtonnets, assurent la vision en noir et blanc dans la pénombre : elles sont absentes au centre de la rétine et nombreuses à sa périphérie. D'autres, portant le nom de cônes, perçoivent couleurs et détails grâce aux trois pigments qu'elles contiennent : leur répartition est inverse à celle des bâtonnets.

DES PIGMENTS TRÈS SENSIBLES

C'est par l'intermédiaire de pigments que certaines cellules nerveuses de la rétine, appelées photorécepteurs, sont sensibles à la lumière. Les bâtonnets et les cônes sont les plus connus d'entre eux. Les pigments qu'ils renferment ne sont pas identiques. Les bâtonnets n'en contiennent qu'un type, absorbant du bleu au vert. Les cônes, eux, en ont trois, l'un sensible au rouge, l'autre au bleu et le dernier au vert. Tous ces pigments associent un dérivé de la vitamine A, le rétinal, à une protéine, l'opsine. Or le rétinal peut se présenter sous deux formes différentes : dans l'obscurité il s'entortille autour de l'opsine, tandis qu'exposé à la lumière il se redresse et finit par s'en détacher. Son changement de conformation déclenche toute une cascade de réactions chimiques et électriques, lesquelles aboutissent à propager un influx nerveux depuis la rétine jusqu'au cerveau, via les nerfs optiques. Au final, une information lumineuse donne naissance à de véritables images.

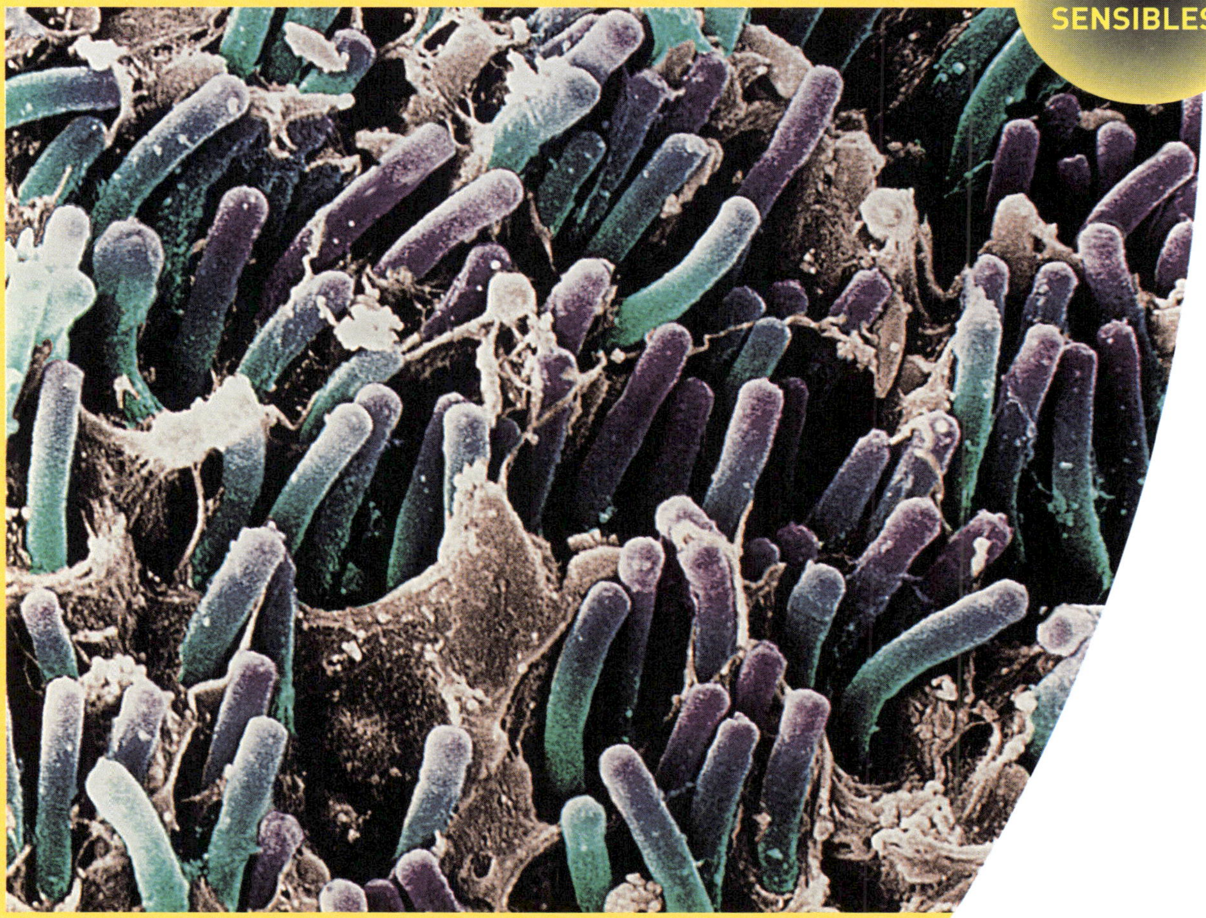

Les bâtonnets, observés au microscope électronique à balayage (MEB), assurent la vision en noir et blanc.

RYTHMES EN TOUS GENRES

Au rythme veille/sommeil s'en superposent d'autres plus courts ou plus longs. Les battements du cœur sont un exemple de rythme court : on en compte 70 à 75 par minute. Mais il existe aussi des rythmes s'établissant sur plusieurs jours, voire plusieurs mois, suivant l'alternance des saisons. Il en est ainsi, chez les animaux, des cycles de reproduction, de migration ou d'hibernation. Chez l'homme, la composition du sang et des urines, les taux d'hormones en circulation, le poids ou la pression artérielle peuvent également se modifier au rythme des saisons. Et tandis qu'à la fin de l'automne le sang est plus riche en anticorps, le système pileux se réveille en hiver et l'activité sexuelle croît généralement au printemps...

Une santé tributaire du Soleil

LES BIENFAITS DES RAYONS

Sans soleil, nous serions tous rachitiques. Ses rayons favorisent en effet la synthèse de vitamine D*, laquelle est essentielle à la régulation des taux de calcium et à sa fixation sur nos os. Or, bien que cette fameuse vitamine soit présente dans le lait, les poissons gras ou le beurre, l'alimentation ne nous en fournit pas assez pour couvrir nos besoins. Elle ne nous en procure qu'un tiers. Le reste est fabriqué directement dans la peau, sous l'action des rayons solaires et au contact du cholestérol qui y est présent. La vitamine D est alors mise en réserve. Pour travailler dès que nécessaire à la formation et à la conservation des dents et des os, mais aussi à leur réparation.

Le soleil agit également sur le moral, qu'il peut ramener au beau fixe. Car c'est un fait : dès la fin du mois d'octobre, quand la durée du jour diminue et que les rayons de soleil se font plus rares, le nombre de dépressions augmente. Cela s'explique notamment par la mélatonine*, une hormone impliquée dans la régulation de l'humeur. La mélatonine joue sur nombre de paramètres, comme la température interne, la sécrétion de diverses hormones, etc. Et ce suivant un cycle de 24 heures : elle est libérée en abondance pendant la nuit, nous jetant dans les bras de Morphée, et en faible concentration durant la journée, ce qui contribue à nous rendre actifs. L'hiver arrivant, et le jour se levant plus tard, son taux reste plus longtemps élevé. Résultat : une impression de fatigue, un manque d'entrain qui peut tourner à la dépression. D'ordinaire, les problèmes disparaissent avec le retour des beaux jours, au printemps. D'autant que l'importante quantité de lumière atteignant le fond de l'œil déclenche alors un influx nerveux qui, transmis au cerveau, provoque la libération de sérotonine*, un messager chimique réputé bon pour le moral. C'est d'ailleurs sur ce messager que se focalisent certains antidépresseurs...

La vitamine D est décidément essentielle : elle est en effet impliquée dans la sécrétion de sérotonine. Mieux : elle intervient également sur la division cellulaire, prévenant de ce fait le développement des cancers. Deux chercheurs américains ont ainsi suggéré à la fin des années 1980 que plus l'ensoleillement est important, moins on risque d'avoir un cancer du sein. Depuis, d'autres études sont allées dans le même sens, complétant la liste des cancers dont le soleil pourrait nous protéger : ceux de la prostate, du colon, de la vésicule biliaire, de l'œsophage, du rein, du rectum, de l'estomac ou de l'utérus. Et ce n'est pas tout : le taux de sclérose en plaques est lui aussi moins élevé dans les régions les plus ensoleillées, et, aux dires de certains, le diabète insulinodépendant pourrait être prévenu par une exposition quotidienne au soleil ! Reste qu'à haute dose le soleil peut s'avérer dangereux, voire carrément cancéreux...

REMÉDIER AUX CARENCES

Un manque de vitamine D engendre à la fois une minéralisation incomplète des cartilages et des tissus osseux. Avec, en conséquence, douleurs, fractures, malformations, retards de croissance et de développement, voire dans les cas graves crises de tétanie. Des suppléments vitaminiques permettent d'y remédier. La ration quotidienne en soleil d'une peau claire est d'environ 15 minutes, celle d'une peau noire de 45 minutes. Il suffit en général de s'y exposer en été pour se constituer des réserves pour l'hiver. Et là où l'hiver est trop long, de grosses lampes à quartz peuvent imiter l'effet du soleil.

GUÉRIR LE MANQUE DE SOLEIL

Séance de luminothérapie.

Pour traiter une dépression saisonnière, rien de tel que la lumière : c'est le principe de la luminothérapie. Celle-ci fait appel à de grosses lampes (entre 2 500 et 10 000 lux), restituant la lumière d'une journée de printemps ensoleillée. Les rayons UV et infrarouges y sont filtrés, pour ne pas léser la rétine. On recommande aux patients de s'y exposer une heure tous les matins, voire une demi-heure de plus dans la journée. Dans 60 à 70 % des cas, un tel traitement suffit. Mais, parfois, il faut y ajouter des compléments alimentaires (qui permettent d'augmenter la synthèse de sérotonine), voire des antidépresseurs.

QUAND LE SOLEIL NUIT

Ils ne représentent qu'un petit pourcentage du spectre solaire, mais n'en exercent pas moins des effets redoutables : les ultraviolets* que nous envoie le Soleil sont tellement pleins d'énergie qu'en les absorbant les molécules de notre peau peuvent exploser ! Dans les faits, ils se rangent en trois catégories en fonction de leur longueur d'onde : A (de 320 à 400 nm), B (de 290 à 320 nm) et C (de 200 à 290 nm). Les ultraviolets C sont les plus énergétiques et par conséquent les plus dangereux. Mais ils sont arrêtés par la couche d'ozone atmosphérique entre 20 et 30 km d'altitude. L'atmosphère laisse en revanche filer vers nous les ultraviolets A et B, également nocifs. Les premiers sont entre autres responsables du vieillissement cutané et des allergies au soleil. Les seconds sont majoritairement à l'origine des « coups de soleil » et des cancers de la peau. Tous deux sont par ailleurs en cause dans nombre de maladies des yeux...

C'est d'une sensibilité exacerbée par diverses substances au contact des UV, et surtout des UV-A, que naît l'allergie au soleil.
Ces substances, dites photosensibilisantes, peuvent tout aussi bien provenir d'une prise de médicaments (notamment des antibiotiques), de l'application de produits cosmétiques ou anti-inflammatoires, du simple contact avec de végétaux (comme le millepertuis) ou de la surproduction de certaines hormones (par exemple lors de la grossesse). Les réactions qui s'ensuivent sont de deux types : des « coups de soleil » disproportionnés au regard des quantités d'UV reçues, et une réaction de défense de notre organisme se traduisant par une éruption de boutons sur les zones exposées.
Le meilleur moyen d'y remédier consiste dans un premier temps à fuir le soleil. On peut ensuite progressivement habituer son épiderme à le supporter, via des expositions allant croissant. Pas question cependant de rester des heures durant sous les feux de notre astre sans aucune protection. Sans quoi on risque de se brûler, aussi bien la peau que les yeux, et de générer des lésions encore plus dangereuses.

Le « coup de soleil » est l'un des premiers signes d'un abus de soleil. Sous l'effet des rayons UV-B, mais également UV-A, les cellules de la peau touchées de plein fouet mettent en marche un système de défense. Celui-ci consiste à dilater les vaisseaux sanguins, qui laissent diffuser vers l'épiderme des substances réparatrices. La peau devient donc rouge et gonflée. Tout en étant douloureuse. Pourquoi ? Parce que les terminaisons nerveuses qui la parcourent se trouvent comprimées par les vaisseaux. Poussées au suicide, certaines cellules libèrent par ailleurs dans le sang les toxines qu'elles renferment, d'où des accès de fièvre. Ces cellules mortes (il y en a des millions) sont éliminées, faisant peler la peau. Celle-ci finit par retrouver un aspect normal, mais garde en elle la trace du choc. À l'instar des yeux, s'ils ne sont pas protégés de lunettes solaires.

En montagne, le rayonnement UV est plus fort (environ 4 % d'UV-B supplémentaires tous les 300 m d'altitude). Et ce d'autant plus en hiver, quand la neige réfléchit la lumière. Nombre de skieurs imprudents prennent alors un « coup de soleil » aux yeux. Une brûlure de la cornée encore appelée ophtalmie des neiges en raison de sa fréquence dans les hauteurs glacées. Qui se traduit d'abord par des douleurs, des picotements, puis des larmoiements, et enfin des troubles de la vision pouvant aller jusqu'à une cécité, heureusement temporaire. Les symptômes disparaissent d'eux-mêmes, après deux ou trois jours dans l'obscurité. Mais les rayons solaires peuvent aussi atteindre d'autres tissus de l'œil. Plusieurs recherches ont en effet montré que l'absorption d'UV, cumulée dans le temps, contribue à opacifier le cristallin, c'est-à-dire à provoquer une cataracte* (20 % des cataractes sont liées à l'exposition aux UV). Or, quand le cristallin devient si sombre qu'il ne laisse plus passer la lumière, on devient aveugle : la cataracte est ainsi la première cause de cécité à travers le monde. L'intervention chirurgicale (on remplace le cristallin) permet d'y remédier. Tout comme elle permet d'éliminer les cancers de la peau les moins graves.

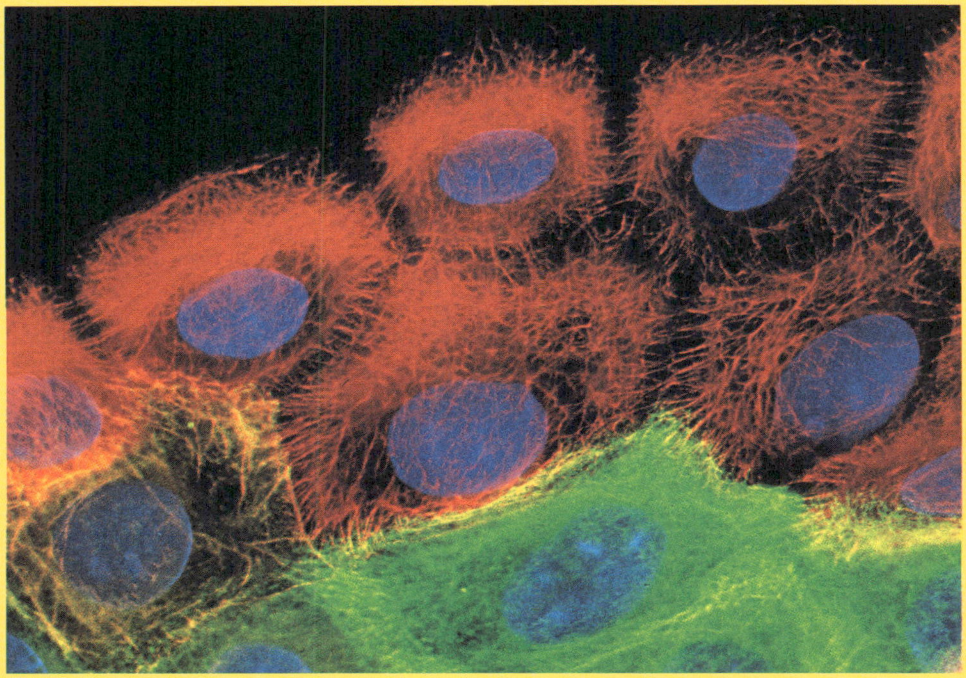

Cellules cancéreuses cultivées à partir d'une tumeur maligne de la peau. Elles sont caractérisées par immunofluorescence et observées au microscope. Les noyaux de cellule sont en bleu. La couleur du cytoplasme va du rouge ou vert. Le rouge indique les endroits où le cancer se développe.

Au cours de la dernière décennie, le nombre des cancers de la peau a été multiplié par deux. De quoi inquiéter sérieusement les chercheurs, et stimuler leurs travaux. D'où viennent ces cancers ? En temps normal, les cellules de l'épiderme réagissent aux UV en se gorgeant d'un pigment appelé mélanine : c'est ce qui nous fait bronzer. La mélanine absorbe les rayons et protège en partie nos cellules de leur agressivité. Mais un tiers des UV lui échappent. Et peuvent dès lors s'attaquer à l'ADN des cellules.

Niché dans le noyau, l'ADN contrôle par l'expression de ses gènes* la synthèse des protéines. Il est quotidiennement l'objet de multiples agressions, qui engendrent chez lui des dizaines de milliers de lésions. Mais la nature fait bien les choses. Grâce à un système de surveillance efficace, des enzymes viennent généralement réparer les dégâts, si bien que nos cellules s'en sortent indemnes. Reste qu'avec une exposition au soleil trop forte, ou trop fréquente, la réparation est imparfaite. Des mutations peuvent ainsi apparaître dans les gènes, lesquels ne donnent plus les bons ordres aux cellules.
Et alors que d'ordinaire elles se multiplient et se divisent à un rythme contrôlé, les voilà qui prolifèrent de manière anarchique, signant dès lors le début d'un possible cancer. Parmi les 30 000 gènes que porte notre ADN, il y en a bien quelques-uns dont le rôle est de débarrasser l'organisme de ces cellules en provoquant leur suicide. Mais il semble que les UV-B en fassent aussi leur proie : l'un de ces garde-fous, le gène p53, est presque systématiquement amoché.

DES CANCERS DONT ON PEUT GUÉRIR

On distingue deux grands types de cancers de la peau, en fonction de la progression des cellules anormales, c'est-à-dire des tumeurs : les carcinomes et les mélanomes. Les premiers sont les plus nombreux et heureusement les moins graves : ils représentent environ 90 % de l'ensemble des cancers cutanés, soit deux millions de personnes à travers le monde. Dans la plupart des cas, la tumeur ne se propage pas en dehors de la peau : elle se traduit sur les zones exposées au soleil par des taches rosées, souvent confondues avec de l'eczéma. Une simple intervention chirurgicale permet de l'extraire. Mais si elle est négligée, la tumeur peut s'enfoncer dans les couches profondes de la peau. Il faut alors agir vite pour éviter que le carcinome ne se transforme en mélanome (200 000 personnes en sont atteintes chaque année). Car la tumeur peut en quelques semaines s'infiltrer dans les vaisseaux sanguins et lymphatiques, et donner lieu à un cancer mortel. Les premiers signes de mélanome sont des grains de beauté de couleur et de forme changeantes. Détectés de façon précoce, ils peuvent généralement être traités par chirurgie. Mais on doit parfois y associer d'autres méthodes thérapeutiques (notamment la chimiothérapie) pour enrayer la possible progression du cancer.

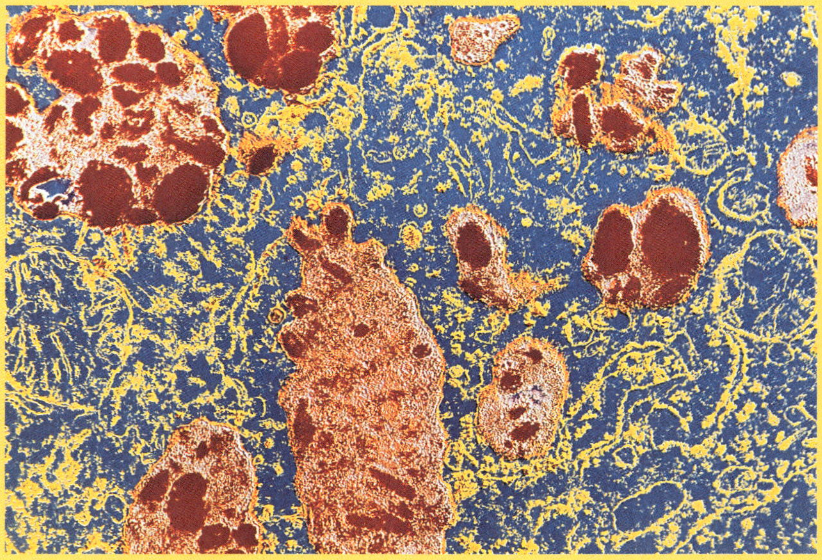

Image obtenue par un microscope électronique à transmission (MET) d'un mélanome malin en développement.

UN CAPITAL SOLEIL VARIABLE

Face au soleil, nous ne sommes pas tous égaux. La preuve : certains bronzent facilement, d'autres virent illico couleur tomate. Pourquoi ? Parce qu'il existe deux types de mélanine, l'une rouge (la phéomélanine), l'autre noire (l'eumélanine). La première est présente en grande quantité chez les personnes à cheveux roux, la seconde chez ceux qui ont la peau noire. Entre les deux, tous les mélanges sont possibles. Avec des gradations engendrant un bronzage différent, car les deux types de mélanines ne réagissent pas de la même manière au soleil. La phéomélanine absorbe en effet 1 000 fois moins d'UV que l'eumélanine. Qui plus est, sous leur action, elle brise l'ADN des cellules qui l'abritent. Toute exposition au soleil est donc déconseillée aux rouquins. À l'inverse, les peaux noires sont naturellement protégées des coups de soleil.

ATTENTION CHALEUR !

À trop s'exposer au soleil, on risque aussi de voir sa température corporelle s'élever dangereusement. Avec, entre autres conséquences, des maux de tête, une chute de la tension artérielle et une accélération du rythme cardiaque. Pour prévenir ces coups de chaleur, particulièrement dangereux chez les personnes âgées et les nourrissons, il faut d'abord boire beaucoup dès que le thermomètre grimpe. Mais aussi limiter les activités physiques et porter des vêtements légers, voire absorber des pastilles de sel, pour transpirer le moins possible.

Plus d'énergie qu'il n'en faut

Le Soleil nous envoie des quantités considérables d'énergie : environ dix milliards de milliards de térawattheures (TWh) par an. Mais nous n'en recevons qu'une infime partie, soit environ 1,5 milliard de TWh par an. Reste que, si minime soit-elle, cette fraction d'énergie gracieusement fournie par notre astre dépasse largement nos besoins : elle représente au bas mot plus de 10 000 fois la quantité totale d'énergie que nous consommons sur terre. Il suffirait donc d'en capter 0,01 % pour couvrir tous nos besoins. Un argument fort en faveur de l'énergie solaire. Pourtant, ce type d'énergie ne représentait en 2002 que 0,01 % de l'énergie consommée en France. Loin derrière le bois, l'hydroélectrique ou les biocarburants, mais devant l'éolien ou l'énergie marémotrice, autres sources d'énergie renouvelable...

En pratique, il existe deux manières d'exploiter directement l'énergie du Soleil. On peut en effet la récupérer sous forme de chaleur, à l'aide de capteurs solaires : c'est la filière thermique. Ou bien la convertir en électricité grâce à des photopiles, comme le fait la filière photovoltaïque*. La première a un bien meilleur rendement que la seconde : elle récupère davantage d'énergie solaire incidente. Elle est aussi beaucoup plus simple à mettre en œuvre.

LES BONNES UNITÉS

L'unité d'énergie adoptée dans le système international est le joule. Mais comme il ne représente qu'une faible quantité d'énergie comparée à nos besoins, nous utilisons plutôt le kilowattheure (kWh). Celui-ci vaut 3,6 millions de joules, c'est-à-dire l'énergie nécessaire pour monter 3 600 litres d'eau à une hauteur de 100 mètres, ou encore une tonne à 360 mètres. Ce kilowattheure a l'avantage de nous être familier, puisque c'est lui qui figure sur nos factures. Son prix est bas dans les pays développés : en France, il est d'environ 3 centimes d'euro à la production, et de 7 à 8 centimes d'euro à la consommation.

À LA CHALEUR DE L'ASTRE

C'est un principe presque vieux comme le monde. Utilisé déjà du temps des premiers reptiles. En exposant au soleil leur peau parcourue de nombreux vaisseaux sanguins, ces animaux en réchauffent le sang et maintiennent à un niveau suffisant leur température interne. Les chauffe-eau solaires ne fonctionnent pas autrement. Composés d'une paroi métallique noircie et recouverte d'un côté par un isolant, de l'autre par une vitre, leurs capteurs absorbent le rayonnement solaire, s'échauffent et émettent des rayons infrarouges. Bloqués par leur vitre, ces derniers sont piégés à l'intérieur. Leur chaleur est alors transmise à un circuit d'eau en contact avec la paroi.

L'eau chaude ainsi obtenue peut être mise en réserve dans un ballon, puis utilisée pour les douches, le bain, la vaisselle, etc. Mais elle peut également servir à chauffer des radiateurs, circuler dans des planchers chauffants, ou encore faire fonctionner des installations de climatisation ! Reste que le soleil ne répond pas toujours présent. Et que l'ensoleillement est éminemment variable suivant la latitude : on reçoit ainsi de notre astre l'équivalent de 6 kilowattheures par mètre carré et par jour dans les déserts, contre moins d'un kilowattheure par mètre carré et par jour près des pôles.

Immeuble avec sur son toit des panneaux solaires (Berlin, Allemagne).

Ces variations sont d'ailleurs sensibles à l'échelle de la France : l'ensoleillement annuel est en moyenne de 2 882 heures sur la Côte d'Azur, contre 1 514 heures dans le Nord ! Or, quand le soleil ne chauffe pas, il faut disposer d'une autre source d'énergie : l'eau chaude sanitaire et le chauffage s'appuient alors sur l'utilisation d'électricité, de gaz ou d'autres combustibles fossiles. Le recours au chauffe-eau solaire peut néanmoins faire baisser la facture énergétique de 50 à 80 % selon les régions, et le chauffage solaire de 30 à 60 %. Les Allemands ne s'y sont pas trompés : en 10 ans, ils sont passés de 14 000 m^2 de capteurs installés par an à près de 500 000 m^2 en 1999. L'Europe suit le mouvement : depuis 1993, l'installation de chauffe-eau solaires progresse de 15 % par an.

Four solaire d'Odeillo, dans les Pyrénées-Orientales (France).

Les capteurs solaires permettent d'atteindre des températures de l'ordre de 60 °C. Mais par le jeu de miroirs faisant converger tous les rayons solaires en un même point, cette température peut grimper bien plus haut. En France, ce principe est à l'œuvre dans plusieurs fours solaires : celui de Meudon, dans les Hauts-de-Seine, et ceux de Mont-Louis et d'Odeillo, dans les Pyrénées-Orientales. Le thermomètre y affiche de 1 000 à 3 000 °C. Et ce grâce à plusieurs types de miroirs. Ainsi, à Odeillo, 63 miroirs plans mobiles de 45 m^2 chacun, disposés en quinconce, éclairent un miroir parabolique fixe de 2 000 m^2, lequel concentre à son tour le rayonnement sur une zone focale. Là, les hautes températures obtenues servent notamment à étudier des matériaux dans des conditions extrêmes. Mais elles pourraient tout aussi bien produire de la vapeur d'eau qui actionne des turbines, et fabriquer de la sorte de l'électricité : c'est ce qui a été fait à Targasonne, dans les Pyrénées-Orientales, avec la centrale solaire Thémis.

Construite à la fin des années 1970, cette centrale comporte 201 miroirs de près de 53 m^2 chacun, réfléchissant la lumière vers une chaudière placée au sommet d'une tour. Les rayons du soleil y pénètrent par une petite ouverture, et chauffent alors un fluide composé de sels fondus. Ces sels peuvent stocker la chaleur 6 heures durant. Ou la transmettre à un générateur de vapeur d'eau, qui entraîne un alternateur produisant de l'électricité. Le prix de revient du kilowattheure y est cependant 50 fois supérieur à celui des sources d'électricité conventionnelles (nucléaire ou gaz). Raison pour laquelle la centrale a cessé de fonctionner : ne fabriquant plus d'électricité, elle a été pendant un temps utilisée pour des expériences d'astrophysique... Des centrales de ce type sont toutefois en service à l'étranger. C'est notamment le cas en Californie (États-Unis), dans la région de Barstow, où 9 centrales d'une puissance* totale de 354 mégawatts (MW) distribuent leur électricité sur le réseau. Le prix du kilowattheure y est dix fois moins élevé qu'à Thémis. Mais, incapables de stocker la chaleur, ces centrales requièrent du gaz dès que le soleil vient à manquer.

Centrale solaire constituée d'un grand nombre de panneaux photovoltaïques (États-Unis).

BESOIN DE RÉSERVOIRS

En dehors des périodes d'ensoleillement, l'énergie solaire doit être mise en réserve. C'est aujourd'hui l'un des principaux obstacles à son exploitation. L'eau constitue un bon moyen de stocker la chaleur du soleil. Elle la garde en effet près de 4 fois mieux que le bois. Mais le pouvoir calorifique du béton est près de deux fois supérieur. Et celui de certains sels encore meilleur : le sel de Glauber stocke ainsi 50 fois plus d'énergie par unité de volume que le béton. D'où l'idée de l'utiliser au sein d'un réservoir : en Allemagne, celui de Friedrichshafen, mis en service en 2001, permet d'alimenter en eau chaude quelque 570 foyers. Son volume est néanmoins considérable : environ 12 000 m^3 !

QUESTION D'ARCHITECTURE

Limiter les pertes de chaleur, se protéger des surchauffes et profiter au mieux de l'énergie du soleil, tel est le concept de l'architecture bioclimatique. Son invention remonte à l'époque de Jules César. Au temps où un certain Vitruve, architecte de renom, préconisait d'orienter les différentes pièces d'une maison en fonction du soleil. Aujourd'hui, les efforts portent non seulement sur l'orientation (elle permet de réduire d'un tiers sa facture d'énergie pour le chauffage et l'eau chaude), mais aussi sur l'isolation (doubles vitrages, volets, espaces tampons au nord...), la protection contre les surchauffes (pare-soleil, ventilation nocturne...), etc. Ce type d'architecture n'est pas seulement préconisé dans les régions tempérées. Car, dans les pays chauds, l'architecture bioclimatique permet de réduire les besoins en climatisation. Or il faut en moyenne trois fois plus d'énergie pour faire baisser la température de 1 °C qu'il n'en faut pour la faire monter de 1 °C !

UN GÉANT SOLAIRE

L'idée avait d'abord été testée en Espagne, dans les années 1980, avec une tour de 200 mètres de haut dont la base vitrée s'étalait sur 45 hectares. Le prototype a fonctionné avec succès entre 1982 et 1989, livrant quelque 44 mégawatts par an. Et son concepteur allemand a donc décidé de changer d'échelle, en projetant de construire en Australie la plus haute tour du monde : une cheminée d'un kilomètre de haut, exploitant tour à tour les principes de la cheminée, de la serre et du moulin à vent. À sa base, pas moins de 5 km^2 seront couverts de vitrages portant l'air à 30 °C. La différence de densité entre l'air chaud du bas et l'air froid du haut viendra créer un courant d'air ascendant. Lequel, aspiré à une vitesse d'environ 50 km/h, sera suffisamment puissant pour faire tourner quelque 32 turbines. Celles-ci devraient produire une puissance électrique de 200 MW en période de pointe. À titre de comparaison, la puissance électrique fournie par un barrage tourne autour de 400 MW, celle d'une centrale thermique traditionnelle est de 1 200 MW, et celle d'un réacteur nucléaire entre 900 et 1 450 MW.

Projet « Solar Tower » (Australie).
La réalisation d'un tel ouvrage, qui devrait être achevée en 2005, est un véritable défi technologique.

LA LUMIÈRE, FÉE ÉLECTRIQUE

C'est surtout là où le réseau électrique fait défaut qu'est utilisée l'autre forme d'énergie solaire : celle qui convertit l'énergie lumineuse en énergie électrique à l'aide de photopiles. Son principe, l'effet photovoltaïque, fut découvert voici près de deux siècles par un physicien français. Dirigeant un faisceau de lumière sur un récipient en verre rempli d'une solution acide, Antoine-César Becquerel constate en 1839 qu'en y plongeant des électrodes en platine on observe le passage d'un courant électrique. Il dépose alors à l'Académie des sciences un mémoire sur les effets électriques produits sous l'influence des rayons solaires. Et, rapidement, des chercheurs se mettent en tête de trouver un usage pratique à cette découverte. L'existence du même effet est d'abord démontrée en 1877 sur un matériau solide (le sélénium), et non plus liquide. Mais il faudra néanmoins attendre les années 1950 pour que soit mise au point une photopile au rendement de conversion acceptable (6 %) : constituée de silicium, elle est le fruit des recherches des laboratoires de Bell Telephone (États-Unis).

Cellule photovoltaïque réalisée en silicium polycristallin.

Dans un premier temps, cette photopile va profiter du développement de techniques utilisées dans l'industrie des semi-conducteurs* (notamment celle des transistors) : ses matériaux vont y gagner en qualité. Et, l'industrie spatiale étant en quête de solutions nouvelles pour alimenter ses satellites, c'est elle qui va être choisie : les satellites requièrent en effet une source d'énergie électrique légère ne demandant qu'un minimum d'entretien, et la lumière solaire abonde dans l'espace. Avec les années, les méthodes de fabrication des photopiles vont donc considérablement s'améliorer. Au point qu'en pleine crise pétrolière, en 1973-1974, la filière photovoltaïque figure parmi les candidats potentiels au remplacement des combustibles fossiles. Son prix reste néanmoins trop élevé.

Aujourd'hui, grâce au développement de la microélectronique, le coût du silicium dont sont composées les photopiles continue de diminuer (d'un facteur 10 tous les 6 à 7 ans). Des matériaux autres que le silicium (notamment l'arséniure de gallium) sont par ailleurs proposés par des laboratoires de recherche. Reste que, pour l'heure, le photovoltaïque ne fait pas le poids face aux énergies fossiles ou nucléaires : son kWh est dix fois plus cher que le leur (son prix est d'environ 45 centimes d'euro). L'installation de panneaux solaires s'avère certes moins coûteuse qu'un raccordement au réseau électrique, dans les régions qui n'en ont pas. Mais dans les pays en développement où leur choix semble s'imposer, cet investissement est encore trop important. Sans compter qu'en mode autonome le photovoltaïque présente un inconvénient de taille : il faut lui associer des accumulateurs, afin de constituer des réserves d'énergie pour la nuit. Or le coût de ce stockage augmente le prix du kWh : il passe à 1,5 euro, un prix équivalent à celui du kWh produit par un groupe électrogène.

LES CHIFFRES DU PHOTO VOLTAÏQUE

Les photopiles que l'on trouve sur le marché sont en silicium monocristallin, polycristallin ou amorphe. Pour les deux premiers, le rendement varie entre 13 et 18 % ; pour le silicium amorphe, il est de 7 à 8 %. Mais des rendements supérieurs peuvent être obtenus pour ces mêmes matériaux en laboratoire : on atteint ainsi 26 % de rendement avec le silicium monocristallin.
La quantité d'énergie que l'on peut produire avec des panneaux solaires, elle, varie entre 100 et 150 kilowattheures par mètre carré et par an. Il faut donc quelque 80 kilomètres carrés de panneaux pour produire autant d'énergie qu'une centrale nucléaire de 1 000 mégawatts électrique. Et de 4 000 à 5 000 kilomètres carrés pour répondre aux besoins de la France entière. Cela ne représente, il est vrai, que 1 % de la surface du territoire métropolitain. Mais près de la moitié de la surface bâtie !
Qui plus est, l'énergie fournie par cette masse de panneaux ne serait en réalité pas suffisante : il faut en effet prévoir d'en stocker en journée pour couvrir les besoins nocturnes. Or ce stockage ne va pas sans pertes. Et en fin de compte c'est 3 % de la surface du territoire français qui devrait être couverte de panneaux solaires. Un objectif bien improbable, et bien trop coûteux dans le cadre de l'économie actuelle...

Cellule photovoltaïque organique réalisée dans le cadre d'un projet commun entre l'ADEME, le CEA et le CNRS. Ces réalisations en sont encore au stade de la recherche et demanderont un grand nombre d'études et de développements avant d'atteindre un stade industriel.

DES CENTRALES SOLAIRES EN ORBITE

Projet japonais de centrale solaire spatiale. L'énergie pourrait être transmise sur la Terre grâce à un faisceau de micro-ondes. On peut atteindre des rendements de transmission d'environ 50 %.

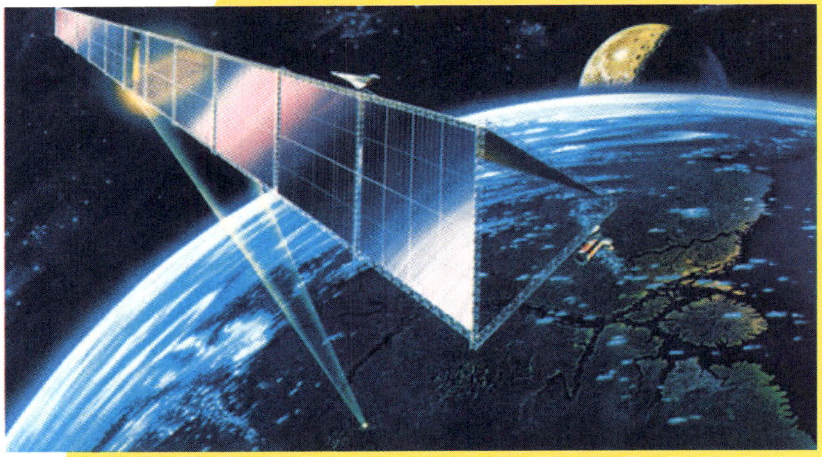

L'atmosphère absorbe une partie du rayonnement que nous envoie le Soleil. En plaçant des installations photovoltaïques dans l'espace, on pourrait donc récupérer davantage d'énergie : tel est le concept des centrales solaires orbitales, imaginé par des chercheurs de la Nasa à la fin des années 1960. Dans leur projet, l'énergie du Soleil est captée par plusieurs kilomètres carrés de panneaux solaires mis en orbite géostationnaire à 36 000 kilomètres d'altitude. Ces panneaux sont orientés de manière à bénéficier d'un éclairement optimal, la quantité d'énergie reçue par unité de surface étant en moyenne huit fois supérieure à ce qu'elle est à la surface de notre planète. Cette énergie est ensuite transmise à la Terre via l'utilisation d'un faisceau de micro-ondes analogues à celles de nos fours (le rendement est de l'ordre de 50 %). Un faisceau qui, pour des raisons pratiques, n'est pas dirigé sur un point focal : en perdant le contrôle de sa trajectoire, on pourrait en effet le transformer en rayon mortel pour les vivants. L'énergie qu'il transporte par unité de surface est donc assez faible : de l'ordre d'une centaine de watts par mètre carré. Ce qui suppose l'existence de kilomètres carrés de radiocellules pour récupérer l'énergie envoyée de l'espace.

PETIT BILAN

Pour l'heure, la fabrication d'un panneau solaire à base de silicium consomme autant d'énergie que celui-ci en produit en 5 ans. Mais sa durée de vie étant d'environ 25 ans, le bilan est à première vue positif. Reste que, le soleil ne brillant pas jour et nuit, ce panneau doit être couplé à un système de stockage, c'est-à-dire à des batteries requérant une certaine quantité d'énergie pour leur fabrication. Au final, le retour sur investissement en termes d'énergie n'est actuellement que de 10 ans. Mais les nouveaux procédés de fabrication des panneaux solaires tendent à le rendre meilleur : l'énergie dépensée pour les produire devrait en effet être ramenée à 2 ans. Pour s'avérer réellement intéressant, leur déploiement à grande échelle suppose néanmoins que soient perfectionnés les dispositifs de stockage.

EN QUANTITÉS RENOUVELABLES...

Nous devons au Soleil la plupart de nos énergies renouvelables : le solaire, bien sûr, mais aussi les énergies éolienne, hydroélectrique, ou encore l'énergie « verte » provenant du bois et des biocarburants. En chauffant inégalement les hautes et les basses latitudes, notre astre crée en effet des appels d'air, et donc du vent dont les éoliennes peuvent convertir l'énergie en électricité. Et en évaporant l'eau des océans, laquelle est redistribuée sous forme de pluies dans les rivières qui alimentent nos lacs, il permet qu'on exploite leur débit pour faire tourner des turbines et des alternateurs. Enfin, c'est naturellement en tirant parti de la lumière que les plantes font leur propre matière : celle que nous brûlons dans la cheminée, ou dont nous faisons des carburants. Du reste, le Soleil est également à l'origine d'énergies bien moins rapidement recyclées, et pour cette raison classées parmi les énergies non renouvelables. Des énergies dites fossiles (charbon, pétrole, gaz...), issues de la décomposition d'une matière vivante qui n'aurait pas vu le jour sans notre astre !

Le vent converti

Les marins le savent bien : le vent est par nature intermittent. Il peut s'avérer aussi doux qu'une brise, ou aussi violent qu'une tornade. Cela n'empêche pas l'homme de le mettre à profit depuis des millénaires. D'une part pour se mouvoir sur l'eau plus loin et plus vite qu'avec de simples pagaies : dès 3000 avant J.-C., les Égyptiens parvenaient ainsi à atteindre les côtes de l'actuelle Crète pour en ramener justement le bois nécessaire à la construction de leurs énormes bateaux. Ensuite pour en tirer l'énergie nécessaire à moudre du grain ou hisser l'eau des puits : six siècles avant notre ère, les Perses utilisaient déjà des machines exploitant l'énergie éolienne pour transformer leurs céréales en farine. Bien sûr, ces machines-là n'avaient pas la puissance des moulins à vent. Lesquels font de ce point de vue piètre figure à côté des éoliennes modernes ! Reste que le principe est le même : de larges pales animées par le vent y font tourner des engrenages.

Comme le vent, la puissance d'une éolienne est changeante : elle varie d'ailleurs avec le cube de sa vitesse incidente. Ainsi une éolienne de 800 kilowatts est-elle conçue pour délivrer cette puissance quand la vitesse du vent est de 15 mètres par seconde. Que cette vitesse tombe à 5 mètres par seconde, et l'éolienne ne fournit plus que 30 kilowatts. Mais si, au contraire, le vent atteint les 100 kilomètres par heure, sa puissance grimpe en théorie à 5 000 kilowatts. En théorie seulement. Car dès que le vent devient trop fort, les pales tournent trop vite et risquent de casser. On doit donc les faire pivoter pour réduire leur vitesse de rotation. Ce qui diminue d'autant la puissance de l'éolienne, et la quantité d'électricité qu'elle est capable de fournir…

Au final, les éoliennes n'atteignent leur puissance maximale (dite aussi nominale) que dans une fourchette de vents assez restreinte : entre 14 et 20 mètres par seconde (soit 50 à 70 km/h) pour beaucoup

Champ d'éoliennes en mer (off-shore), Paludans Flak vor Samsoe (Juetland, Danemark).

d'entre elles. En Europe, elles donnent le meilleur d'elles-mêmes sur les littoraux de l'Atlantique et de la mer du Nord, qui reçoivent régulièrement des vents d'ouest. Mais, même là, elles ne délivrent que rarement toute la puissance théoriquement disponible : le vent n'étant pas le même nuit et jour, et pas le même tous les jours, les éoliennes ne fonctionnent pas en permanence à plein régime...

La nature intermittente du vent implique par ailleurs d'adjoindre aux éoliennes des dispositifs de stockage, ou à défaut d'autres sources de production d'électricité. Or les puissances des éoliennes actuelles sont telles qu'il faut stocker des quantités considérables d'énergie. Le recours à des batteries traditionnelles est de ce fait éliminé d'emblée : elles seraient bien trop volumineuses, et trop chères. La conversion en énergie mécanique n'est pas davantage envisageable à grande échelle. Son principe consiste à utiliser l'énergie de l'éolienne pour faire remonter de l'eau dans un réservoir d'altitude, cette eau pouvant ensuite actionner des turbines et produire de l'électricité. Or on ne peut pas multiplier à l'envi les lacs de barrage. Reste la solution de la conversion en hydrogène par électrolyse*, son stockage et son utilisation dans des piles à combustible*. Une solution caressée par plusieurs chercheurs, mais dont le prix est encore élevé.

Dans les faits, l'énergie éolienne est avant tout une énergie de complément. Pour lui donner une place plus centrale, on peut imaginer de lui associer les jours sans vent d'autres formes de production d'électricité. Les centrales nucléaires seraient exclues de ce choix : on ne peut pas les mettre en route rapidement à la demande quand le vent se fait attendre. Les centrales thermiques seraient en revanche de bonnes candidates. D'autant qu'en France, par exemple, c'est en hiver, quand le vent souffle davantage, qu'on les sollicite le plus. Les remplacer temporairement par des éoliennes contribuerait par ailleurs à diminuer les rejets de gaz à effet de serre. Mais de là à faire de l'éolien notre principale source d'électricité, il y a loin !

Le kilowattheure de l'éolien est certes bien moins cher que celui du photovoltaïque : il n'est que deux à trois fois supérieur à celui d'un kilowattheure standard. Mais même le Danemark, pourtant numéro un de l'éolien dans le monde, produit aujourd'hui moins de 20 % de son électricité à l'aide d'aérogénérateurs*. Reste que l'éolien connaît un développement fulgurant : depuis 1993, son marché augmente de 40 % par an. En 2002, le parc éolien mondial totalisait ainsi quelque 24 000 MW (dont 17 000 en Europe et 3 000 au Danemark), c'est-à-dire la puissance nucléaire installée en 1971.

Champ d'éoliennes,
Vlissingen (Pays-Bas).

Blackpool, Lancashire (Grande-Bretagne), 1938.
Photo : Nick Yapp/Archive Hulton/Getty Images

Savaldor, mai 2001.
Photo : Jean-Pierre Vallorani/Le bar Floréal

Éclipse du 11 août 1999 à Marseille (France).
Photo : Jean-Pierre Vallorani/Le bar Floréal

La boule de Krishna. Mahabalipuram (Inde), 1971.
Photo : Max Pam/Métis

« Sun Circle », 1935.
Photo : Fox Photos

Circular Quay railway station, Sydney (Australie), 2001.
Photo : Trent Parke/Magnum Photos

Photographie de mode avec le mannequin Celia Forner, Séville (Espagne), 1988.
Photo : Ferdinando Scianna/Magnum Photos

Sieste au sanatorium de Roscoff dans les années 1930 (France).
Photo : CAP-Viollet/Agence Roger Viollet

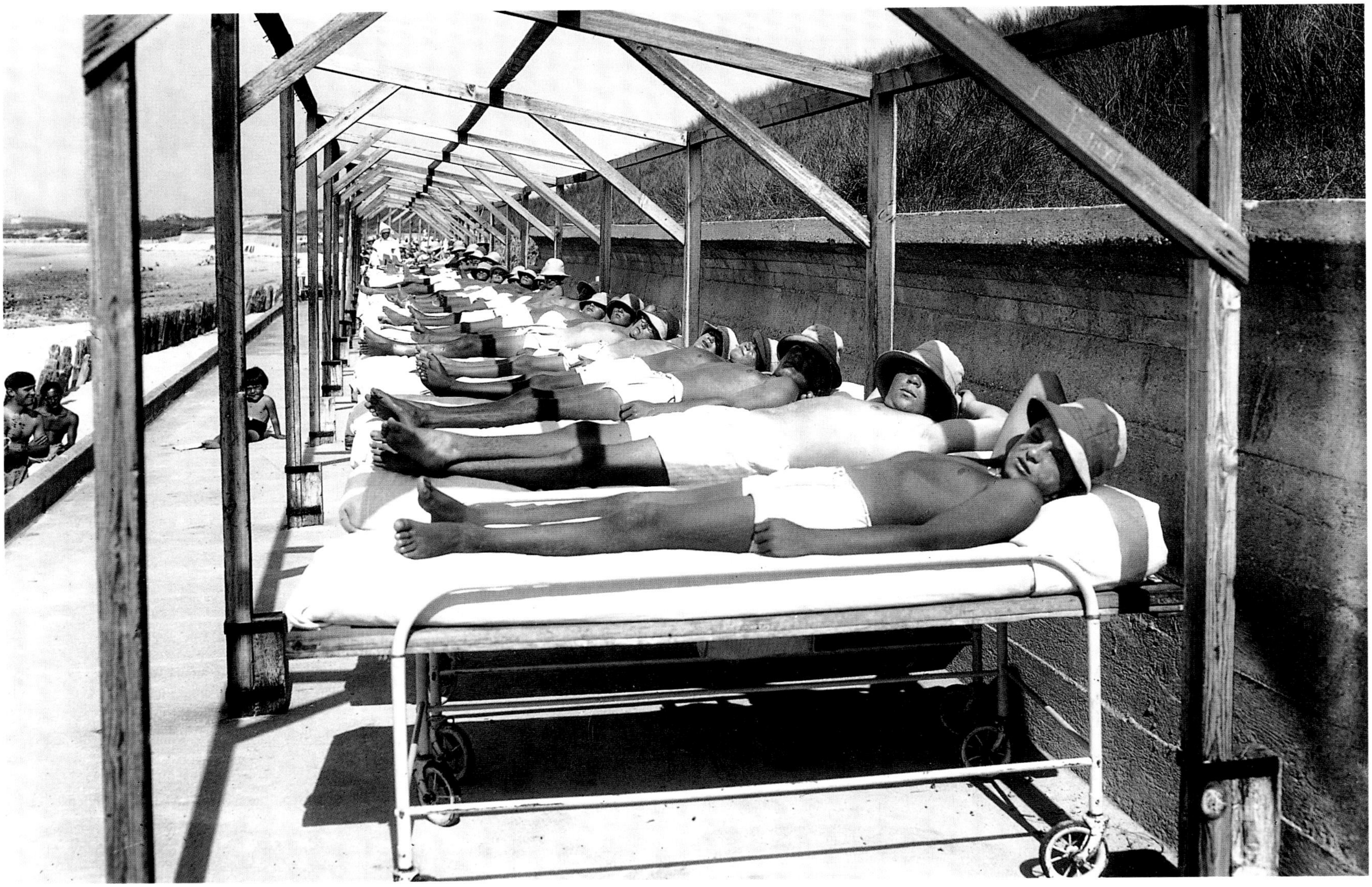

Palavas-les-Flots (France), août 1988.
Photo : John Vink/Magnum Photos

Solarium tournant, Aix-les-Bains (France), 1930.
Photo : Fox Photos

Bretagne (France), juillet 1987.
Photo : Xavier Lambours/Métis

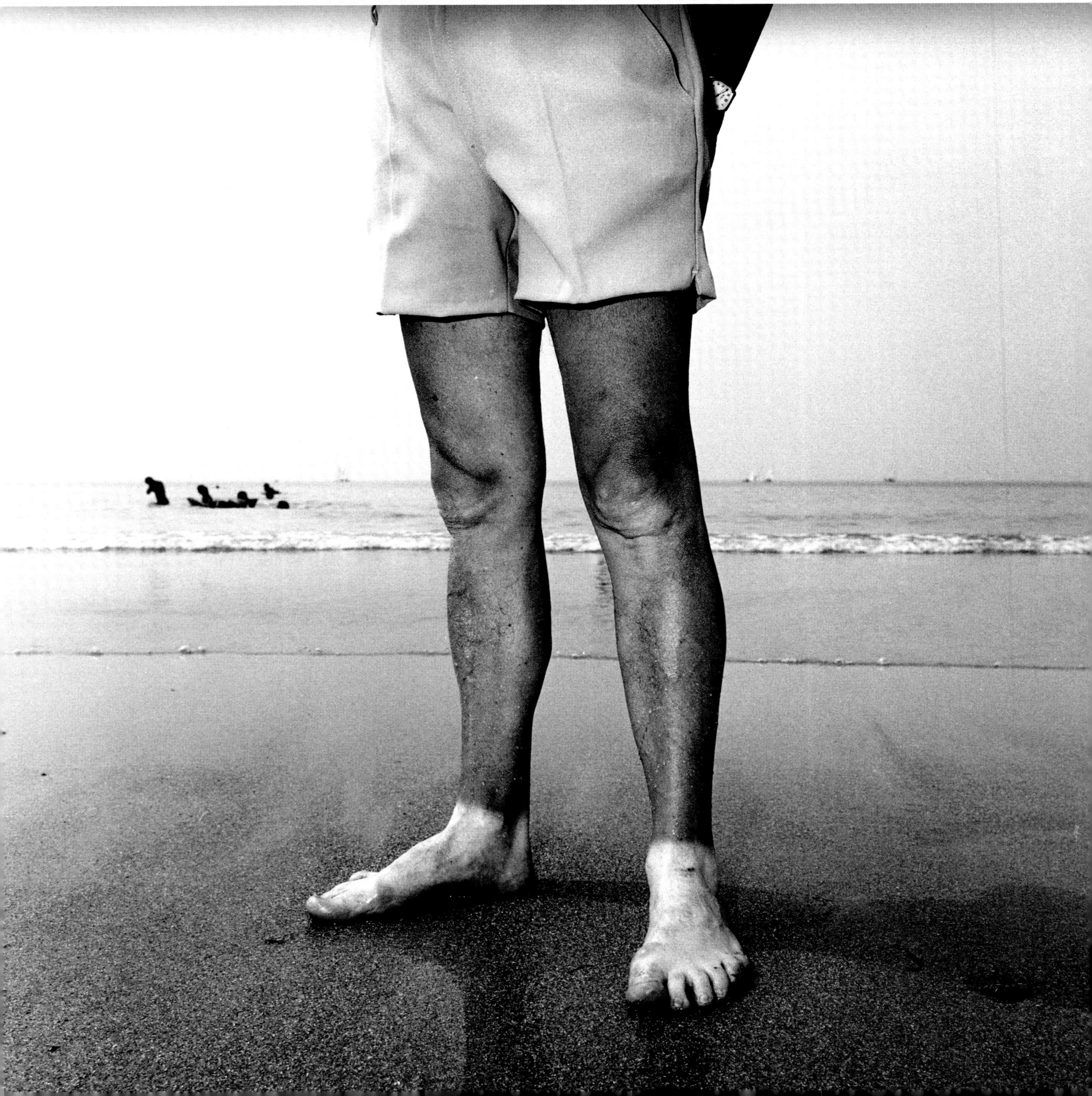

Saint Pierre la Mer (France), août 2000.
Photo : Nicolas Frémiot/Le bar Floréal

« Dans la piscine », août 2001.
Photo : Denis Pasquier

« Au jour le jour », Arles (France), 1988.
Photo : Patrick Zachmann/Magnum Photos

Hyde Park, Londres (Grande-Bretagne), mai 1989.
Photo : Denis Pasquier

DEUX UNITÉS À NE PAS CONFONDRE

On définit d'ordinaire l'énergie comme la quantité de travail qu'un système physique est capable d'effectuer, ou la chaleur qu'il est capable de produire. Ni créée, ni consommée, ni détruite, elle peut en revanche se convertir : une énergie cinétique peut ainsi se transformer en énergie électrique. On la mesure sur un certain intervalle de temps, par exemple l'heure pour le kilowattheure. À la différence de la puissance, qui, représentant précisément une quantité d'énergie par unité de temps, se mesure en watts, kilowatts, etc. Une même quantité d'énergie peut donc produire de fortes puissances sur un court laps de temps, ou de faibles puissances sur un intervalle bien plus long. Un peu comme un récipient plein d'eau, qui peut être vidé rapidement à grand flux, ou lentement à petit flux. Inversement, pour une certaine puissance, l'énergie fournie est éminemment variable : dans le cas des éoliennes, elle dépend du nombre d'heures de fonctionnement et de la vitesse du vent.

COMMENT LE VENT DEVIENT ÉLECTRICITÉ

Pour transformer l'énergie cinétique des vents en énergie électrique, les éoliennes, encore appelées aérogénérateurs, mettent à contribution des pales, un rotor, mais aussi un alternateur juché tout en haut de leur mât (dans la nacelle). Mises en mouvement par le vent, les pales font en effet tourner un rotor qui transmet son énergie de rotation à un alternateur, c'est-à-dire à un générateur de courant alternatif directement utilisable. Ce rotor est lié à l'alternateur par un axe de transmission et un système d'engrenages. Lequel joue le rôle de régulateur : par vent faible il multiplie la vitesse de rotation, et par vent fort il agit comme un frein pour éviter la destruction de l'éolienne.

PLUS HAUT = PLUS VITE

Si les éoliennes modernes sont très hautes, ce n'est pas seulement en raison de l'encombrement de leurs pales : c'est aussi parce que la vitesse du vent dépend de l'altitude. À 50 mètres du sol, elle gagne en général 25 à 35 %. Or, la puissance de l'éolienne étant fonction du cube de cette vitesse, elle s'en trouve multipliée par deux. Mais qui dit haut dit aussi lourd : une éolienne haute de 85 mètres (125, même, quand une de ses pales est à la verticale) pèse environ 275 tonnes, d'où des fondations conséquentes. D'une puissance de 1,5 MW, une éolienne moderne fournit suffisamment d'énergie pour satisfaire les besoins de 600 foyers.

L'eau et son courant

De même que les éoliennes ont un riche passé derrière elles, l'idée d'exploiter le débit de l'eau ne date pas d'hier : les premiers moulins à eau apparaissent en Occident et en Chine entre le IVe et le IIIe siècle avant J.-C. Au départ, il ne s'agit que d'une simple roue à palettes, équipée de godets pour remonter de l'eau. Mais, avec le temps, elle se perfectionne. Ainsi est d'abord inventée la roue horizontale, dont les aubes font tourner une meule de pierre pour moudre le grain, par l'intermédiaire d'un arbre vertical. Puis, sous l'Empire romain, la roue redevient verticale et équipée d'engrenages pour mettre en mouvement des paires de meules. Un arbre à cames, d'invention médiévale, va ensuite permettre aussi bien de meuler et polir les métaux que d'actionner des tours, des foreuses, des monte-charges ou des pompes dans les mines. Une véritable révolution : le moulin à eau devient alors le moteur de toute l'industrie, et en 1848 on n'en compte pas moins de 22 000 en France…

C'est à la machine à vapeur que le moulin à eau doit son déclin, tout au long du XIXe siècle. Mais dans le même temps se développe une autre forme d'utilisation de l'énergie hydraulique. La mue de la roue en turbine, en 1827, va sans doute précipiter les événements. Un ingénieur français a,

Les barrages et leur retenue permettent d'obtenir rapidement de grandes quantités d'électricité. En 1960, 56 % de l'électricité française était produite par l'énergie hydraulique. Aujourd'hui, cette production ne représentait plus qu'environ 15 %.

cinquante ans plus tard, l'idée d'y associer au sortir d'une chute d'eau un générateur : ainsi naît la première centrale hydraulique. Aujourd'hui, ce sont près de 45 000 grands barrages qui fournissent d'ores et déjà 19 % de l'électricité à l'échelle du monde (environ 15 % en France). L'eau y est stockée dans des lacs de retenue où, en ouvrant des vannes, on dirige l'eau jusqu'à des centrales hydrauliques situées en contrebas. Le courant d'eau y actionne une turbine. Laquelle, à son tour, entraîne un alternateur grâce auquel l'énergie mécanique est transformée en courant alternatif. Celui-ci transite par un transformateur, qui élève sa tension pour permettre son transport (lignes électriques à haute ou très haute tension). Quant à l'eau, elle rejoint la rivière par un canal de fuite.

De taille et de puissance variables – les plus grosses centrales hydrauliques produisent des dizaines de mégawatts et requièrent d'énormes retenues d'eau, quand les plus modestes se contentent de 10 MW et exploitent directement la force du courant sans réservoir d'eau –, les installations hydrauliques fournissent toujours une énergie propre, sans rejets dans l'atmosphère. Pour autant, toutes ne sont pas sans impact sur l'environnement. Les lacs qu'elles créent artificiellement engloutissent forêts et autres milieux naturels. Leurs barrages font obstacle à la migration

Barrage de l'Oberaar (Suisse).

de poissons comme l'anguille ou le saumon. Quant au changement de régime du cours d'eau, il se répercute sur le transport de sédiments, au point d'engendrer une prolifération d'algues. Ces problèmes peuvent toutefois être partiellement résolus par un certain nombre de mesures : le maintien d'un débit d'eau minimal, l'aménagement de bassins de décantation, etc. Ils sont par ailleurs l'apanage des grosses installations, et non des petites, qui ont la préférence des écologistes. Reste que ces dernières sont parfois à court de courant, et qu'on doit alors leur substituer d'autres formes de production d'électricité...

LES CHIFFRES DE L'HYDRAULIQUE

En 1995, à l'échelle du monde, la production annuelle d'énergie d'origine hydraulique était estimée à 2 380 TWh, dont 2 265 émanant de grandes centrales. En Europe, le potentiel hydroélectrique est aujourd'hui exploité à 70 %. Et la couverture des besoins est de même largement assurée au Canada et aux États-Unis (respectivement numéro un et numéro deux dans la production d'énergie hydroélectrique). Mais il reste de nombreux gisements en Amérique latine, en Afrique centrale, en Inde et en Chine : environ deux tiers du potentiel hydroélectrique économiquement viable n'est pas encore exploité. Ainsi, en 2010, la production hydroélectrique mondiale devrait atteindre 4 210 TWh par an.

UN PROJET PHARAONIQUE

Approuvée par l'Assemblée chinoise en 1991, la construction du barrage des Trois-Gorges, sur le Yangzi Jiang, doit être achevée en 2009. Haut de 185 m, long de plus de 2 km, ce barrage aura une puissance installée de 18 700 MW ! Il subviendra aux besoins de l'est et du centre de la Chine, lui faisant faire l'économie de quelque 40 à 50 millions de tonnes de charbon par an. Mais, pour remplir son lac de retenue, d'environ 1 000 km², il aura fallu recouvrir d'eau 13 villes et 4 500 villages : ce sont ainsi quelque 2 millions de personnes qui auront été déplacées !

Construction du barrage hydraulique des Trois-Gorges sur le fleuve Yangzi Jiang en Chine (2001).

L'énergie des courants de marée peut aussi être transformée en électricité. C'est en France qu'a été construite la première installation marémotrice d'envergure : en service depuis 1966, l'usine marémotrice de la Rance comporte un barrage de 330 m de long abritant 24 turbines. À marée montante, ses turbines sont entraînées par l'eau qui vient de la mer vers les terres ; à marée descendante, c'est le contraire, et les turbines changent de sens de rotation. Reliées par leur axe à un alternateur, elles délivrent depuis 1967 près de 550 millions de kWh chaque année.

Une énergie devenue « verte »

Qui dit matière vivante dit végétal : il forme, nous l'avons vu, 90 % du vivant. Rien de surprenant, donc, à ce qu'il constitue le point de départ de la chaîne alimentaire. Mais il est aussi une source d'énergie non négligeable, que ce soit pour se chauffer, cuire des aliments ou s'éclairer. Un gisement d'énergie « verte » qui, s'il n'est pas surexploité, se renouvelle en permanence. D'ailleurs, les hommes utilisent le bois depuis les temps préhistoriques ! Avec l'invention de la machine à vapeur, il a même contribué à la révolution industrielle.

De nos jours, c'est sous trois formes qu'est utilisée l'énergie végétale : d'abord en tant que biocombustible*, ensuite comme biocarburant*, enfin pour produire du biogaz*. Plus de la moitié du bois exploité dans le monde l'est en effet sous forme de biocombustible. L'énergie qu'il recèle est cependant bien moindre que celle du pétrole, étant trois fois moins concentrée. Elle est par ailleurs fonction de son taux d'humidité, lequel reste de 15 à 20 % après deux années de séchage naturel.

Outre le bois, la paille, les déchets organiques (issus entre autres des ordures ménagères), voire les déchets de l'industrie du bois peuvent également servir de combustibles. Cela suppose qu'ils soient récupérés, stockés, calibrés et conditionnés sous forme de plaquettes ou de granulés utilisables dans une chaudière. Ce qui, bien entendu, a un coût : la filière ne s'avère ainsi intéressante que dans les régions où les ressources en biocombustibles sont importantes, le coût du transport s'en trouvant réduit. L'utilisation de biocombustibles a néanmoins pour elle un certain nombre d'avantages : elle contribue en effet à l'entretien des forêts par des coupes régulières, génère moins de dioxyde de carbone (d'où un effet de serre amoindri), d'oxydes d'azote et de cendres que les combustibles fossiles, n'émet pas de dioxyde de soufre, enfin valorise les déchets des collectivités. Cette valorisation est également à l'œuvre dans la production de biogaz. Du méthane obtenu par la fermentation de fumier, lisiers, boues d'épuration ou déchets issus d'un compostage. Qui, une fois débarrassé du dioxyde de carbone et du sulfure d'hydrogène formés en même temps que lui, peut être utilisé pour chauffer, éclairer, voire en tant que de carburant…

En pratique, les biocarburants ont généralement une autre origine. C'est en principe à partir d'alcool* qu'ils sont produits. De l'alcool souvent issu de la fermentation de betteraves, de cannes à sucre ou de sous-produits des sucreries. Mais qui peut tout aussi bien être obtenu par le même processus à partir de végétaux riches en sucres comme le blé, le maïs ou le topinambour. Ces végétaux sont broyés pour séparer le jus fermentescible des restes destinés à l'alimentation du bétail (pulpes, tourteaux). La fermentation du jus est ensuite assurée par des levures, dans un milieu acide et pauvre en oxygène : elle donne environ 46 kg de bio-éthanol pour 100 kg de sucres. Cet éthanol ne peut cependant faire « carburer » que des moteurs adaptés : sa combustion requiert en effet deux fois moins d'air que celle de l'essence. Dans un moteur standard, il est utilisé sous forme de dérivé mélangé à de l'essence.

Les plantes oléagineuses (soja, colza, tournesol, arachide) permettent également de produire des biocarburants. Leurs graines sont broyées, pressées puis raffinées afin de récupérer des huiles végétales pures. Lesquelles, traitées au méthanol, fournissent de la glycérine et des esters*. La première est utilisée dans la fabrication d'explosifs, mais aussi de cosmétiques. Les esters servent quant à eux de carburants, en mélange avec du gazole dans des proportions de 5 à 20 %. En dépit de leurs avantages (réduction des émissions d'oxyde de carbone, de composés aromatiques volatils et de dioxyde de soufre), la fabrication des biocarburants est onéreuse : pour l'heure, ils sont deux à trois fois plus chers que le gazole ou l'essence.

Champ de colza.
Le colza peut être utilisé pour produire, entre autres, des biocarburants.

SE NOURRIR DEMANDE PEU

À notre époque, la nourriture ne représente plus qu'une faible part de l'énergie consommée par un être humain. Un Français consomme en moyenne 150 kilowattheures par jour : ce chiffre inclut sa consommation personnelle, ses pertes d'énergie, la fabrication des produits manufacturés, etc. C'est plus de 50 fois l'énergie associée à la nourriture. Au niveau de la planète, la valeur énergétique de la nourriture représente entre 0,5 et 0,6 Gtep (gigatonne équivalent pétrole), soit seulement 5 à 6 % de la consommation totale d'énergie.

PLANTATIONS CONTRE ÉNERGIE

En règle générale, le rendement photosynthétique des plantes est faible : en d'autres termes, la quantité d'énergie chimique produite est infiniment moindre que la quantité d'énergie solaire absorbée. Mais, sous certaines conditions climatiques, ce rendement peut être amélioré : des cultures d'arbres, de plantes aquatiques, voire de graminées, peuvent ainsi être entièrement dévolues à la production d'énergie. On plante notamment des arbres feuillus ou résineux à croissance rapide (peuplier, pin, eucalyptus, etc.) sur des surfaces agricoles inoccupées. Ces cultures, en taillis, produisent par hectare trois à quatre fois plus de bois qu'une forêt classique.

SOUS L'EFFET DE LA FLAMME

Le bois subit trois transformations successives lorsqu'on le chauffe. Il évapore d'abord l'eau qu'il contient, processus qui consomme de l'énergie. Puis, lorsque sa température dépasse les 200 °C, il émet des gaz qui brûlent et produisent de l'énergie. Enfin, il se transforme en charbon de bois, qui représente environ 30 % de son poids sec initial. Ce charbon a une densité énergétique deux fois supérieure à celle du bois, et dégage moins de fumée lors de sa combustion. Sa fabrication a par le passé constitué une véritable industrie.

Marché au charbon de bois à Sarh (Tchad).

DES RESSOURCES QUI S'ÉPUISENT...

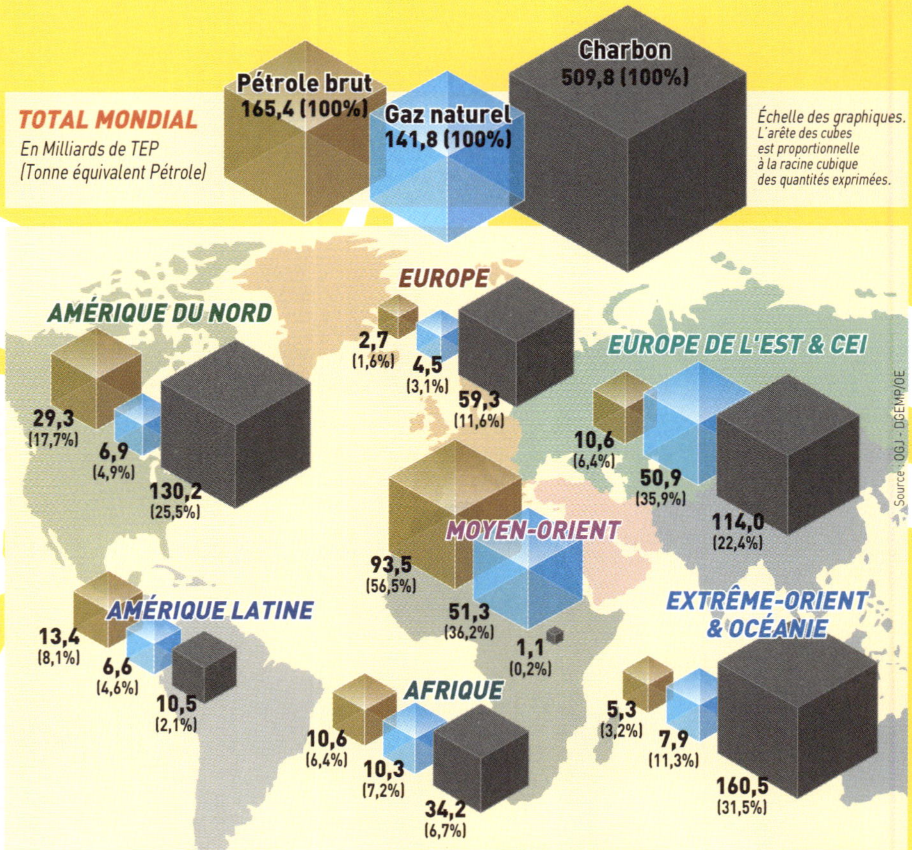

Réserves d'énergies fossiles dans le monde. Celles-ci sont inégalement réparties sur la planète et en quantités différentes selon leur nature. Au rythme de la consommation actuelle, les réserves seraient d'une quarantaine d'années pour le pétrole bon marché, d'une soixantaine pour le gaz et de plus de deux cents ans pour le charbon. Mais il existe aussi des ressources non conventionnelles de pétrole, et les réserves peuvent augmenter si l'on consent à en payer le prix.

Dernière mine de charbon à ciel ouvert à Kushiro (Japon), fermée en février 2002.

En s'accumulant dans les vivants, puis dans leurs cadavres, l'énergie solaire peut conduire, après une très lente transformation, à des combustibles fossiles. Des stocks d'énergie chimique qui ont mis des millions d'années à se constituer et requièrent le même intervalle de temps pour se renouveler. Ils n'en représentent pas moins près de 90 % de l'énergie consommée sur terre. Le charbon est le plus abondant et le mieux réparti d'entre eux : ses plus grosses réserves se trouvent en ex-URSS et aux États-Unis. Au rythme actuel de consommation, ses gisements ont de quoi satisfaire nos besoins pendant trois cents ans : elles se chiffrent à plus de 500 milliards de tonnes équivalent pétrole*. Le pétrole bon marché, surtout issu du Moyen-Orient, n'a pour sa part plus qu'une cinquantaine d'années devant lui (environ 140 milliards de tonnes). Quant au gaz naturel, son utilisation est en pleine expansion. Ses réserves mondiales (importantes au Moyen-Orient et en ex-URSS) représentent plus de 70 ans de consommation, soit environ 150 000 milliards de m^3.

L'utilisation du pétrole remonte à l'Antiquité : récupéré là où il affleure, il sert alors autant à éclairer qu'à soigner ou à rendre étanches les coques de bateaux. Exploité sous forme d'asphalte par les Égyptiens pour

la conservation des momies, il est utilisé par les Chinois pour chauffer les maisons, fabriquer des briques et cuire les aliments. Ce sont d'ailleurs eux qui, les premiers, ont l'idée de creuser des puits de pétrole.
Mais l'utilisation des énergies fossiles va surtout connaître son essor lors de la révolution industrielle. Et le pétrole, dont l'industrie est naissante au XIXe siècle, va devenir l'égal du charbon lors de l'avènement du moteur à explosion, pour finir par le supplanter. Il représente actuellement 40 % de la consommation d'énergie, le gaz et le charbon comptant chacun pour environ 25 %.

Station de pompage du pétrole dans la taïga en Sibérie.

De nos jours, le charbon est surtout exploité en tant que combustible dans les centrales thermiques. Ces centrales, qui fonctionnent également au fioul ou au gaz naturel, fournissaient au moment de la crise pétrolière environ 55 % de la production française d'électricité : elles n'en assurent plus que 8 %. Leur principe est simple. Brûlant dans une chaudière, les combustibles élèvent sa température, ce qui a pour résultat d'augmenter la pression et de transformer l'eau en vapeur. Cette vapeur actionne des turbines, qui à leur tour entraînent un générateur d'électricité.

Chaque chaudière fonctionne avec un seul type de combustible, les brûleurs différant pour chacun. Aujourd'hui, c'est le charbon qui est le plus utilisé (48 %), devant le fioul (46 %) et le gaz (6 %).
Des trois, c'est aussi le plus polluant. Sa combustion rejette en effet entre 860 et 1 290 g de dioxyde de carbone par kWh, contre 700 à 800 pour

le fioul et 480 à 780 pour le gaz. Par ailleurs, une centrale thermique au charbon de 1 000 MW, en fonctionnant 6 600 heures par an, rejette 7,8 mégatonnes de dioxyde de carbone, 40 000 tonnes de dioxyde de soufre, 10 000 tonnes de dioxyde d'azote et 6 000 tonnes de poussières. Elle produit enfin 450 000 tonnes de déchets solides. Des chiffres à comparer à ceux du fioul, source d'énergie plus facile à transporter et à stocker : une centrale thermique au fioul de puissance équivalente génère 4,7 mégatonnes de dioxyde de carbone, 90 000 tonnes de dioxyde de soufre, 6 000 tonnes de dioxyde d'azote, 1 500 tonnes de poussières et moins de 8 mètres cubes de déchets solides. Contenant plus d'atomes d'hydrogène, le fioul émet lors de sa combustion quantité de vapeur d'eau. Puissant gaz à effet de serre, cette vapeur se recycle rapidement sous forme de précipitations. Si bien que les quantités émises par l'homme sont sans impact sur l'accroissement de l'effet de serre. Le gaz émet d'ailleurs davantage encore de vapeur d'eau.

Majoritairement constitué de méthane (entre 70 et 95 %), le gaz est transporté sous haute pression dans des gazoducs (environ 900 000 km^2 dans le monde et 30 000 en France), ou sous forme liquide par bateau. Et, outre qu'il émet lors de sa combustion environ deux fois moins de dioxyde de carbone que le charbon, il rejette également peu de dioxyde d'azote, très peu de dioxyde de soufre, et ne génère ni poussières ni fumée.

Méthanier au terminal de Donges,
près de Saint-Nazaire (France).

Il permet par ailleurs d'utiliser des turbines en cycle combiné. Ce qui a l'avantage de produire un rendement de 50 à 55 %, quand celui d'une centrale traditionnelle est plutôt de l'ordre de 30 %. Reste que le méthane est également un puissant gaz à effet de serre. Et que des fuites peuvent survenir au cours de l'extraction du gaz naturel ou lors de son transport. Pour les détecter, on plante au-dessus des gazoducs des plantes changeant d'aspect au contact du gaz...

Le revers de la médaille

En exploitant l'énergie que lui fournit le Soleil, l'homme agit nécessairement sur son environnement. Généralement pas en bien. Certains impacts sautent aux yeux, à l'instar des pollutions engendrées par les marées noires et les dégazages sauvages. D'autres sont plus difficilement perceptibles, comme le réchauffement de la planète dû à l'émission accrue de gaz à effet de serre. Or, bien que l'utilisation des combustibles fossiles figure au premier rang parmi les accusés, le recours à d'autres types d'énergie n'est pas dénué d'effets. Car si le fonctionnement d'une centrale solaire ou d'une éolienne n'engendre aucune pollution, leur fabrication est en revanche source de rejets.

Arbres détruits par des pluies acides.

Marée noire. Plage polluée après le naufrage du pétrolier *Prestige* le 19 novembre 2002 au large de la Galice (Espagne).

Prenons l'exemple d'un panneau photovoltaïque. Lorsqu'il transforme la lumière en électricité, il ne génère aucune émission de gaz à effet de serre. Mais la fabrication de ses constituants et celle de l'électronique et de la mécanique qui lui sont associées requièrent une certaine consommation d'énergie et de matières premières. Au bilan, la production d'un kilowattheure photovoltaïque va de pair avec l'émission de 30 à 280 g de dioxyde de carbone, selon les technologies utilisées. Et, de ce point de vue, le solaire est donc moins propre que le nucléaire : les rejets de dioxyde de carbone y sont compris entre 6 et 18 g par kWh produit, et trouvent leur origine dans la construction de la centrale (fabrication du béton, transport, etc.). De leur extraction à leur utilisation, les combustibles fossiles restent cependant les plus gros pollueurs. Au point d'être jugés responsables de l'accentuation de l'effet de serre.

Cet effet de serre est certes essentiel à notre planète : sans lui, la température moyenne serait de – 18°C. Son intensité a par ailleurs varié plusieurs fois au cours de la longue histoire de la Terre. Mais cela s'est produit sur des laps de temps tenant plus du millénaire que du siècle. Or, depuis les débuts de l'ère industrielle, l'usage intensif de combustibles fossiles a engendré une émission accrue de gaz comme le dioxyde de carbone (+ 30 %), le méthane (+ 150 %) ou l'oxyde nitreux (+ 17 %). Résultat : l'effet de serre, qui est naturellement de l'ordre de 324 W/m^2,

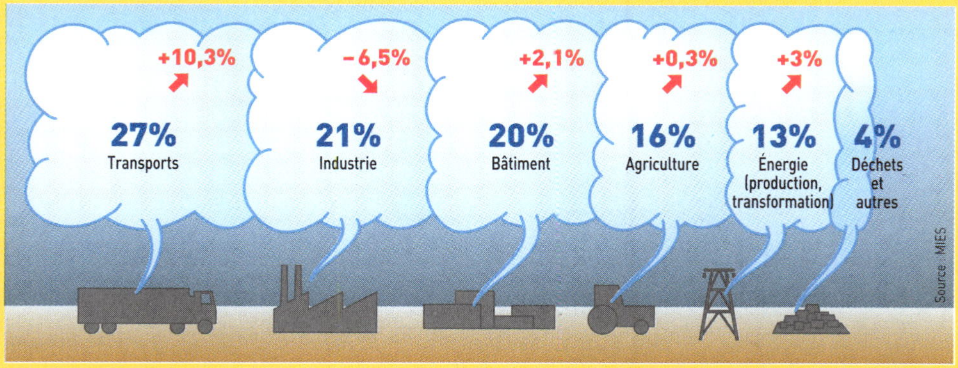

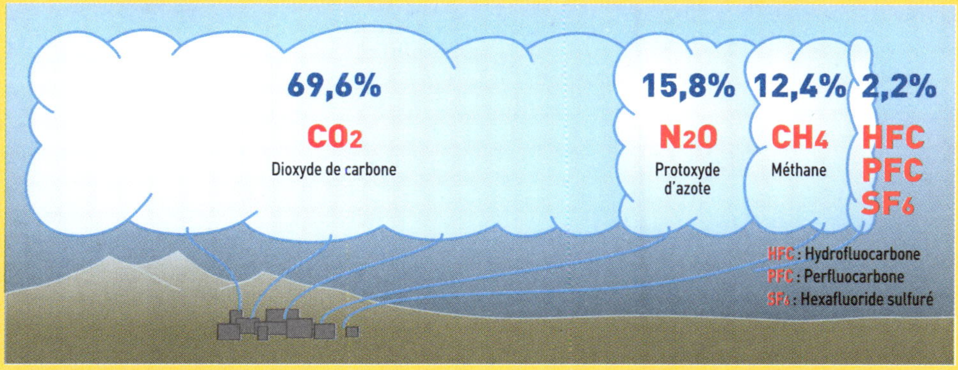

Les émissions de gaz à effet de serre en France.
Grâce à sa production électrique, qui est pour environ 90 % fournie par l'hydraulique et l'énergie nucléaire, qui ne contribuent pas à accroître l'effet de serre en fonctionnement, la France émet beaucoup moins de gaz à effet de serre que la plupart des pays industrialisés. Néanmoins, la production de chaleur pour le résidentiel et le tertiaire, avec les combustibles fossiles et les transports, est un poste important en termes d'émissions. Les transports sont sans doute le poste le plus préoccupant, car le pétrole est, pour le moment, irremplaçable pour eux. L'industrie a en revanche fait de gros efforts, et cela se traduit par une baisse sensible des émissions au cours du temps. Le CO_2 reste la contribution essentielle (près de 70 %), mais il ne faut pas négliger celle des autres gaz, qui ont des pouvoirs de réchauffement supérieurs à ceux du gaz carbonique.

est grimpé à près de 326,5 W/m². L'écart peut sembler dérisoire. Pourtant ses effets ne le sont pas : en un siècle, la température sur notre globe s'est déjà élevée en moyenne de 0,6 °C. Ce qui, à l'échelle de la France, s'est traduit par une hausse moyenne de 1 °C, avec des températures minimales augmentant de 0,7 à 1,7 °C, notamment dans l'Ouest, et des températures maximales pouvant gagner 1,3 °C, plus particulièrement dans le Sud.

Issu pour les trois quarts de l'utilisation de combustibles fossiles, le dioxyde de carbone est à 60 % responsable de la hausse de l'effet de serre (soit près de 1,5 watt par mètre carré). Le méthane, dont la présence atmosphérique s'explique pour moitié par les activités humaines (rizières,

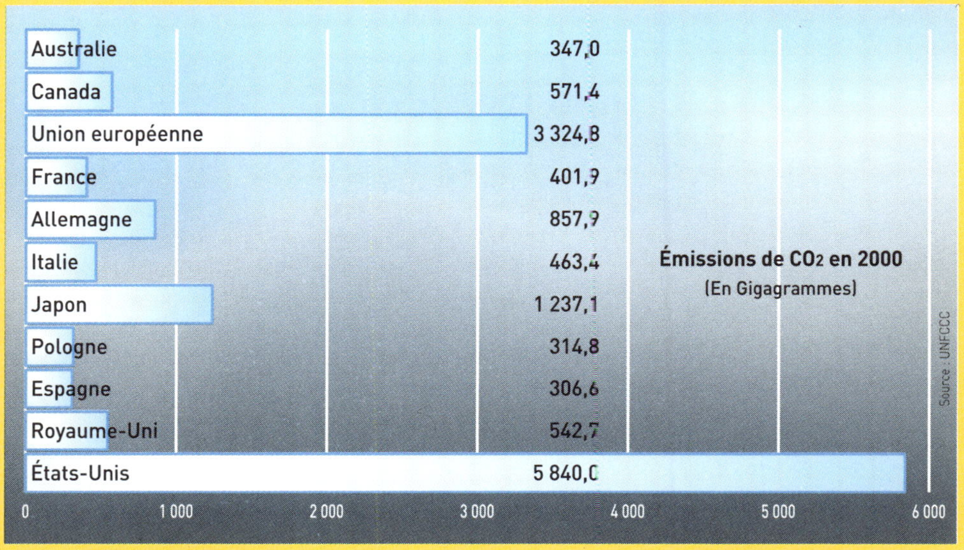

Émissions de gaz carbonique en 2000 pour certains pays.
La faible valeur des émissions françaises par rapport aux autres provient de ce qu'environ 90 % de l'électricité est produite par l'hydraulique et le nucléaire, qui ne contribuent pas à accroître l'effet de serre. Ramené par habitant (et non pour l'ensemble du pays), un Français émet, en moyenne, presque deux fois moins de CO_2 qu'un Allemand et presque trois fois moins qu'un habitant des États-Unis.

Tours de refroidissement
de centrales à charbon
(Nottingham, Grande-Bretagne).

élevages, mise en décharge d'ordures ménagères, etc.), en représente quant à lui 20 % (0,48 watt par mètre carré). Le reste est surtout dû à des gaz très peu abondants dans l'air. Des composés carbonés dont les atomes d'hydrogène ont été remplacés par des halogènes, et dont les rejets sont entièrement le fait de l'homme. On trouve parmi eux les fameux CFC, ou chlorofluorocarbures, naguère utilisés dans les circuits du froid (réfrigération, climatisation) et progressivement interdits depuis 1987. Mais aussi d'autres produits halocarbonés employés en microélectronique, et à très fort pouvoir réchauffant. S'ajoute à leur effet celui de l'oxyde nitreux (0,34 watt par mètre carré), en partie rejeté par les industries, l'élevage ou encore par l'utilisation d'engrais azotés...

Au niveau mondial, la production d'électricité est une source importante de dioxyde de carbone. Ce n'est cependant pas le cas en France, où l'électricité est à 90 % d'origine nucléaire ou hydraulique. Ses émissions de gaz à effet de serre se sont d'ailleurs stabilisées. Elles sont aujourd'hui pour près d'un quart le fait des transports, et essentiellement des transports routiers : ses rejets polluants ne cessent de croître (+ 20 % en dix ans). Est également en cause l'utilisation de combustibles fossiles pour le chauffage des logements et bureaux : sa contribution aux émissions, également à la hausse, est de 19 %. Quant à l'industrie, sa part dans l'effet de serre est en baisse depuis 1990 (la manufacture produit cependant 21 % des rejets, et le secteur de l'énergie 12 %). Tout comme celles de l'agriculture (à qui l'on doit néanmoins 19 % des émissions) ou du secteur des déchets (3 %). Reste qu'en dépit de ces efforts la température va continuer à grimper sur terre. D'une part parce que les émissions de gaz à effet de serre augmentent toujours dans de nombreux pays. D'autre part car le réchauffement de la planète ne se produit pas instantanément, en raison des échanges thermiques entre océan, atmosphère et continents : entre l'émission des gaz incriminés et la hausse de température, il existe un décalage de plusieurs décennies.

Pour l'heure, les scientifiques en sont certains : le XXe siècle a été chaud, et le XXIe le sera encore davantage. La controverse porte désormais sur le nombre de degrés que la planète va gagner d'ici à 2100 : entre 1,4 et 5,8 degrés. Mais, aux dires de tous, la hausse de température sera plus prononcée sur les continents que dans les océans, et le réchauffement se fera davantage sentir aux hautes latitudes, notamment dans l'hémisphère Nord. Résultat : certaines régions vont voir leur climat s'assécher (par exemple le bassin méditerranéen, l'Amérique centrale ou l'Afrique du Sud), quand d'autres connaîtront davantage de précipitations (Scandinavie, Inde, Indonésie, etc.).

Tornade.

Les tornades, cyclones, tempêtes et autres phénomènes naturels vont aussi devenir plus fréquents, et plus violents. Des maladies comme le paludisme, la dengue ou les fièvres hémorragiques pourraient alors surgir dans des pays où elles n'avaient pas cours, tout en se multipliant là où elles étaient déjà présentes. Il y a donc urgence à prendre des mesures pour parer au pire : plusieurs spécialistes de la santé humaine plaident aujourd'hui pour une prise en compte des évolutions climatiques, via la mise en œuvre d'une vaste panoplie de moyens préventifs (campagne de vaccination, lutte contre les moustiques vecteurs de maladies, amélioration de la qualité de l'eau...). À suivre.

COMPARER LES IMPACTS

La contribution d'un gaz à l'effet de serre dépend de sa nature, de sa concentration et de la présence d'autres gaz impliqués. Leurs impacts respectifs sont évalués par rapport au dioxyde de carbone. Ainsi, 1 kg de méthane a le même impact climatique au bout de 100 ans que 23 kg de CO_2 : son pouvoir de réchauffement global, ou PRG, est égal à 23. Le PRG de l'oxyde nitreux est plus élevé : 296. Et celui des chlorofluorocarbures l'est encore davantage : il est compris entre 5 700 et 11 900. Tous ces gaz ne sont cependant pas présents en même concentration dans l'atmosphère : après la vapeur d'eau, le dioxyde de carbone y est le plus abondant (367 ppm). Ils y séjournent par ailleurs pendant des laps de temps variables, leur élimination étant fonction de leur réactivité chimique. Quant à leurs émissions depuis la terre vers l'air, on les exprime en les rapportant aux quantités de dioxyde de carbone ou de carbone émises : 4,4 tonnes de CO_2 équivalent à 1,2 tonne de carbone. Pourquoi ? Parce que le dioxyde de carbone représente tout bonnement la moitié des rejets dans l'atmosphère, soit 7 milliards de tonnes par an.

«**Karina**» [Mexique], 1966.
Photo : Bernard Plossu/Métis

Hong Kong, 1952.
Photo : Werner Bischof/Magnum Photos

Cambodge, 1952.
Photo : Werner Bischof/Magnum Photos

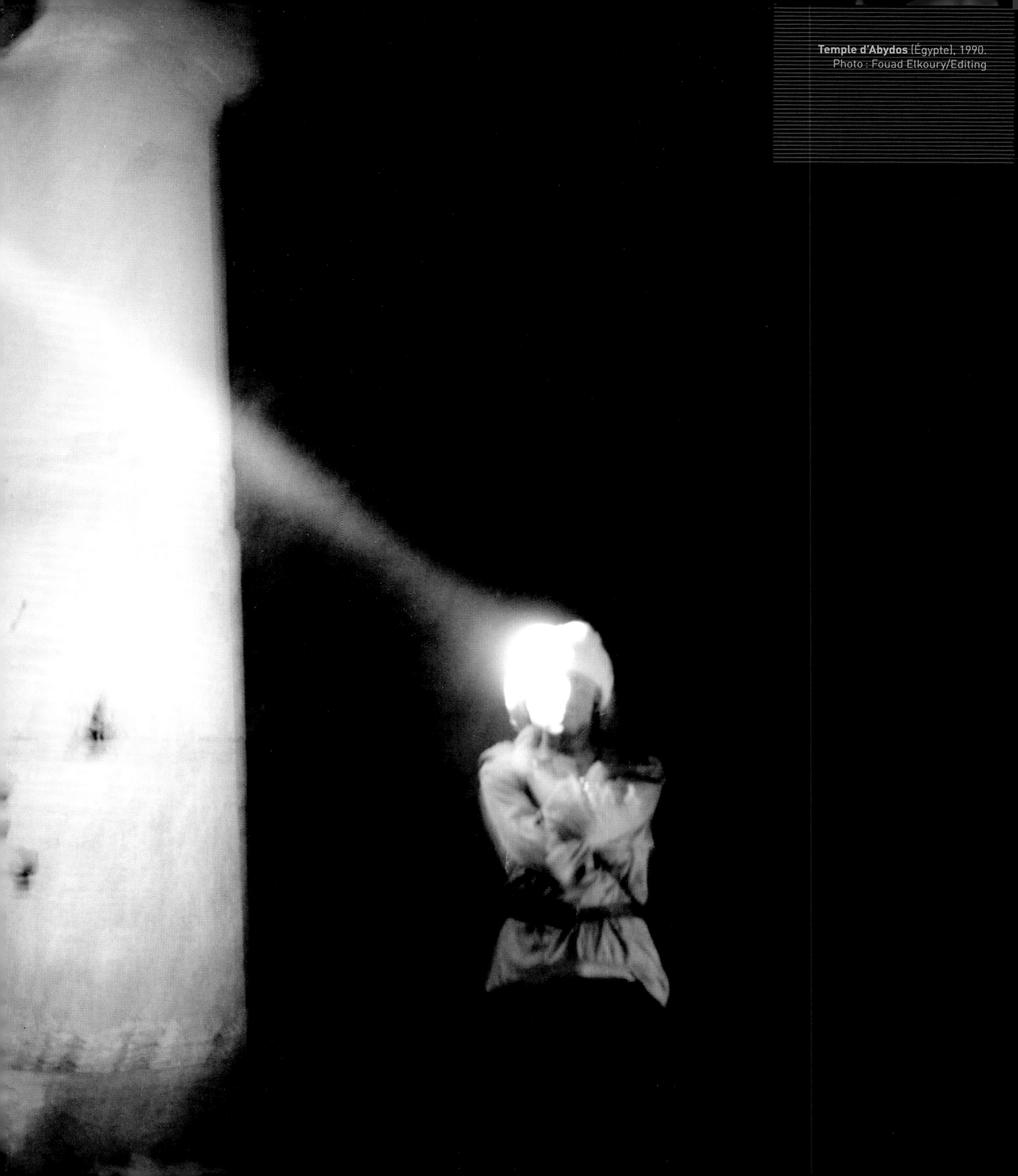

Temple d'Abydos [Égypte], 1990.
Photo : Fouad Elkoury/Editing

Un Peul (voDaaBé-Bororos) et son troupeau, à l'est de Zinder (Niger), 2000.
Photo : Raymond Depardon/Magnum Photos

Au nord d'Addis-Abeba (Éthiopie), 2000.
Photo : Raymond Depardon/Magnum Photos

Éclipse du 11 août 1999 à travers le feuillage d'un arbre.
Photo : Jean-Pierre Vallorani/Le bar Floréal

« Canicule », Paris Plage (France), août 2003.
Photo : Arnaud Baumann

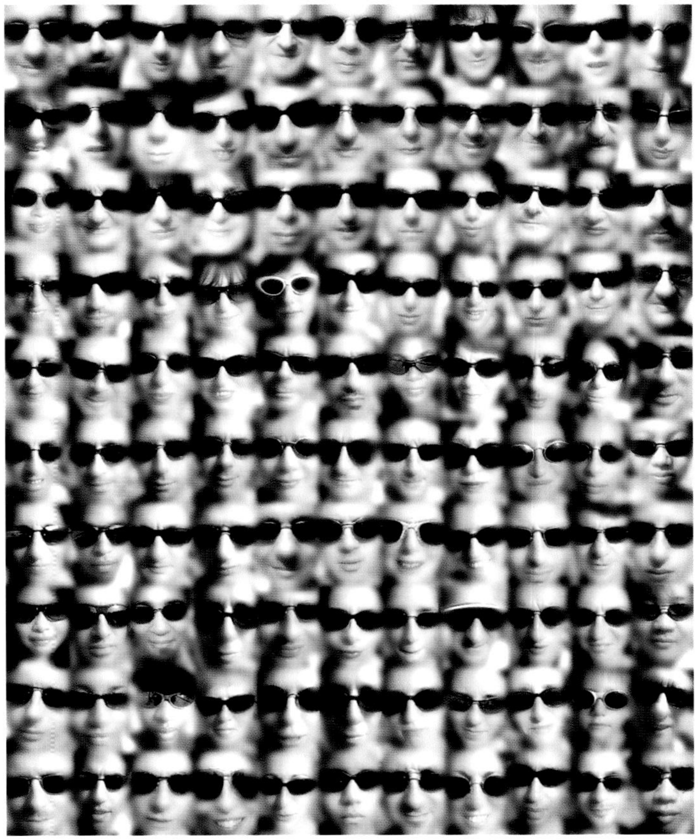

Andalousie (Espagne), 1981.
Photo : Michel Lamoureux

Montagne sacrée de Taï An (Chine), 2003.
Photo : Eve Morcrette

Kew Gardens, Londres (Grande-Bretagne), mai 1989.
Photo : Denis Pasquier

Au large de l'île de Noirmoutier (France), août 1990.
Photo : Denis Pasquier

« Misc », 1986.
Photo : Harry Gruyaert/Magnum Photos

« L'oreiller », 1991.
Photo : Jean-Pierre Vallorani/Le bar Floréal

Soleils-Rois et Rois-Soleils

Jean-Pierre Verdet

Introduction

« À quoi touche l'usage de tant de peuples, qui canonisent le roi qu'ils ont fait d'entre eux, et ne se contentent point de l'honorer s'ils ne l'adorent. Ceux de Mexico, depuis que les cérémonies de son sacre sont parachevées, n'osent plus le regarder au visage, mais, comme s'ils l'avaient déifié par sa royauté, entre les serments qu'ils lui font jurer de maintenir leur religion, leurs lois, leurs libertés, d'être vaillant, juste et débonnaire, il jure aussi de faire marcher le Soleil en sa lumière accoutumée. » Montaigne découvre les peuples du Soleil. Il découvre et il s'interroge.

Il est vrai que, depuis les temps les plus anciens, le souverain a tenu à montrer qu'il régnait en accord avec les divinités et le cosmos, autrement dit avec la loi divine et avec la loi naturelle, accord qui assurait à ses décisions une autorité sans égale. Frères du Soleil ou, parfois, de la Lune, parés du zodiaque et des astres les mettant en liaison avec les forces de l'univers, les rois ou les empereurs de l'Antiquité étaient souvent représentés portant un globe étoilé dans la main. Il est vrai aussi que presque partout le Soleil a été honoré, souvent déifié, toujours l'objet de légendes et de contes, de l'Arctique au Viêt-nam en passant par Madagascar.

Pour les Inuit, comme pour beaucoup d'autres groupes humains, le Soleil et la Lune sont frère et sœur, et vont connaître, à la faveur de l'obscurité, un rapport incestueux – dans le cas présent, après que le frère eut tué sa mère. Lorsque la sœur découvre qu'elle a été abusée par son frère, elle se coupe un sein et le lui jette en criant : si tu m'aimes tant, mange-le ! Le frère ayant décliné l'offre, elle ramasse son sein, le transforme en torche, s'élance dans le ciel et devient le Soleil (Siqiniq). Son frère la poursuit avec une autre torche – qui, elle, s'éteint – et devient la Lune (Taqqiq).

Dans les civilisations malgaches, le souverain était assimilé au Soleil et, comme le Soleil, ne mourait pas, mais se couchait à l'ouest pour réapparaître au levant sous une forme renouvelée.

Les rapports entre les Vietnamiens et les éléments naturels sont souvent conflictuels, leur création étant soit contrariée, soit détournée de son objectif, soit même détruite avant d'être achevée. Il en va ainsi du Soleil et de la Lune, qui, fait assez rare, sont deux filles, celles de l'Empereur de Jade (le ciel et dieu créateur de toutes les choses que les Vietnamiens semblent avoir emprunté aux Chinois). Elles ont reçu pour mission d'éclairer le monde et de réchauffer la surface de la Terre, mais leur chaleur était trop intense, d'où l'aspect de la Terre aujourd'hui. Autre version : autrefois, le Soleil descendait jusqu'à la cime des arbres, mais les hommes n'ont pas su profiter de cette familiarité. Ils exposaient n'importe quoi au Soleil et faisaient même sécher des cadavres. Pour les punir, l'Empereur de Jade éloigna le Soleil.

Alexandre le Grand.
Comme tant d'autres souverains, Alexandre le Grand fut assimilé au Soleil, maître de l'univers.

La longueur variable des jours au cours de l'année était expliquée par le mode de transport du Soleil. Il était transporté dans un palanquin, tantôt par des jeunes gens insouciants qui traînaient en route et retardaient son coucher, tantôt par des vieillards qui, conscients de l'importance de leur mission, le ramenaient vite chez lui !

Quant aux éclipses de Lune et de Soleil, elles étaient attribuées aux rapports sexuels entre l'une des deux sœurs et l'ours qui leur servait d'époux commun.

On voit qu'il s'agit moins d'un véritable système mythologique que de contes et de légendes, au mieux de bribes de mythes anciens en partie oubliés, peut-être chassés par le confucianisme venu de Chine. On retrouve ce problème en Océanie et en Afrique, particulièrement en Afrique tropicale. C'est dire que les grands cultes solaires sont plus rares qu'on ne l'imagine. Ils ne se rencontrent qu'en quelques contrées du globe. Au début du XXe siècle, l'ethnologue James Frazer notait l'inconsistance des éléments solaires dans les mythologies de l'Afrique, de l'Océanie et de l'Australie. La même remarque s'applique aux Amériques, avec toutefois deux exceptions : le Pérou de l'empire des Incas et le Mexique de l'empire des Aztèques qui frappe Montaigne. C'est-à-dire les deux seuls peuples amérindiens, les Peuples du Soleil, qui ont développé de vastes organisations politiques. Or on constate ce même lien sur d'autres continents : ce n'est que dans les grandes civilisations de l'Égypte et de la vieille Europe que le culte du Soleil a joui d'une certaine faveur. On vérifie là l'une des fonctions des mythes : justifier les structures politiques de la société. Le roi ou l'empereur, fils du Soleil ou Soleil lui-même, règne sur l'ordre social comme le Soleil règne sur l'ordre cosmique.

Char solaire de Trundholm.
Ce char solaire, de l'âge du bronze (IIe millénaire), a été découvert dans les marécages de Trundholm (Danemark).

Les Aztèques

En 1519, près de trente ans après que Christophe Colomb a mis pied aux Antilles, Hernán Cortés conquiert le Mexique, découvrant et affrontant l'empire que les Aztèques avaient établi en deux siècles. À mesure que leur pouvoir s'étendait – soit par des alliances conclues avec d'autres cités, soit par des guerres de conquête –, les Aztèques mettaient en place des structures civiles et militaires qui rattachaient les nouveaux venus à la capitale de l'empire, Tenochtitlán, fondée en 1325. La vie sociale des Aztèques était régentée par les dieux, en particulier Quetzalcóatl, « serpent à plumes », inventeur de l'écriture et du calendrier, symbole de la religion elle-même, et Uitzilopochtli, « l'oiseau-mouche de la gauche », c'est-à-dire « le guerrier ressuscité du Sud », dieu du Soleil à son zénith et de la guerre.

Quetzalcóatl.
Représentation de la naissance du serpent à plumes, Quetzalcóatl, qui est ici à la fois le Soleil, le vent et la planète Vénus.

En 1520, tandis que Moctezuma II, l'empereur des Aztèques, conduit le conquistador Hernán Cortés au sommet de la pyramide qui surplombe Mexico, celui-ci ne remarque que les figures des dragons qui ornent les pierres et le sang frais des sacrifiés répandu en abondance. L'ampleur des sacrifices humains et animaux caractérise les cérémonies solaires aztèques. Pour les guerriers, l'honneur suprême était d'accepter le don de leur vie, que ce soit au combat ou sur l'autel du sacrifice pour une importante cérémonie (pour les cérémonies de moindre importance, les prêtres se contentaient des esclaves ou des prisonniers). Les victimes gravissaient les marches de la pyramide, où les officiants les allongeaient sur une pierre, leur ouvraient la poitrine et leur extrayaient le cœur avec un couteau en silex. Cette pratique qui apparut barbare à Cortés, alors que le comportement des conquistadors l'était tout autant, n'était dictée ni par la cruauté ni par la haine, mais par la croyance en la fragilité d'un monde instable destiné à disparaître. Le sang versé est l'« eau précieuse » indispensable à la survie des dieux et à la perpétuation du monde.

Les Indiens du Mexique pensaient que quatre mondes avaient précédé l'univers actuel. Ces mondes, ou Soleils, avaient été détruits par des cataclysmes. Le cinquième Soleil, le nôtre, était né des efforts conjugués de deux dieux opposés : Quetzalcóatl, le serpent à plumes, dieu de la lumière, et Tezcatlipoca, le miroir fumant, dieu des ténèbres, qui avaient relevé le ciel après la dernière catastrophe. Mais ce monde nouveau était sombre et froid, et les autres dieux avaient décidé de créer le Soleil et la Lune, qui devaient naître du sacrifice de deux d'entre eux. Le premier s'était jeté spontanément dans le brasier pour en rejaillir aussitôt, devenu Soleil. Le second avait hésité quatre fois, et de là vient que la Lune brille moins que le Soleil.

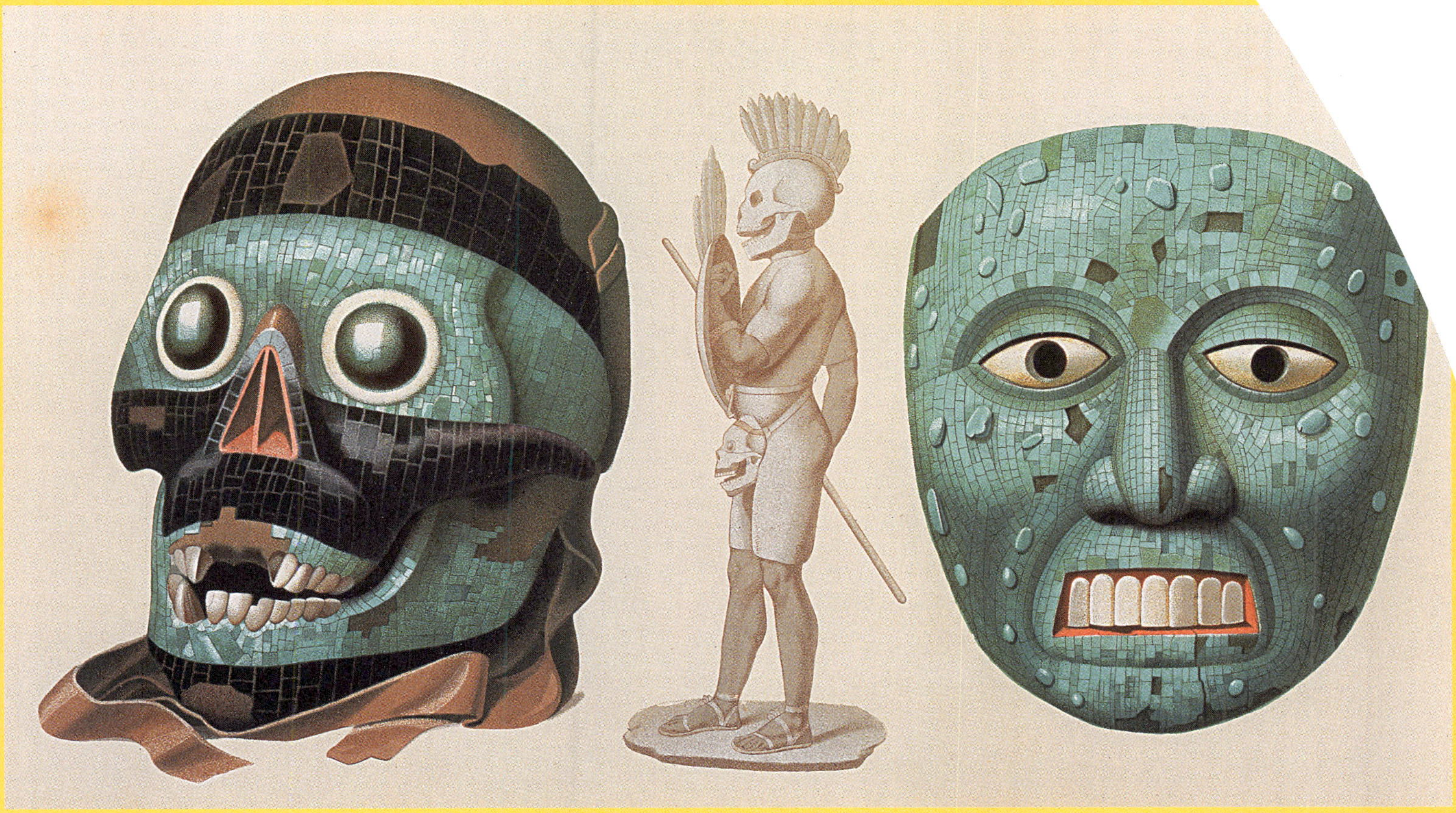

Quetzalcóatl et Tonatiuh
Masques aztèques de deux dieux solaires, Quetzalcóatl (à gauche) et Tonatiuh (à droite).

Mais le monde ne fonctionnait pas encore. Les astres, immobiles, risquaient d'embraser la Terre. Pour les mettre en mouvement il fallait un autre sacrifice, celui de tous les dieux. À Quetzalcóatl incombait la charge de les massacrer tous avant de se suicider. Morts provisoires ! Quetzalcóatl, ressuscité, descend aux enfers pour y chercher les os de tous les morts, dont il crée la nouvelle humanité en les réduisant en poudre et en les imprégnant de son propre sang. Beaucoup de sacrifices et beaucoup de sang dans cette création du monde. Et beaucoup de morts, car la mort est la source nécessaire de la vie.

De ce mythe de la création, les Aztèques tiraient une leçon : le monde, et donc notre vie, dépendent du mouvement du Soleil. Mais ce monde est fragile, comme l'est son Soleil. À l'empereur revient la marche du monde : à lui de faire respecter le pacte qui lie le monde à ses dieux créateurs ; à lui d'assurer que l'« eau précieuse », c'est-à-dire le sang des victimes, coule sur l'autel et tienne en respect les forces destructrices.

Les Incas

Vers le XIIIe siècle de notre ère, au moment où ils entament une conquête de l'espace que l'arrivée des Espagnols brisera net, les Incas ne sont qu'une petite tribu de la région de Cuzco, au sud du Pérou. Une petite tribu paysanne comme toutes celles qui l'entourent. À la fin du XVe siècle, l'Empire inca, empire des Quatre Quartiers, s'étendait du Pacifique à la forêt amazonienne ; il incluait le Pérou, une partie de la Bolivie et de l'Équateur, le nord-ouest de l'Argentine et le nord du Chili, et comptait plus de cinq millions de sujets. Tous les peuples andins sont sédentarisés et agriculteurs depuis des temps très anciens : l'agriculture est attestée depuis le début du IIIe millénaire avant notre ère. Leurs sociétés sont fortement hiérarchisées, et il semble que dès le début du Ier millénaire l'histoire des Andes se résume à une succession de fondations et d'effondrements d'empires. Au-delà de spécificités locales, les religions de toutes ces sociétés agraires partageaient la vénération de divinités naturelles, principalement le Soleil et la Lune, capables de leur assurer l'abondance des récoltes et la fécondité des troupeaux, ainsi que le culte des ancêtres et des morts. Les Incas utiliseront habilement ce fonds commun pour établir une religion d'État. Les tribus soumises devaient adopter le culte impérial sans pour autant abandonner leur propre système religieux. Inti, le dieu solaire, occupait le sommet du panthéon inca.

Masque en or.
Ce masque en or précolombien, provenant de Quito (Équateur), deuxième centre de l'Empire inca, représente le Soleil des Incas.

Les tribus soumises devaient l'honorer à la fois comme Grand Ancêtre, fondateur de la lignée impériale, et comme dieu agraire. Elles devaient mettre en place une infrastructure cultuelle au service d'Inti, et notamment construire un temple solaire à l'image du plus célèbre d'entre eux : le Coricancha, celui de Cuzco, la cité impériale. À cette fin, les Incas procédaient à une tripartition des terres conquises : un tiers restait à la disposition des vaincus, un tiers était alloué à l'État et le dernier tiers au Soleil ! C'est par le culte du Soleil que la religion inca est une religion d'État. Sa représentation, une statue d'or anthropomorphique surmontée d'un disque d'or, était conservée dans le Coricancha. Le personnel des temples comprenait des prêtres, des devins et des serviteurs, ainsi que, à l'image des vestales, un groupe de femmes, les vierges du Soleil, choisies dans tout l'empire pour leur beauté et leur grâce. Celles-ci confectionnaient les tissus précieux pour les sacrifices, préparaient la moisson de maïs fermenté utilisée pour toutes les cérémonies, et pouvaient être sacrifiées au Soleil lors de grands événements comme la maladie grave ou la mort de l'Inca, les tremblements de terre, la sécheresse ou les épidémies. Le temple impérial regroupait plus de quatre cents officiants et serviteurs, et plus de mille cinq cents vierges du Soleil. Si l'Inca, fils du Soleil, occupait le sommet de la hiérarchie politique, un de ses frères ou de ses oncles portait le titre de grand prêtre et occupait le sommet de la hiérarchie religieuse.

Outre les cérémonies décidées lors d'événements rares, telle l'intronisation d'un nouvel Inca, ou totalement imprévisibles, tels les tremblements de terre ou les éclipses de Lune et de Soleil, les solstices étaient l'occasion de fêtes solaires. Au solstice de l'hiver austral (21 juin), les Incas organisaient une fête consacrée à l'Inti Raymi, où ils célébraient le Soleil et glorifiaient son fils terrestr, l'Inca. L'empereur et toute l'aristocratie inca, rassemblés sur la grande place de Cuzco, attendaient le lever du Soleil : dès que celui-ci apparaissait, tous s'agenouillaient et l'Inca offrait à boire de la chicha au Soleil. Au solstice d'été (21 décembre) se déroulait une autre fête solaire : le Capac Raymi, également consacré aux rites d'initiation des jeunes aristocrates. Aux sacrifices aux dieux s'ajoutaient des épreuves physiques. La troisième grande fête était populaire. Elle se déroulait à la première pleine Lune du printemps, donc en septembre, et était vouée à la purification de la capitale. Au lever de l'astre, la foule s'écriait : « Maladies, désastres, malheurs, quittez ce pays ! » Certaines fêtes, en particulier celle de l'intronisation d'un nouvel Inca, étaient accompagnées de sacrifices humains qui n'atteignaient certes pas l'ampleur de ceux des Aztèques, mais où l'on immolait tout de même des enfants en bas âge et des vierges du Soleil.

Vierges du Soleil.
Cette gravure du XVIIe siècle représente les vierges du Soleil, parfois immolées dans des cérémonies incas.

Le « dieu au bâton », détail de la porte du Soleil sur le site archéologique de Tiahuanaco (Bolivie).

L'Égypte

Horus.
Horus, le dieu-faucon, symbole de l'autorité royale, ici coiffé de la couronne des pharaons.

Isis.
Statuette votive d'Isis tenant le petit Horus sur ses genoux sous l'aspect d'un pharaon adulte.

Ce sont les Égyptiens qui, avec les Aztèques et les Incas, nous offrent le plus complet et le plus glorieux des cultes solaires. Très tôt le dieu solaire Rê, qu'Héliopolis honorait, commença d'absorber les autres divinités. Non loin du Caire, la ville d'Héliopolis ne joua jamais un grand rôle politique, même si son importance croissait sous les dynasties qui honoraient particulièrement le Soleil. Elle était la ville du Soleil et les théologiens égyptiens y élaborèrent les doctrines relatives à Rê, le dieu Soleil, et à ses diverses formes. La première fusion des dieux s'opéra vers 3000 avant notre ère. Le pharaon Ménès, qui adorait Horus, le dieu-faucon, dont un œil était le Soleil et l'autre la Lune, créa alors la première dynastie et fonda la capitale de l'Égypte unifiée à Thinis, près d'Abydos, la ville sainte du dieu de la fécondité, Osiris. Plus tard, il fit construire la ville impériale de Memphis et choisit pour elle un emplacement proche d'Héliopolis, le grand centre du culte solaire. La mythologie finit par regrouper Horus, Osiris et Rê, et l'idée de dieu solaire devint tellement inséparable de celle de dieu d'État que toutes les divinités locales finirent par revêtir un aspect solaire et par enrichir le dieu Soleil de leurs qualités propres.

Ainsi le Soleil, devenu la plus importante de toutes les divinités égyptiennes, portait-il plusieurs noms. En tant que Soleil levant, c'était Khépri ; en égyptien, *kheper* signifie à la fois « exister » et « scarabée ». Le Soleil était alors ce scarabée géant, poussant devant lui le globe solaire, tout comme le scarabée pousse une boulette de fumier, réserve de nourriture pour les jours plus sombres, et où les Égyptiens croyaient qu'il cachait des œufs d'où la vie surgirait. Parvenu au sommet de sa course, le Soleil était Rê, le dieu d'Héliopolis. C'est sous cette forme que le Soleil, sous l'Ancien Empire, devient la divinité majeure : les pharaons se donnent alors des noms où ils composent leur propre nom avec celui de Rê, et prennent le titre de « fils de Rê ». Enfin à son coucher, le Soleil n'était plus que le vieillard Atoum, supposé avoir créé le monde à partir d'une pierre surgie du chaos (le Noun), à l'origine des temps. Les obélisques et les pyramides ne sont que les symboles de cette pierre, dite *Benben* en égyptien (Benou, le nom égyptien du phénix, animal du dieu Rê, se rattache à la même racine que *Benben*). Le Soleil prenait aussi le nom d'Horus et, lorsqu'on voulait associer les propriétés de Rê et d'Horus, on l'appelait Rê-Horakhti. Revêtant alors l'aspect d'un disque ailé, il émergeait à l'horizon dans une splendeur chaque matin renouvelée.

Quant à Aton, qui désigne le disque solaire, il ne sera divinisé que sous Aménophis III (–1408/–1372 environ). Il deviendra le dieu principal sous Aménophis IV (–1352/–1336 environ), qui prit lui-même le nom

Khépri.
Khépri, le Soleil levant, représenté ici sous une de ses formes traditionnelles, le scarabée.

d'Akhenaton et fit construire en son honneur une capitale, la ville actuelle de Tell el-Amarna. Mais le culte d'Aton ne supplantera celui de Rê que durant une vingtaine d'années.

Pour expliquer la course quotidienne du Soleil, on racontait que, chaque matin, la vache céleste le mettait bas et que, chaque soir, la femme du ciel ouvrait la bouche pour l'engloutir, ou bien encore que le Soleil était un œuf pondu chaque matin par le Grand Caqueteur, Geb, le dieu de la Terre, sous sa forme de poule d'eau. Mais l'image la plus familière de la course du Soleil dans le ciel est celle de la barque. Pour voguer dans le ciel, Rê disposait de deux embarcations : pour le jour, la « barque des millions d'années » ; pour la nuit, la « barque de Mésektet », barque des ténèbres, barque des morts.

Rê-Horakhti.
Le Soleil levant, Rê-Horakhti, sous la forme d'un faucon portant le disque solaire et l'uréus.

Barque solaire.
La barque des millions d'années de Rê-Horakhti, Soleil levant, avec l'oudjat, le disque solaire et l'uréus.

Atoum.
Ici, Rê sous la forme d'un faucon suivi d'Atoum, le Soleil couchant, porté par le taureau Mnévis, « dieu-soleil Rê vivant ».

L'Europe

C'est un lieu commun d'affirmer que, du nord au sud de l'Europe, on trouve des traces de cultes solaires, et qu'en particulier les fêtes de la Saint-Jean sont des survivances d'anciens cultes solaires. Mais, à y regarder de plus près, les traces de cultes solaires archaïques sont rares. Il semble que l'histoire des fêtes de la Saint-Jean soit plus subtile. Le christianisme n'a pas retenu beaucoup de manifestations des cultes solaires. Toutefois, les images solaires du Christ ne manquent pas, notamment les assimilations du Christ au Soleil levant. Saint Luc rappelle la prophétie du père de saint Jean-Baptiste, Zacharie, annonçant la venue de Jésus : « Dieu qui nous amènera d'en haut la visite du Soleil levant, afin d'illuminer ceux qui se tiennent dans les ténèbres et l'ombre de la mort », et les premiers chrétiens virent une image prophétique du Christ dans le « Soleil de justice » annoncé dans le livre de Malachie. Mais c'est dans la liturgie et le culte que se laissent deviner des traces de contamination de mythologie solaire. Au moment de la prière, les premiers chrétiens se tournaient vers l'est. Les premières églises avaient, comme les temples grecs et romains, leurs façades face au levant ; puis l'on s'aperçut que cette disposition rendait difficiles les positions respectives des fidèles venant à l'église et de l'officiant. Dès le début du IVe siècle, ce ne sont plus les façades, mais les absides qui regardèrent l'Orient. Et, selon les premiers rites du baptême, le catéchumène commençait par renoncer au démon, face à l'ouest – d'où approche la nuit –, puis, s'étant tourné vers l'est – d'où surgit le jour –, il s'attachait au Christ.

Si le christianisme sut intégrer et détourner les fêtes païennes qui marquaient le solstice d'hiver – ce moment où le Soleil, ayant franchi

Crucifixion.
Crucifixion arménienne du XIVe siècle, aux deux Soleils. La double présence du Soleil est peut-être la marque du monophysisme arménien.

Feux de la Saint-Jean (1).
Le traditionnel saut d'un jeune couple au-dessus d'un feu de la Saint-Jean, tel qu'il se pratiquait encore à la fin du XIXe siècle dans le Haut-Rhin.

le point le plus bas de sa course céleste, remonte dans le ciel – en les remplaçant par la célébration de la nativité du Christ, il eut moins de succès avec le solstice d'été. Bien des traditions folkloriques des fêtes qui célèbrent la Saint-Jean, le 24 juin, ont des résonances païennes et mythiques.

Ici, le 23 juin, au coucher du Soleil, on confectionne sur la place du village une pyramide avec les fagots que chacun apporte. Le curé vient en procession y mettre le feu, et les chefs de famille passent par la flamme le bouquet qui, le lendemain avant l'aurore, sera cloué à la porte de l'étable. Avant que la jeunesse du village puisse danser autour du feu et, plus tard, sauter par-dessus les braises, on emportera des restes à la maison. Là, le même soir, les hommes hissent au sommet d'une côte un gigantesque cylindre de paille que traverse une longue perche pour le guider ; ils l'enflamment et l'accompagnent dans sa dégringolade. Lorsque la roue de feu passe à mi-côte, les femmes et les filles qui attendent là saluent, par des cris, et leurs hommes et le feu. Ailleurs encore, en montagne, on a coutume de gravir, avant le jour, les sommets pour guetter le lever du Soleil. Quand l'astre paraît, on pousse des cris de joie qui sont répétés au loin ; dans le vallon, les cloches se mettent en branle et toute la population est sur pied. Ceux qui étaient allés guetter là-haut reviennent au village avec des bouquets d'herbes aromatiques, qu'ils distribuent pour leurs vertus guérissantes. Rien de très catholique dans tout cela !

À l'évidence, c'est bien le Soleil que l'on fête en la circonstance, et à travers toute l'Europe. Pourtant, si dans le cas du solstice d'hiver on connaît au moins une fête païenne consacrée à ce jour – celle que l'empereur romain Aurélien, au IIIe siècle, décida de dédier

Le Petit Journal
SUPPLÉMENT ILLUSTRÉ
LES FEUX DE LA SAINT-JEAN

Feux de la Saint-Jean (2).
Danse autour d'un feu de la Saint-Jean au tout début du XIXe siècle.

Liberté.
La liberté des cultes est maintenue par le gouvernement révolutionnaire (gravure de 1800). Les « prêtres » des différentes religions se prosternent devant un dieu de lumière.

au « Soleil invisible » et que l'Église transforma en Noël –, aucune fête solaire du solstice d'été n'est connue. Il se pourrait que l'origine de ces traditions soit à rechercher plutôt dans des rites de magie agraire et que le Soleil n'y intervienne que secondairement, parce qu'il est le garant d'une récolte abondante. Venant de plus loin et bénéficiant de racines paysannes plus profondes et plus universelles que les fêtes du solstice d'hiver, on comprend que les fêtes de l'été aient mieux résisté aux entreprises de récupération. Comme il fit du 25 décembre la célébration de la nativité du Christ, le christianisme fit du 24 juin la célébration de la naissance de saint Jean – non pas l'évangéliste, mais saint Jean-Baptiste, celui qui baptisa Jésus. Une légende voulait que la naissance de Jean-Baptiste précédât dans l'année celle du Christ, comme le message de l'un avait été l'annonce du message de l'autre. Ainsi, placées au moment des deux solstices, les célébrations de ces deux nativités se partagent équitablement l'année. L'amusant ici est que, dans les arguments avancés pour justifier la date du 24 juin, l'Église utilisa une image solaire ! Parlant de Jésus, saint Jean-Baptiste aurait dit : Il faut qu'il croisse et que je diminue. Or, passé le 24 juin, les jours diminuent...

Mais qu'en est-il, en Europe, du rapport du prince au Soleil ? Bien sûr, l'exemple de Louis XIV vient aussitôt à l'esprit. C'est avec ce monarque que le Soleil fut choisi comme corps de la devise royale, dont l'esprit était *Nec pluribus impar* : non inégal à plusieurs, il peut suffire à plusieurs mondes. L'amour du Roi-Soleil pour les symboles cosmiques y trouvera une suprême consécration en 1662 : ce sera la dernière devise (corps et esprit) d'un roi de France ; elle restera ainsi sur les étendards de cavalerie et même sur ceux des gardes du corps du roi jusqu'en 1830, pour s'en tenir aux seuls drapeaux. Louis XIV se fera aussi représenter en Apollon et avec le zodiaque. Le 23 février 1653, alors âgé de quatorze ans, il commence sa conquête de la monarchie absolue par le Ballet de la nuit, dont Lulli a composé la musique. Louis y participe personnellement. Le ballet suit la disparition progressive de la lumière et son retour après la nuit. Au dernier tableau, le roi tient le rôle du Soleil et apparaît en Apollon dans un costume irradiant d'or.

Versailles et Marly furent de véritables sanctuaires solaires de la royauté française. Et, paradoxalement, c'est le château de Marly – que Louis XIV fera construire à partir de 1679 par Mansart pour échapper aux fastes de Versailles – qui, discrètement niché dans la verdure, présente les traces les plus évidentes de la nature solaire du pouvoir. Le fronton du château principal est orné de la course quotidienne du Soleil, tandis que les douze pavillons satellites qui l'entourent sont l'image de sa course annuelle à travers les signes du zodiaque.

En France, ce rapport entre le pouvoir royal et, sinon le Soleil, du moins les astres sera une constante. Mais là encore le christianisme a fait son œuvre édulcorante, et ce rapport sera plus symbolique et chrétien que mythique. Dès le renouveau de la royauté franque, avec Pépin le Bref et la mise à la disposition du pape de cette royauté et de son peuple, afin d'accomplir les volontés de Dieu, se développa toute une série de réflexions sur la nature de cette tribu de Juda du nouvel Israël qu'était l'Église, et les intellectuels de la cour carolingienne se mirent à composer prières, insignes et vêtements pour les sacres royaux.

En relation avec le costume du grand prêtre et avec quelques ornements liliacés du Temple, les rois de France arborèrent couronnes et sceptres sommés de lis des jardins. Le lis biblique, en réalité l'anémone rouge de Palestine, est le symbole du printemps et de l'ère eschatologique. Il est, par exemple, abondamment cité dans le Cantique des cantiques. Ce livre qui ne parle pas de Dieu, mais d'un amour passionné, a toujours suscité l'étonnement et des doutes se sont élevés sur sa canonicité. L'Église chrétienne l'a pourtant reçu comme un écrit saint. Les auteurs juifs lui ont prêté un sens allégorique : cet amour passionné est l'amour de Dieu pour Israël, et réciproquement. Les premiers commentateurs chrétiens ont adopté la même interprétation allégorique ; elle est devenue celle des noces mystiques du Christ avec l'Église. Le lis devient alors le symbole de l'abandon mystique à la grâce de Dieu ; sa présence sur les ornements royaux rappelle l'accord entre le pouvoir royal et la loi divine. Quant à l'accord avec la loi naturelle, il est symbolisé par des étoiles : dès Charles II le Chauve (840-877), on observe que le roi porte une tunique bleue ou violacée semée d'étoiles d'or.

Louis VII changera de cosmos sur ces vêtements de cérémonie, abandonnant l'univers visible pour l'univers spirituel, celui de la Jérusalem céleste à laquelle il aspire : le Christ étant un lis, comme l'assure le Cantique des cantiques, ceux qui lui ressemblent – sa Mère, les saints – sont à son image, donc des lis. Ainsi, vers 1137-1147, la symbolique royale évoquera le ciel des élus et, ultérieurement, les armes « d'azur semé de fleurs de lis d'or » seront réputées venir du ciel. Jean II le Bon eut encore des vêtements de sacre ornés de lis, de croissants, d'étoiles d'or.

Depuis Charles V, le roi de France s'est borné aux fleurs de lis, mais le Soleil, les étoiles et les rayons furent amplement utilisés sur les étendards personnels des rois Valois jusqu'à Louis XII. La Renaissance, avec son ressourcement à l'Antiquité, apporta d'autres figurations d'astres, telles les lunes de Diane pour Henri, ami de Diane de Poitiers.

La symbolique révolutionnaire utilisera parfois le Soleil. Le sceau de la Première République montre la Liberté debout, environnée d'un cercle d'étoiles représentant les quatre-vingt-trois départements créés en 1790. Bien entendu, les astres furent souvent représentés dans l'héraldique des familles françaises, et il est intéressant de noter que François Ier siégeant au milieu de ses « grands », lors du lit de justice de 1537, fut comparé au Soleil scintillant au milieu des planètes, quelques années avant la parution du *De revolutionibus* où Nicolas Copernic affirme que le Soleil se tient au milieu du monde...

Louis XIV, Roi-Soleil.
Louis XIV costumé, page de gauche, en Apollon pour le Ballet de la nuit et, ici, pour un spectacle au Carrousel.

Soleils d'Asie

INDE

L'histoire de Sûrya, le dieu solaire de l'Inde, est une longue histoire. Il semble avoir tenu une place négligeable dans la religion dravidienne. Croisement des proto-dravidiens et des autochtones, les peuples dravidiens, dont l'expansion remonte à environ 4000 avant notre ère, adoraient un dieu phallique – représenté le plus souvent par un homme assis portant des cornes de taureau (symbole universel de la virilité) – et une ou plusieurs déesses mères.

Dans le premier quart du IIe millénaire avant notre ère, des conquérants aryens submergèrent la civilisation dravidienne et imposèrent leur religion pour un millénaire environ. La connaissance de leurs dieux, nous la devons aux hymnes du Véda. Au sommet du panthéon védique se tient Varuna, créateur de l'univers et gardien de l'ordre cosmique : il soutient le firmament, il fait tomber la pluie et couler les fleuves, son souffle est le vent, et le Soleil est son œil. Mais sa gloire fut temporaire : un à un, les attributs de « celui qui embrasse tout l'univers » passèrent à d'autres dieux. Une première transformation intervint quand Varuna fut incorporé à l'une – peut-être la première – des nombreuses triades indiennes : celle des Aditya, ou dieux célestes, qui se composait de Varuna, Mitra et Aryaman.

Le statut de Varuna subit sa deuxième modification quand on adjoignit aux Aditya, probablement d'origine iranienne, neuf dieux d'origine aryenne. Cette modification de la constitution du groupe entraîna des changements de fonction. Désormais les Aditya ne furent plus que des dieux mineurs, représentant le Soleil dans ses douze phases annuelles. En même temps, on s'efforçait de conserver l'idée de trinité : soit Vayu (le vent), Agni (le feu) et Sûrya (le Soleil), soit Indra (l'orage), Agni et Sûrya. C'est à partir de cette modification que va croître l'importance de Sûrya. En particulier, il va absorber peu à peu Vivasvant et Savitri. Vivasvant, le Soleil levant, était pourtant une divinité puissante : père du premier homme, Yama, et de sa jumelle Yami, la première femme, il était à l'origine de l'humanité. Savitri, lui, était le Soleil du matin et du soir. Dieu aux cheveux d'or, il circulait, entre le ciel et la Terre, sur un char d'or tiré par deux chevaux étincelants. On l'appelait le « stimulateur » : chaque soir il ordonnait à la Nuit de descendre, stimulant ainsi toutes choses… en les obligeant à se reposer ! Il avait le pouvoir d'éradiquer les maladies, d'accorder la longévité aux hommes et l'éternité aux dieux. Devenu le principal dieu solaire, Sûrya est représenté sous les traits d'un jeune homme aux cheveux et aux bras dorés ; il se déplace sur un char en or tiré par sept juments (ou une jument à sept têtes), symbole des sept jours de la semaine. À l'instar d'Agni (le feu) et d'Indra (l'orage), Sûrya est considéré comme le fils de Dyaus (le ciel), et donc comme l'un des dieux les plus importants de la période védique – d'autant plus que, si au début ces trois dieux étaient égaux entre eux, Sûrya finit par garder seul sa place de divinité suprême. On raconte parfois que

Candra (dieu de la Lune) est un fils de Suryâ. Selon ce mythe, Suryâ est à l'origine du soma ou amrita (ce breuvage laiteux et fermenté que l'on tire de la plante du même nom et qui était bu par les prêtres lors des sacrifices védiques et par les dieux eux-mêmes) ; il le transmet à la Lune pour que celle-ci le distribue aux dieux, aux hommes, aux animaux et aux plantes, et pour qu'elle-même y trouve la force de renaître quand elle a été presque entièrement dévorée par les dieux.

Dans l'hindouisme, Sûrya continuera de regrouper en lui seul les attributs des trois dieux solaires du védisme (Sûrya, Savitri et Vivasvant) ; toutefois, il ne sera plus considéré comme le fils du dieu du ciel, mais, montant d'un cran dans la hiérarchie divine, comme le fils d'Aditi, la mère des dieux, et de Kaçyapa, petit-fils de Brahmâ et ancêtre de l'espèce humaine.

Il n'est plus représenté comme un jeune homme doré, mais comme un homme rouge sombre, doté de trois yeux et de quatre bras. Malgré un air farouche, il passe pour bienveillant envers les hommes. Comme Apollon, il eut de nombreux enfants illégitimes. Mais le groupe le plus important de sa progéniture est celui des trois enfants que lui donna son épouse Samjnâ : Vaïvasvata et les jumeaux Yama et Yami, ceux-là mêmes qui, au temps du védisme, étaient considérés comme les enfants de Vivasvant et furent le premier couple humain, et qui, dans le panthéon hindouiste, deviendront respectivement le dieu des morts et le déesse du fleuve Yamunâ.

Sûrya.
La statue du dieu indien du Soleil Sûrya dans le temple dit La Pagode noire, qui a la forme d'un char du Soleil.

CHINE

Selon un mythe largement répandu, il existait autrefois dix Soleils et douze Lunes, chacun habité par des animaux. Déjà à l'époque Han, ces animaux sont présents dans l'iconographie : corbeau, souvent affublé de trois pattes, sur le disque solaire ; lièvre et crapaud sur le disque lunaire. Il fut donc un temps où dix Soleils étaient perchés sur le Mûrier solaire : chacun apparaissait à tour de rôle lorsqu'il était juché sur la plus haute branche, les autres se tenant alors sur les branches inférieures. Or, un jour, les dix Soleils apparurent en même temps, menaçant le monde d'un embrasement général. Il fallut faire appel à Yi l'archer, qui en abattit neuf ; depuis lors, il n'existe plus qu'un Soleil qui, installé sur un char, effectue sa course quotidienne depuis la Vallée des eaux bouillantes, où se situe le Mûrier solaire, jusqu'aux Sources tristes. Il laisse la conduite de son char à sa mère, Hi Ho, épouse de l'empereur mythique Ti-Tsiun. On retrouve là le lien entre les empereurs et le Soleil, mais ce lien est assez lâche et inverse la parenté : c'est le Soleil qui est fils de l'empereur. Autre lien entre l'empereur et le Soleil, la perte d'un tyran est annoncée par divers désordres de la nature, dont l'apparition de deux Soleils : l'un, au couchant, symbolise le tyran, et l'autre, au levant, le nouvel empereur. Quoi qu'il en soit, du temps où les Soleils étaient multiples, Hi Ho les baignait dans le Gouffre de la rivière douce. Comme les Soleils, les Lunes avaient aussi une mère qui les baignait dans les eaux d'un lac situé à l'occident du monde, et cette mère, comme celle des Soleils, était une épouse de l'empereur mythique : Soleils et Lunes étaient donc demi-frères et sœurs. On peut supposer que les douze Lunes initiales sont liées aux douze lunaisons de l'année, mais aussi aux douze branches d'une série duodénaire de caractères cycliques. Ce qui conduit à penser que les dix Soleils sont en rapport avec la série dénaire des caractères cycliques dits « troncs » qui, dès l'époque Yin, servaient à désigner les jours : on pouvait croire que, de même qu'une nouvelle Lune apparaissait à chaque lunaison, un nouveau Soleil apparaissait tous les dix jours. Ajoutons que les anciens peuples orientaux de la Chine revendiquent un ancêtre mythique, être solaire et excellent archer.

Yi.
Yi, l'archer chinois, qui abattit neuf des dix Soleils perchés sur le Mûrier solaire. Illustration de Mona Caron.

Dragon.
Représentation récente (1912) du dragon solaire au-dessus d'une représentation réaliste de la Terre qui, dans la mythologie chinoise, est carrée.

Quetzalcóatl

Quetzalcóatl, le « serpent à plumes » ou le « serpent-plume précieuse », est l'un des principaux dieux mexicains. Il était vénéré aussi bien par les Toltèques que par les Aztèques ou les Mayas (sous le nom de Kukulcan, « serpent quetzal »), et l'on trouve des représentations de serpents à plumes en Amérique centrale et du Nord, du Nicaragua jusqu'à l'Ohio et au Mississippi. Dieu polymorphe, on le retrouve sous diverses formes : il est le vent, le Soleil et la planète Vénus. Inventeur de l'écriture et de la métallurgie, il est le symbole de la religion et de la civilisation, et son histoire est celle de la mort et de la renaissance.

Teotihuacan.
Construite sur le haut plateau du Mexique, au nord de Mexico, Teotihuacan fut une puissante cité religieuse. Sa pyramide du Soleil est l'une des plus imposantes du Mexique. Ses bas-reliefs, ses masques de pierre dure, ses peintures représentant des scènes mythologiques et ses céramiques peintes sont d'une qualité exceptionnelle. Nous montrons ici une de ces céramiques représentant un oiseau déifié et symbolisant le Soleil. Il faut noter que le serpent à plumes était déjà honoré à Teotihuacan.

Encensoir.
Palenque a été, du IVe au IXe siècle, une importante cité maya. Le palais, siège du gouvernement, comprenait de nombreuses grandes salles et des cours intérieures ; il était surmonté d'une tour de guet à trois étages. Les nombreux temples de cette cité étaient de type classique : le sanctuaire reposait sur une base pyramidale peu élevée, le toit était en pierre. L'encensoir montré ici provient du temple de La Croix, à Palenque, orné d'une figure de dieu solaire ; il servait à brûler du copal.

Tezcatlipoca et Quetzalcóatl. Ce codex aztèque montre, face à Quetzalcóatl (le serpent à plumes), qui dévore des humains, Tezcatlipoca, c'est-à-dire le « miroir fumant », un des dieux les plus importants du Mexique ancien. Son signe distinctif est un miroir d'obsidienne, qu'il brandit ici à la face de Quetzalcóatl mais qui souvent remplace son pied mutilé. Dieu de la nuit et de la guerre, il est le patron des jeunes guerriers. Dans la représentation des quatre points cardinaux, il est le dieu noir du Nord, alors que Quetzalcóatl est le dieu blanc de l'Ouest et du Soleil couchant. Tezcatlipoca, comme dieu rouge et sous le nom de Xipe Totec, est également le dieu de l'Est et du Soleil levant. Uitzilopochtli, « l'oiseau-mouche de la gauche », dieu bleu, est le soleil triomphant de midi, dieu du Sud.

Dieu du Soleil et dieu de l'obscurité. La pensée cosmologique mexicaine accorde une grande importance aux directions de l'espace, et donc aux points cardinaux. Issu de croyances anciennes et très diverses, le système apparaît pour une pensée rationnelle assez incohérent. Deux des quatre points cardinaux sont ici représentés par un prêtre brandissant un encensoir devant le temple du dieu correspondant. En haut, le temple du dieu du Soleil levant, donc le point cardinal est, où se tient un aigle. En bas, le temple du dieu de l'obscurité, correspondant donc au Nord, où se tient une chouette.

Sacrifices humains.
L'incroyable « fleuve de sang » qui accompagnait certaines cérémonies religieuses aztèques frappa les conquérants espagnols et justifia, à leurs yeux, une féroce répression de cette « idolâtrie », pour le moins aussi cruelle que les sacrifices humains des Aztèques. Sur cette illustration, deux prêtres renversent une victime sur la pierre du sacrifice et l'un d'eux plonge un couteau de silex dans la poitrine du supplicié. Puis on arrachait le cœur du sacrifié et le brûlait dans une urne de pierre (que l'on voit au-dessus du prêtre sacrificateur). Dans certains cas, la victime était décapitée, puis noyée ou brûlée. Le calendrier aztèque avait un cycle de cinquante-deux ans ; à la fin de chaque cycle, les prêtres allumaient le feu nouveau sur la poitrine d'une victime. Ce rite a perduré jusqu'en 1507.

Le cerf du Nord.
Les quatre points cardinaux sont également associés à des animaux. Ici le cerf du Nord, qui est le symbole de Mictlampa, « le côté de Mictlan », c'est-à-dire le côté des morts. Mictlan est un lieu nocturne où le Soleil se réfugie durant la nuit avant de resurgir le matin à l'est, et sous « la plaine divine » du Nord se nichent les gouffres mystérieux du séjour des morts. On l'appelait également le côté qui est à droite du Soleil, car le Soleil, lorsqu'il se lève à l'est, regarde l'ouest en face de lui et a donc le nord à sa droite et le sud à sa gauche. Opposé au cerf du Nord, il existe un cerf du Sud qui est le symbole de Tlapcopa, « le côté de la lumière ».

Sacrifices humains

Dès la période toltèque, les sacrifices humains sont une caractéristique du rituel mexicain. Pour les cérémonies « ordinaires », les victimes étaient soit des prisonniers de guerre, soit des esclaves, achetés pour ces sacrifices. Pour certaines cérémonies particulièrement importantes, les victimes appartenaient à la société aztèque, jeunes guerriers ou jeunes femmes. Plus la tribu était puissante, plus les sacrifices humains se multipliaient et plus la cérémonie était importante, plus les sacrifiés étaient nombreux : sous le règne d'un certain Ahuitzoti, à l'occasion de la rénovation du grand temple de Mexico-Tenochtitlán, on estime à vingt mille le nombre de prisonniers sacrifiés !

Rê-Horakhty (à gauche)
Rê, le Soleil, prenait aussi le nom d'Horus, et, lorsque l'astre apparaissait le matin dans sa splendeur renouvelée, il prenait le nom de Rê-Horakhty, c'est-à-dire « Horus qui appartient à l'horizon ». Il était alors représenté sous la forme d'un faucon portant un disque solaire ailé sur la tête. Il est ici adoré par des babouins et, en dessous, par Mephthys, à gauche, et Isis, à droite.

Le dieu Horus (ci-dessous).
Sur ce bas-relief d'une des chapelles du temple de Seti Ier, à Abydos, on voit le dieu Horus, sous la forme d'un faucon, portant la couronne rouge de la Basse-Égypte, symbole du pouvoir royal, puis archétype des pharaons qui, vivants, prenaient le nom d'Horus (et, morts, celui d'Osiris). Derrière lui, on voit le disque solaire entouré de l'uréus, emblème du pouvoir de tous les pharaons, auquel est suspendu l'ankh, symbole de vie et de l'autorité royale. Il est posé sur un cartouche où l'on voit le bœuf Apis.

Rê et ses rayons en forme de lotus.
Le dieu Rê à tête de faucon darde ses rayons en forme de lotus sur une dame, dite Taperet. L'association de Rê et du lotus est courante dans la mythologie égyptienne : une des variantes du mythe du Rê voulait qu'il ait surgi du lotus sacré qui flottait à la surface des eaux primordiales, le Noun. Ici, Rê présente tous les symboles du pouvoir royal : sa tête est surmontée d'un disque solaire qu'entoure l'uréus ; il tient dans sa main droite l'ankh et le fouet, et dans sa main gauche la crosse et son sceptre surmonté de l'ouas, propre aux dieux et symbole de leur autorité. Au sommet de cette stèle de bois peint, on retrouve le disque solaire et l'uréus d'où pendent deux ankhs, et deux oudjats qui sont ses yeux.

Akhenaton honorant le dieu Aton
(à droite).
Sur ce bas-relief, découvert à Tell el-Amarna, la capitale que se fit construire Akhenaton, on voit la famille royale, Akhenaton, nom que se donna Aménophys IV, Nefertiti et une de leurs filles, offrir un sacrifice au dieu Aton. Les rayons qui partent du disque solaire sont terminés par des mains qui tendent, vers les narines du pharaon « hérétique » et de la reine, l'ankh, symbole de vie. Elles prennent les offrandes sur l'autel et dispensent à l'humanité des bienfaits matériels. De son côté, Akhenaton offre l'ankh à son dieu. Akhenaton prétendait être le seul médiateur entre Dieu et les hommes, et même partager la divinité d'Aton. Il remit en honneur une doctrine oubliée qui voulait que l'immortalité appartînt au seul pharaon : pour le peuple, la seule possible était la vie terrestre.

Momie de Rê avec Isis et Nephtyhs
(à gauche).
Sur cette peinture de la tombe de la reine Nefertari (une des épouses de Ramsès II), on voit Isis, à droite, et sa sœur cadette, Nephtys, à gauche, surmontées de leurs hiéroglyphes, momifier le dieu Rê. Or, après que Seth eut tué son frère Osiris, Isis et Nephtys partirent à la recherche de son corps, puis, ayant trouvé sa dépouille, elles l'embaumèrent et, sous la forme de milans, pleurèrent sa mort. Il y a donc ici identification de Rê et d'Osiris, ce que confirme la présence, de chaque côté de Rê à tête de bélier portant le disque solaire, des hiéroglyphes d'Osiris, en bas à gauche, et de Rê, en bas à droite (on retrouve, à droite du disque solaire, le hiéroglyphe simplifié de Rê).

Akhenaton et l'atonisme.
Pharaon de 1364 à 1347 avant J.-C. (date de sa mort), Aménophis IV tenta, durant les dix-sept ans que dura son règne, d'imposer le culte exclusif d'Aton, d'où le nom qu'il choisit pour remplacer celui d'Aménophys IV, Akhenaton. À l'origine, Aton n'est que l'une des formes du dieu solaire : il est le Soleil à son zénith. Dans l'atonisme, Aton est séparé des autres formes du Soleil et distingué de tous les autres dieux traditionnels. Il trône au sommet du panthéon et doit être considéré comme l'auteur suprême de la vie et, ultimement, le seul dieu digne de recevoir un culte. Il passe alors pour être la fusion de Rê-Horakhty et de Shou, dieu de l'atmosphère, dont le nom, qui signifie « soulever », indique qu'une de ses fonctions est de soutenir le ciel. Akhenaton ne réussit pas à imposer cette « hérésie », et l'atonisme disparut avec son inventeur. La reine Nefertiti, que l'on voit ici avec Akhenaton, mourut un an avant lui.

Le dieu Apis.
Cette stèle de calcaire peint, dite d'Apis, est assez tardive – elle a été exécutée entre le VIIe et le IVe siècle avant notre ère. Apis est un taureau consacré à Ptah qui, dans la cosmogonie de Memphis, était le dieu suprême, maître des destinées et créateur du monde. Apis est considéré comme une forme de Hapi, le dieu de fécondité du Nil (dans de nombreuses mytholog es, le taureau est le symbole de la fécondité). Plus tard, il devint une incarnation du fils d'Osiris, Osiris ayant été lui-même un temps considéré comme un dieu de fécondité. Mais Osiris fut aussi considéré comme l'« héritier » de Rê, d'où les liens entre Apis et le Soleil. C'est pourquoi il porte ici entre ses cornes le disque solaire au milieu duquel se dresse l'uréus et que l'on retrouve en haut de cette stèle de nouveau le disque solaire, cette fois-ci ailé, et l'uréus soulignant son rôle honorifique de défenseur de Rê.

Nout et les barques solaires.
Sur ce dessin de Jean-François Champollion qui, le premier, au début du XIXe siècle, comprit le système de l'écriture hiéroglyphique des Égyptiens, la barque solaire de Rê navigue sur le corps de la déesse Nout, constellé d'étoiles : à gauche, la barque des ténèbres et des morts, à droite celle des millions d'années. Nout, déesse du ciel – comme Geb, la terre, est la fille de Shou, l'air et la lumière (qui habituellement est représentée soutenant sa fille), et de Tefnout, l'humidité – représente ici la voûte céleste. Du bout de ses orteils elle touche l'Orient, et de la pointe de ses doigts, le couchant. Nout enfantera Osiris, Isis, Seth et Nephtys.

2.
1.
3
5.
4.

Le parcours du Soleil.
Cette peinture murale de la tombe de la reine Taousret, à Thèbes, illustre le parcours quotidien du Soleil. Celui-ci est représenté, au centre de la composition, ailes déployées et à tête de bélier. Au-dessus, au centre, il est représenté à son lever, moment où il prend le nom de Khépri. C'est alors un scarabée géant, qui pousse devant lui le globe solaire, tout comme, sur terre, le scarabée pousse devant lui une boulette de fumier dans laquelle il a pondu ses œufs et d'où la vie surgira un jour. L'association entre les dieux et les animaux était, dans la religion du passé, le trait le plus typique de la mythologie égyptienne. Tout en bas de cette peinture, on voit Rê dans la barque solaire.

Rê dans la barque solaire.
L'image la plus familière de la course du Soleil dans le ciel est celle de la barque : barque *meandjet*, « barque des millions d'années », pour le voyage de jour, et, pour le voyage de nuit, barque *mesketet*, « barque des ténèbres et des morts ». Rê est ici dans la barque des millions d'années sous la forme à tête de bélier et tenant le *sceptre-ouas*. L'avant de sa barque est orné de l'oudjat, œil sacré, fardé : œil unique d'Atoum qui avait le pouvoir de se séparer de lui et de manifester des volontés indépendantes. La navigation de Rê n'était pas sans danger, il se heurtait en particulier à son ennemi de toujours : le serpent Apophis, image du chaos. Mais l'on croyait aussi que les eaux de Noun, qui encerclent la terre et en font une île flottante, envelopperaient à nouveau un jour tout l'univers et qu'alors Atoum reprendrait sa forme originelle de serpent, et que ce serait Osiris et non plus Rê qui ferait voile sur les eaux.

Hélios et son char.
Un détail de ce cratère en céramique représente Hélios sur son char. Hélios parcourt le ciel dans un char tiré par quatre chevaux très rapides et nommés Pyroïs, Éoos, Aéthon et Phlégon, quatre noms qui évoquent chacun l'idée de flamme, de feu et de lumière. Chaque matin, précédé par le char de l'Aurore, dont on aperçoit l'arrière à droite de la figure, Hélios s'élance, depuis le pays des Indiens, à l'est, sur une route étroite au milieu du ciel. Le soir, il s'arrête à l'océan de la nuit, à l'ouest, où se baignent et se désaltèrent ses chevaux fatigués. Lui-même se repose dans un palais d'or, d'où il repart le lendemain matin. Le trajet nocturne, qu'il soit, selon les variantes, sous la terre ou sur l'océan, est plus court que le trajet diurne !

Dieux solaires

Le Grec, Hélios (1).
On représentait Hélios comme un jeune homme d'une grande beauté, la tête environnée de rayons lumineux qui lui faisaient une chevelure dorée. Ici, sept rayons lui font une simple couronne.
Si Hélios est une divinité, il est à l'origine plutôt un démon qu'un dieu : il appartient à la génération des Titans et est donc antérieur aux Olympiens. Il doit obéissance aux dieux et n'est pas doué de grands pouvoirs : par exemple, lorsque les compagnons d'Ulysse lui feront l'affront de tuer et de manger une partie de son troupeau, c'est à Zeus qu'il demandera réparation, menaçant toutefois de se retirer sous terre s'il n'obtient pas satisfaction.

Le Palmyrénien, Malakbêl (2).
Le grand dieu de Palmyre est Bêl ou Bôl, et tous les dieux propres à Palmyre ont un nom composite contenant chacun deux éléments, dont l'un est le plus souvent Bêl. Ainsi, le dieu du soleil et de la végétation, proprement palmyrénien, s'appelle Malakbêl. On le voit ici flanqué de deux aigles.

L'assyro-babylonien Shamash (3).
Le dieu solaire assyro-babylonien est Shamash. Il est le fils du dieu-lune Sin. On le représentait symboliquement par une roue à rayons, que l'on voit ici derrière sa tête.

1

2

3

Gilgamesh tenant un disque solaire (ci-dessus).
Gilgamesh aurait été un roi de la cité sumérienne d'Uruk. Il a probablement existé, mais nous ne savons de lui que les faits légendaires qui sont rapportés dans *L'Épopée de Gilgamesh*, vaste composition de près de 3 500 vers. C'est après avoir vaincu Enkidu, mi-homme mi-bête, qu'il part avec lui à l'aventure, mais ce n'est qu'après la mort de celui-ci que commence sa véritable épopée, qui est la quête de l'immortalité. On le voit ici, entre deux demi-dieux supportant un disque solaire.

Le roi Melishipak II, sa fille et la déesse Nanai (ci-contre).
Sous trois astres : Sin, le dieu-lune, dont le nombre symbolique est 30, évoquant le nombre de jours des mois, et qui est aussi le dieu de la royauté ; Shamash, le dieu-soleil, fils de Sin, et qui est aussi le dieu de la justice ; et une étoile. Le roi de Babylone, Mélishipak II, présente sa fille à Nanaï, déesse de la santé qui lève les bras en signe d'accueil bienveillant.

Sacrifice d'un cerf par les Indiens.
On doit à Théodore de Bry (1528-1598), dessinateur, graveur, imprimeur et libraire hollandais, l'un des premiers témoignages iconographiques sur l'Amérique et les Indiens, auxquels il consacre une des huit parties de son grand livre de voyages publié à partir de 1593. Ici, on voit un sacrifice animal (un cerf) au Soleil par les Aztèques, dont le réalisme est quelque peu douteux. Ces images furent très répandues : les ateliers que Théodore de Bry avait installés dans les grandes villes marchandes, en particulier à Francfort-sur-le-Main (Allemagne), capitale du livre, étaient très productifs. Comme presque tous les auteurs qui, à cette époque, publiaient et illustraient ces récits, il appartenait à la religion réformée. Il dénonçait violemment la brutalité des conquérants espagnols.

Stonehenge.
Il y a près de cinq mille ans que ce cercle de pierres gigantesques a été élevé, à Stonehenge, en Grande-Bretagne, au nord de Salisbury. À côté de ce grand cercle se dresse une pierre solitaire. Si au matin du solstice d'été, vers le 22 juin, on se place au centre du cercle, on voit le soleil se lever juste derrière la grande pierre solitaire. Ce qui fait penser que, comme la plupart des enclos sacrés, les henges, qui ont commencé à être édifiés en Grande-Bretagne à la fin du néolithique, Stonehenge était sinon un véritable observatoire de la Lune et du Soleil, du moins un centre d'activités cérémonielles et rituelles liées à ces astres.

Calendriers.
Il existe trois grands types de calendriers. Les calendriers solaires qui ne sont liés qu'à la marche annuelle du Soleil et donc aux saisons – les civilisations agricoles peuvent difficilement s'en passer. On les rencontre donc presque partout. Notre calendrier grégorien est un calendrier solaire, ainsi que le calendrier révolutionnaire (à droite). Une loi de la Convention, du 6 octobre 1793, mit en usage un nouveau calendrier. L'année comportait douze mois de trente jours, et se terminait par cinq jours complémentaires. Un sixième jour, appelé jour de la Révolution, s'ajoutait chaque quatrième année. Le calendrier républicain dura treize ans. Le calendrier musulman est un calendrier purement lunaire, c'est-à-dire lié aux phases de la lune. Le calendrier juif (à gauche), extrêmement complexe, est luni-solaire. La pierre du Soleil (au milieu) est un résumé de la cosmologie des Anciens Mexicains. On y trouve l'un des trois calendriers aztèques.

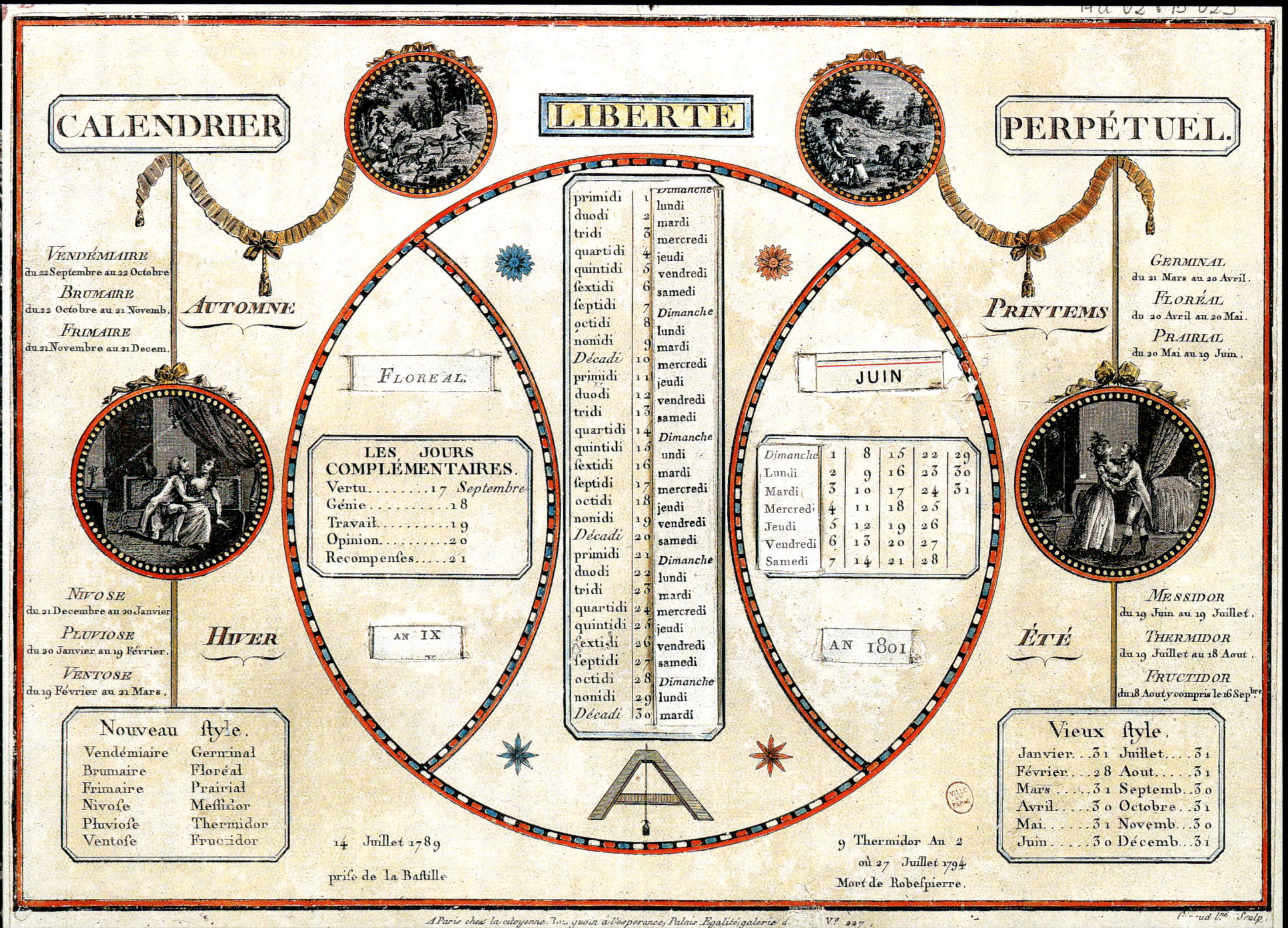
CALENDRIER
LIBERTE
PERPÉTUEL.
VENDÉMIAIRE du 22 Septembre au 22 Octobre
BRUMAIRE du 22 Octobre au 21 Novemb.
FRIMAIRE du 21 Novembre au 21 Decem.
AUTOMNE
GERMINAL du 21 Mars au 20 Avril.
FLORÉAL du 20 Avril au 20 Mai.
PRAIRIAL du 20 Mai au 19 Juin.
PRINTEMS
FLOREAL
JUIN
LES JOURS COMPLÉMENTAIRES.
Vertu........17 Septembre
Génie........18
Travail..........19
Opinion..........20
Recompenses.....21
primidi 1 Dimanche
duodi 2 lundi
tridi 3 mardi
quartidi 4 mercredi
quintidi 5 jeudi
sextidi 6 vendredi
septidi 7 samedi
octidi 8 Dimanche
nonidi 9 lundi
Décadi 10 mardi
primidi 11 mercredi
duodi 12 jeudi
tridi 13 vendredi
quartidi 14 samedi
quintidi 15 Dimanche
sextidi 16 lundi
septidi 17 mardi
octidi 18 mercredi
nonidi 19 jeudi
Décadi 20 vendredi
primidi 21 samedi
duodi 22 Dimanche
tridi 23 lundi
quartidi 24 mardi
quintidi 25 mercredi
sextidi 26 jeudi
septidi 27 vendredi
octidi 28 samedi
nonidi 29 Dimanche
Décadi 30 lundi
mardi
Dimanche 1 8 15 22 29
Lundi 2 9 16 23 30
Mardi 3 10 17 24 31
Mercredi 4 11 18 25
Jeudi 5 12 19 26
Vendredi 6 13 20 27
Samedi 7 14 21 28
NIVOSE du 21 Decembre au 20 Janvier
PLUVIOSE du 20 Janvier au 19 Février.
VENTOSE du 19 Février au 21 Mars.
HIVER
AN IX
AN 1801
ÉTÉ
MESSIDOR du 19 Juin au 19 Juillet.
THERMIDOR du 19 Juillet au 18 Aout.
FRUCTIDOR du 18 Aout y compris le 16 Sepbre
Nouveau style.
Vendémiaire Germinal
Brumaire Floréal
Frimaire Prairial
Nivose Messidor
Pluviose Thermidor
Ventose Fructidor
14 Juillet 1789
prise de la Bastille
9 Thermidor An 2
ou 27 Juillet 1794
Mort de Robespierre.
Vieux style.
Janvier..31 Juillet....31
Février..28 Aout.....31
Mars.....31 Septemb..30
Avril....30 Octobre..31
Mai......31 Novemb...30
Juin.....30 Décemb...31

PLANISPHÆRIVM
Sive
ORBIVM MVNDI
PTOLEMA
NO DI
PTOLEMAICVM,
Machina
EX HYPOTHESI
ICA IN PLA
SPOSITA.
ECLIP TICA ZO DIA CVS
SEV
CAPRICORNVS
SAGITTARIVS
AQVARIVS
SCORPIVS
PISCES
LIBRA
ARIES
VIRGO
TAVRVS
LEO
GEMINI
CANCER
VIA SOLIS CIRCVLVS
ORBITA IOVIS
CIRCVLVS MARTIS
SEPTEM
PLA NE TARVM
ORBES
ORBIS LVNÆ
ITER MER CVRII
CVRRICVLVM VENERIS
CVRRICVLVM
SATVRNI
MVNDVS SVBLVNARIS QVATVOR ELEMENTA COMPLECTENS

Les systèmes de Ptolémée et de Copernic.

Dans le système de Ptolémée (à gauche) – IIe siècle après J.-C. –, la Terre est rigoureusement immobile. Les astres astreints à des combinaisons de mouvements circulaires uniformes tournent tous autour de la Terre : viennent dans l'ordre la Lune, Mercure, Vénus et le Soleil, puis Mars, Jupiter et Saturne, et ce monde est enclos dans la sphère des étoiles qui toutes, à la même distance de la Terre, font avec la Lune, les planètes et le Soleil le tour du ciel en 24 heures. Dans le système de Copernic, le Soleil et la Terre échangent leurs places. Peu de changement donc, en apparence. Chez Copernic, l'univers s'harmonise : au centre le Soleil, puis viennent Mercure, Vénus et la Terre qui tourne sur elle-même, puis Mars, Jupiter et Saturne, enfin la sphère des étoiles qui, cette fois-ci, méritent réellement leur qualificatif de « fixes ». Un lien simple existe entre les distances des planètes au Soleil et la durée de leurs révolutions : plus elles sont lointaines, plus leurs révolutions sont lentes.

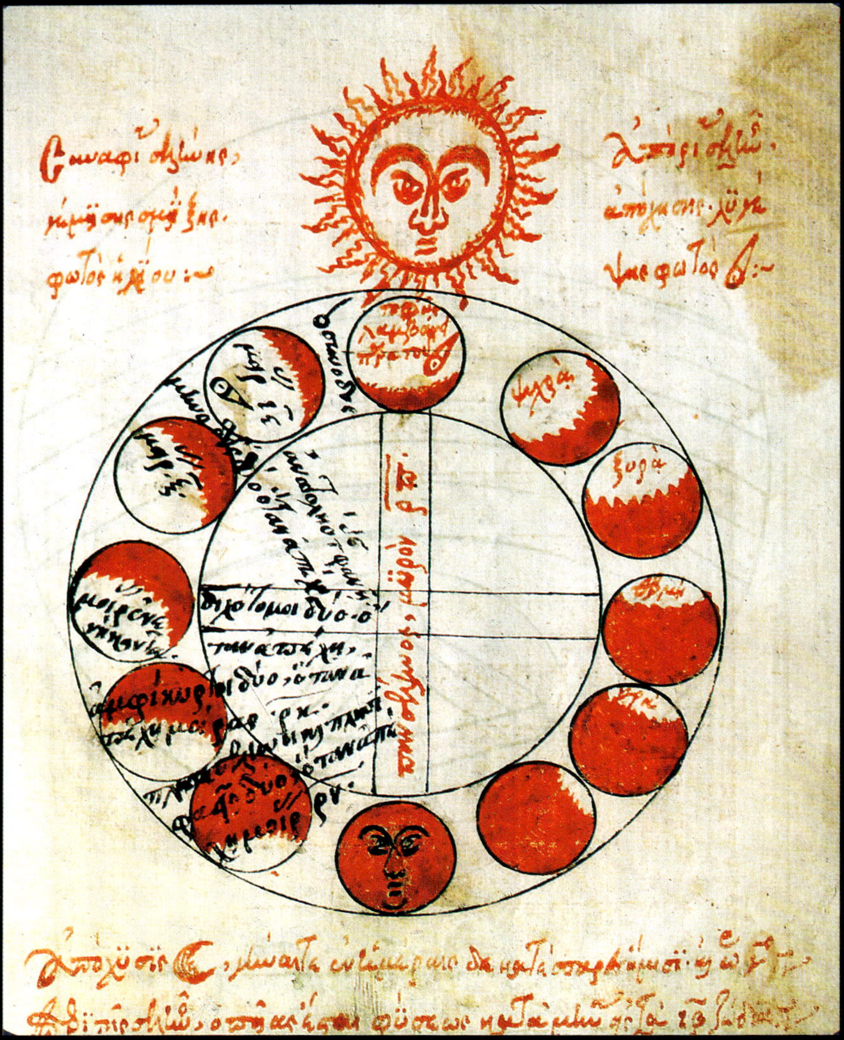

Les phases et éclipses de Lune.
C'est le jeu de la révolution de la Lune autour de la Terre et de celle de la Terre autour du Soleil qui produit les phases lunaires. Ici, à gauche, les phases de la Lune sont expliquées dans un système géocentrique où il faut donc imaginer la Terre, non représentée, au centre de la croix qui partage l'orbe lunaire au-delà duquel est représenté le Soleil.
Cet équatoire, à droite, instrument en papier, donne la position du dragon. On appelle ainsi l'intersection du plan orbital de la Lune et du plan orbital de la Terre, c'est-à-dire l'écliptique. Le terme vient de ce que certaines croyances populaires voulaient que les éclipses soient provoquées par un dragon invisible dévorant le Soleil ou la Lune.

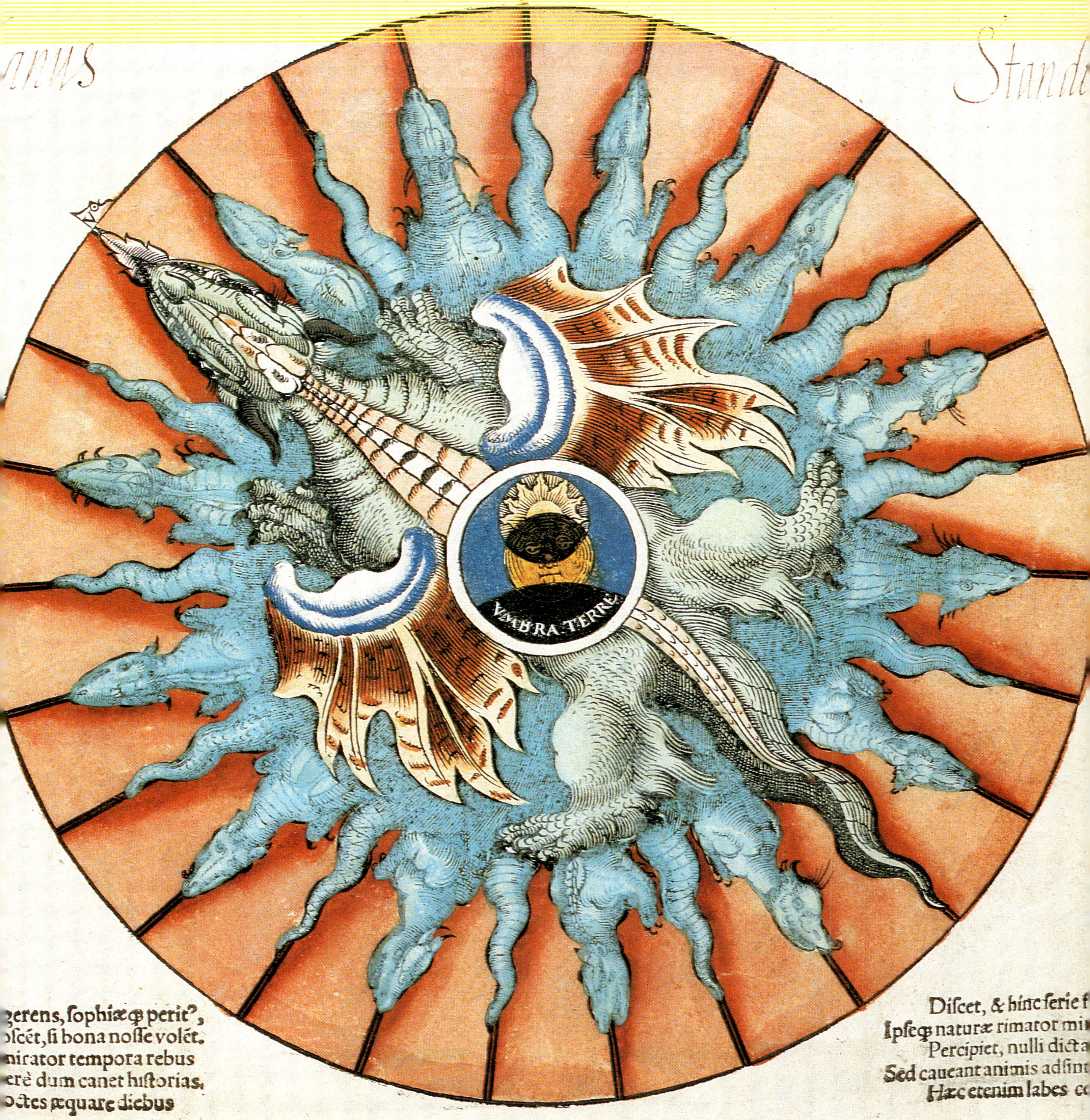

gerens, ſophiæq́ perit?,
oſcét, ſi bona noſſe volét.
nirator tempora rebus
erè dum canet hiſtorias,
oćtes æquare diebus

Diſcet, & hinc ſerie f
Ipſeq́ naturæ rimator mi
Percipiet, nulli dićta
Sed caueant animis adſin
Hæc etenim labes c

Éclipses de Soleil.
Une éclipse de Soleil n'est visible que pour une petite région de la Terre : en un lieu donné, les éclipses de Soleil sont donc rares et frappent les imaginations. Si elles ne déclenchent plus les frayeurs qu'elles déclenchaient autrefois, elles sont suivies par des foules immenses. Le physicien Arago décrit ainsi l'éclipse de 1842 : « Lorsque le Soleil, réduit à un étroit filet, commença à ne plus jeter sur notre horizon qu'une lumière plus affaiblie, une sorte d'inquiétude s'empara de tout le monde ; chacun sentit le besoin de communiquer ses impressions à ceux dont il était entouré : de là un mugissement sourd semblable à celui d'une mer lointaine après la tempête. La rumeur devenait de plus en plus forte à mesure que le croissant solaire s'affaiblissait. Le croissant disparut enfin ; les ténèbres succédèrent subitement à la clarté, et un silence absolu parqua cette phase de l'éclipse, tout aussi nettement que l'avait fait le pendule de notre horloge astronomique. »

LA VIE ILLUSTRÉE

L'ÉCLIPSE SOLAIRE DU 30 AOUT, RUE DE LA PAIX

Juan Miró.
1939 marque un tournant dans l'œuvre de Miró. Cet été-là, il loue une villa à Varengeville. Il consacre beaucoup de temps à l'observation d'une nature très différente de son Espagne natale et passe de longues heures à contempler la mer et le ciel étoilé. Lorsque les Allemands envahissent la France, il retourne en Espagne et commence une série de gouaches : vingt-trois tableaux auxquels il donnera le titre générique de « Constellations ». Peu de couleurs, au service de la forme, des noirs profonds, une géométrie simple, rigoureuse et sensible. En 1960, après avoir exécuté une grande céramique pour l'université de Harvard, il revient sur certaines de ses toiles peintes entre 1938 et 1940, et, de nouveau, s'intéresse à la nature en général et au ciel en particulier. Au graphisme fin, dense et serré de 1940, il substitue de grands hiéroglyphes sur des fonds monochromes : c'est de cette époque que date cette *Joie d'une fillette devant le soleil.*

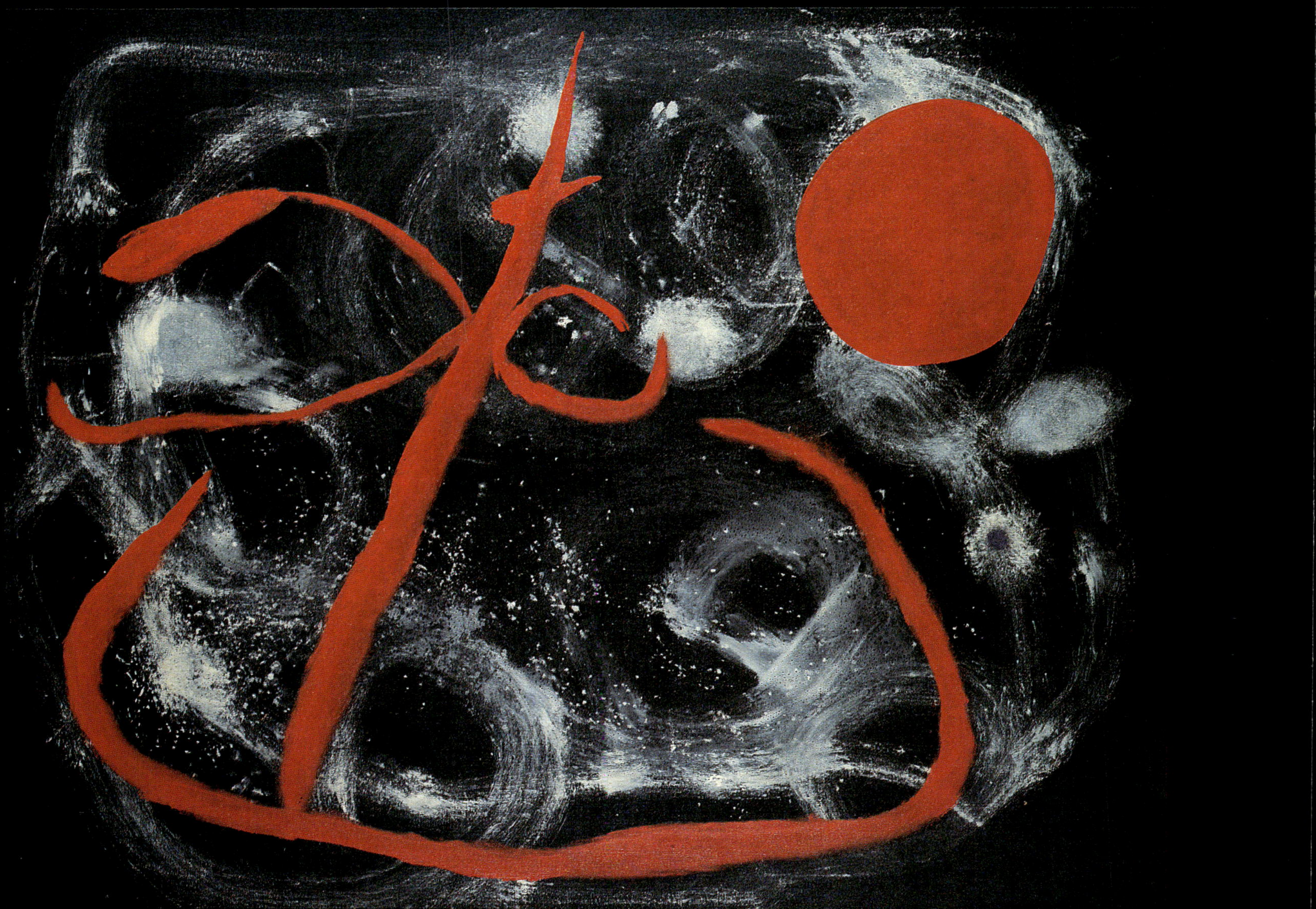

L'archer qui abattit les Soleils, et donc les corbeaux solaires, se retrouve dans une légende qui justifie la présence d'un crapaud sur la Lune. Selon cette légende, Yi était détenteur de l'élixir d'immortalité ; sa femme le lui déroba, s'enfuit sur la Lune et y fut transformée en crapaud. Sur de nombreuses représentations de la Lune, on voit ce crapaud et son compagnon lunaire, le lièvre, en train de piler l'élixir dans un mortier. La Lune, dont la lumière croît, puis décroît jusqu'à disparaître, pour réapparaître ensuite, devient naturellement le symbole de l'immortalité.

Comme beaucoup de peuples anciens, les Chinois redoutaient les phénomènes célestes rares et imprévisibles – et particulièrement les éclipses, considérées comme des présages funestes. Les éclipses, dont on pensait qu'elles étaient dues à la conduite déréglée du souverain et de son épouse, donnaient lieu à des exorcismes : comme en Mésopotamie, on battait le tambour ; de plus, on tirait des flèches en direction du Soleil ou de la Lune pour abattre le monstre qui était censé dévorer l'astre concerné. Dans le cas du Soleil, c'était un chien ou un loup céleste ; dans celui de la Lune… un crapaud.

Si le Soleil et la Lune tiennent une place assez modeste dans la mythologie chinoise, en revanche ils jouent un rôle éminent dans le système philosophique du Yin et du Yang, dont les oppositions et les interactions constituent la vie de l'univers. Ils en sont les représentants parfaits : le Soleil, qui est feu, est le Yang parfait, et la Lune, qui est eau, le Yin parfait. On recueillait le feu solaire et la rosée lunaire à l'aide de miroirs de bronze, assez semblables aux miroirs ardents fort à la mode en Occident au XVIIe siècle. Les animaux célestes entrent aussi dans le système et vont introduire dans chacun des grands principes cosmiques une parcelle du principe opposé. Ainsi le corbeau – animal noir, donc Yin – introduit-il du Yin dans le Yang du Soleil. Le cas de la Lune est plus complexe, peut-être à cause des phases alternativement obscures et claires qu'elle présente. Le lièvre est considéré comme Yin et le crapaud comme Yang, fait assez étonnant puisque ce dernier animal est nocturne et aquatique, et qu'il est une métamorphose de la femme de Yi.

CORÉE

Dans la tradition coréenne, les mythes cosmogoniques sont rares. Quelques légendes rapportent que l'univers était autrefois un chaos où une fissure apparut et permit au ciel de se séparer de la Terre, et que l'homme, comme l'Adam biblique, fut fait de terre. Dans les temps primordiaux, deux Soleils et deux Lunes brillaient au firmament ; s'il ne reste qu'un Soleil et qu'une Lune, c'est parce qu'un archer, comme en Chine, abattit les autres. En Corée, l'un des premiers habitats est surnommé le « pays de l'aurore », mais aussi la « terre de l'arc », et son ancêtre légendaire est un certain Tangun qui passe également pour le fondateur d'un des trois plus anciens royaumes de la Corée ; à ce titre, il prend aussi le nom de Cumong. Dans la mythologie coréenne, il n'est pas rare que la naissance miraculeuse d'un dieu ou d'un héros légendaire soit liée à un œuf et à la lumière du Soleil.

Ainsi, l'un des récits consacrés à la naissance mystérieuse et miraculeuse de Cumong fait intervenir le Soleil. Alors qu'elle se baignait en un lieu dit « le Cœur de l'ours », la fille aînée de la divinité des eaux fut surprise par un certain Hämosu. Venu d'on ne sait où, cet Hämosu se prétendait fils de l'Empereur céleste et souhaitait fonder un État. Selon le même texte, la jeune fille fut enfermée dans une chambre où le Soleil l'éclaira. Elle chercha à l'éviter en lui soustrayant son corps, mais la lumière du Soleil la poursuivit. À la suite de cette rencontre, la fille de la divinité des eaux accouchera d'un œuf dont sortira Cumong. Pourtant, le roi de la contrée fit jeter l'œuf à un chien, puis à un porc, mais ni le chien ni le porc ne le mangèrent. On l'abandonna alors sur un chemin, mais les bœufs et les chevaux l'évitèrent. On le laissa alors dans un champ, mais les oiseaux le couvrirent de leurs ailes. Le roi ayant en vain tenté de le casser, il rendit l'œuf à la jeune fille qui l'enveloppa et le conserva dans un endroit exposé au Soleil. Un garçon brisa la coquille et en sortit, doté d'une belle physionomie : c'était Cumong.

Amaterasu.
La déesse japonaise du Soleil, Amaterasu, sous l'autorité de laquelle le pouvoir central regroupa différentes divinités locales.

JAPON

Deux textes du VIIIe siècle, la *Relation des choses anciennes* et la *Chronique du Japon*, nous livrent beaucoup d'informations sur les divinités dites Kami : forces et phénomènes de la nature. Animiste et magique, cette religion de la nature n'avait pas de panthéon très structuré. Ce n'est qu'avec l'arrivée au pouvoir d'un clan puissant que les diverses divinités vénérées par les autres clans seront regroupées sous l'autorité d'Amaterasu… la déesse solaire ! Ces deux textes racontent également les premiers temps du monde, l'« âge des divinités ». Tout commence avec Izanagi et Izanami, le couple divin et créateur. De leurs descendants naquirent, entre autres, Amaterasu, et Susanoo. La déesse solaire régnait sur la haute plaine céleste, et son frère sur la Terre. Venu de l'Inde, le bouddhisme s'introduisit au Japon (où il fut reconnu comme religion officielle dès le VIe siècle) et ruina le système mythologique japonais. Il faudra attendre l'ère Meiji (1868-1912) pour que, afin de lutter contre le bouddhisme et d'en faire une religion nationale, on restitue au shintô son autorité et ses fonctions anciennes. En même temps, le pouvoir devient absolu et de nature divine : l'empereur est reconnu comme le descendant d'Amaterasu, la déesse solaire. Il faut noter que le terme shintô (voie des Kami) désigne au sens strict l'ensemble des croyances et pratiques religieuses observées au Japon avant l'introduction du bouddhisme ; mais il désigne également le système mis en place par l'État à la fin du XIXe siècle pour restituer au shintô sa « forme pure », débarrassée de tout élément bouddhique.

Phénix.
Version japonaise du Phénix, oiseau solaire qui renaît de ses cendres, devant le Soleil. Gravure japonaise du XVIIIe siècle de Ito Jakuschi.

Soleil sauveur du monde.
Sur ce parchemin éthiopien du XVIIIe ou XIXe siècle, le Soleil est invoqué comme sauveur du monde dans un rite de guérison.

L'Afrique

Chez les Bochimans et les Hottentots de l'Afrique du Sud, par exemple, où circulent de nombreuses légendes sur les deux luminaires célestes, la Lune tient une place plus importante que le Soleil. Il en va de même chez les Ashanti du Ghana : leur dieu, Nyame, est représenté sous les traits de la Lune et s'incarne dans la reine mère ; toutefois, celui qu'ils appellent le Grand Nyame est représenté sous les traits du Soleil et s'incarne dans le roi.

Au Dahomey, une mère primordiale, Nana Buluku, qui créa le monde, accoucha de deux enfants, Mawu et Lisa, et se retira. Il n'est pas rare, en mythologie, que le dieu créateur et initialement souverain s'efface au profit de dieux plus quotidiens et plus « humains ». Mawu, la Lune, était le plus souvent – mais pas toujours – de nature féminine ; ce dieu gouverne la nuit et son royaume est à l'occident. Lisa, le Soleil, vit à l'orient du monde et gouverne le jour. Mawu passe pour bienveillante et douce ; Lisa, pour rude et brutal. Siégeant aux deux extrémités du ciel, ils ne se rencontrèrent qu'à la faveur des éclipses ; ils en profitèrent pour faire l'amour, et conçurent sept groupes de jumeaux qui devinrent tous les autres dieux : dieu de la terre, de la mer et des eaux, de la tempête…
Dans certaines versions du mythe, Mawu la Lune est assimilée à l'Être suprême sans être associée à Lisa le Soleil.

Chez les Krachi du Togo, le couple primordial entrentient des rapports conflictuels. Le Soleil ayant épousé la Lune, ils eurent beaucoup d'enfants, qui furent les étoiles. Cependant, lassée de son époux, la Lune prit un amant. Offensé, le Soleil la répudia, et il y eut partage des biens et des enfants : les uns restèrent avec leur père, les autres suivirent leur mère dans son exil. Mais la Lune revint clandestinement sur les terres de son époux, et il s'ensuivit un combat fratricide entre les étoiles fils du Soleil, et les étoiles filles de la Lune. Ce combat est la cause première des tempêtes et de l'arc-en-ciel (la Lune, contrariée par cette lutte fratricide, envoya un messager de paix qui agitait une étoffe multicolore). Autre version intéressante : c'est le Soleil qui aurait surpris sa femme de retour sur les terres interdites.
Il aurait alors tenté de la dévorer – d'où les éclipses. Nous retrouvons là une légende universelle, comme nous retrouvons, lors des éclipses, le charivari de cris et de battements de tambour pour effrayer l'astre dévoreur.

Les Luyia du Kenya évoquent aussi une lutte entre le Soleil et la Lune, qui en l'occurrence sont deux frères. Un combat dont le Soleil faillit sortir vaincu ! Dieu avait d'abord créé la Lune, puis le Soleil. La Lune était plus grosse et plus brillante que le Soleil. Jaloux, le Soleil attaqua son frère aîné, et la lutte dura jusqu'à ce que le Soleil fût jeté à terre et implorât merci. Une merci qu'accorda la Lune magnanime. Mais la lutte reprit, et dans ce deuxième combat c'est la Lune qui tomba dans la boue et fut éclaboussée au point de perdre de son éclat. Le Dieu suprême, estimant que ce désordre céleste avait assez duré, déclara que désormais ce serait le Soleil qui jouirait du plus bel éclat, qu'il brillerait le jour pour les rois et les travailleurs, tandis que la Lune brillerait la nuit pour les voleurs et les sorciers. On dit que la Lune a eu grand tort de pardonner lors du premier combat ; mais, dans les histoires mythiques, il arrive fréquemment que le frère puîné s'empare de l'autorité – voir Esaü et Jacob !

Au Togo toujours, les Dagomba voient un champ de foire sur le Soleil lorsque son disque est entouré d'un halo. Et ce champ est celui du bélier de Dieu. Lorsque le bélier galope autour du champ, le vent souffle ; si de plus il martèle le sol de ses sabots, le tonnerre gronde ; dès qu'il agite la queue, l'éclair zèbre le ciel ; et quand il perd des flocons de laine, il pleut.

En Angola, si le Soleil et la Lune sont considérés comme des dieux, leurs désirs leur sont dictés sinon par les hommes, du moins par le fils du premier homme. Et donc le fils du premier homme, refusant de se marier avec une femme de son peuple, exigea pour épouse la fille du Soleil et de la Lune. Parmi les animaux sollicités, seule la grenouille accepta d'être le messager du jeune homme. Elle avait remarqué que des jeunes du ciel descendaient le long d'un fil d'araignée pour venir puiser de l'eau dans un puits de la contrée. Elle se cacha près du puits, sauta dans une des jarres, monta au ciel et soumit la requête au Soleil. Ladite requête fut acceptée, mais à une condition : que le prétendant vînt lui-même offrir le premier présent de la dot. Une fois la grenouille revenue sur terre, on décida que le premier présent serait un sac d'argent, mais il fut exclu que le jeune homme montât au ciel : à la grenouille d'y retourner, de négocier et, en tout cas, de ramener la fille du Soleil sur terre ! La grenouilla usa alors d'un stratagème magique : s'étant fait enfermer dans la chambre de la jeune fille, elle lui retira les yeux durant son sommeil. Quand la Lune et le Soleil découvrirent le drame, ils appelèrent le devin pour savoir ce que signifiait pareille malédiction : la jeune fille devait avoir reçu un sort du prétendant et risquait d'en mourir si elle ne descendait pas sur terre. Ordre fut donc donné à l'araignée de tisser un fil spécial pour conduire la fille du Soleil parmi les hommes. Dès que la jeune fille eut mis le pied sur terre, la grenouille lui rendit ses yeux et la mena à la demeure du prétendant. Ils se marièrent, et la fille du Soleil ne remonta jamais plus au ciel ; seule la grenouille acquit ce privilège, et voilà pourquoi il arrive qu'au cours de certaines tempêtes des grenouilles tombent du ciel.

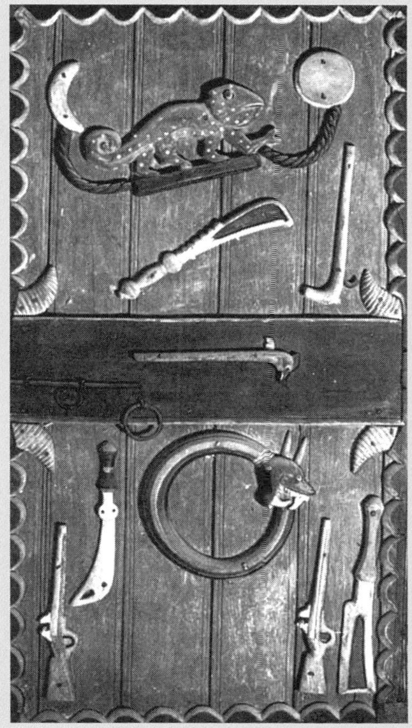

Porte africaine.
Sur cette porte d'un palais royal du Dahomey, on voit un serpent se mordant la queue, symbole de l'éternité, et un caméléon entre la Lune et le Soleil (cet animal avait été envoyé par Dieu pour vérifier que la Terre allait bien).

L'Océanie

L'Océanie est formée d'une multitude de petites îles qui s'éparpillent à travers le Pacifique, de part et d'autre de l'équateur, sur une surface à peu près égale au tiers du globe. Elle comprend en outre la Nouvelle-Guinée, plus grande île après le Groenland, et l'Australie, plus petit continent. Nombre de ces îles, grâce à leur climat idéal et aux douces conditions de vie qu'elles procurent, ont semblé de véritables paradis terrestres aux voyageurs européens. Il faut toutefois ajouter que d'autres îles, tout aussi nombreuses, offrent des moyens de subsistance très précaires. Les mythes, les légendes et les contes relatifs au Soleil sont rares, peut-être parce que la présence perpétuelle de cet astre dispense les hommes de réclamer son retour. Mais, plus généralement, de multiples causes semblent avoir ruiné les systèmes mythologiques de l'Océanie. Et tout d'abord, plus que partout ailleurs, l'arrivée des envahisseurs européens. Si Magellan traversa le Pacifique sans rencontrer la moindre terre avant d'atteindre l'archipel des Mariannes, son compatriote Mendana mit les Salomon à feu et à sang, en 1595, et planta la croix aux Marquises, au prix du massacre des insulaires. Puis des vagues successives de colons vinrent exploiter les richesses des îles : bois de santal, nacre, baleines et main-d'œuvre pour les exploitations de coprah, les plantations de canne à sucre, et même les mines du Chili. Ceux qui ne s'intéressaient qu'à la terre pillaient, tuaient, attisaient les luttes entre fractions rivales et fournissaient des armes meurtrières. Pour certaines populations, le massacre physique et spirituel fut total. Le peu que nous savons de la culture océanienne, nous le tenons des envahisseurs : navigateurs, explorateurs, missionnaires, marchands et administrateurs coloniaux.

Avant de donner un exemple de légende relative au Soleil, il est intéressant de noter que, pour de nombreux peuples océaniens, le monde était soit le résultat d'un long processus évolutif, soit l'œuvre instantanée d'un créateur tout-puissant et préexistant. Ainsi, pour les peuples des îles polynésiennes occidentales, ce créateur, appelé Tangaloa, vivait dans un vide illimité, obscur, sans forme ni mouvement, et restait plongé dans de sombres pensées, tandis que Tuli, son oiseau-messager, survolait inlassablement l'immense océan primordial à la recherche d'un endroit où se poser. Un jour enfin, Tangaloa se décida à créer un rocher, qu'il laissa tomber : c'est Manu'a, l'île principale de l'archipel samoan. Puis il créa les îles environnantes. Ou bien les cosmogonies évolutionnistes mettaient en scène des êtres mythiques, ciel-père et terre-mère, dont les descendants prenaient une part active à la structuration du monde en gestation ; ou bien elles faisaient intervenir des éléments plus abstraits, comme Po, principe passif et obscur, et Ao, principe actif et lumineux ; parfois même, elles exprimaient les phases successives de la création en chants rituels quasi abstraits – tel ce chant maori, recueilli par un missionnaire, qui commence ainsi :

De la conception la croissance
De la croissance le gonflement
Du gonflement la pensée
De la pensée la mémoire
De la mémoire la conscience, le désir.

Parmi les légendes qui évoquent le Soleil, citons celle de Ciau, fille de Bahit, chef d'une île. Elle avait l'habitude d'aller se décolorer les cheveux sur une plage de sable fin dite Hony. Un jour qu'elle lavait ses cheveux dans l'eau de mer, deux poissons la prirent chacun sous une aisselle et l'emmenèrent dans l'île où, chaque soir, le Soleil vient se reposer. La mère du Soleil l'accueillit et la cacha pour éviter qu'elle ne soit brûlée par les rayons de son fils. Au soir, le Soleil la découvrit, l'épousa et lui donna un enfant turbulent. Un jour où le fiston avait commis son énième bêtise, le Soleil se fâcha, insulta la mère et la traita d'étrangère. Le lendemain, Ciau prit son fils avec elle, retourna au bord de la mer et retrouva les poissons qui la ramenèrent à Hony, à la grande joie de son père. Mais le Soleil, désireux de récupérer son fils, vint s'immobiliser au-dessus du pays, desséchant et brûlant tout, craquelant le sol et obligeant le peuple à se réfugier sous terre. Il fallut se résoudre à rendre son fils au Soleil. Un homme fit un feu de bois vert pour qu'il dégage beaucoup de fumée, plaça l'enfant sur le bûcher, et la fumée porta l'enfant jusqu'à son père, qui reprit sa course quotidienne. Le descendant de l'homme qui officia reçoit à chaque génération le nom de Hoi : il est le maître de la pluie et du Soleil, dont il assure les rites.

Création.
Histoire océanienne de la Création : le vent d'est élève l'étoile du matin et fait naître la lumière, avec laquelle apparaissent la Terre et les hommes.

Glossaire

Accrétion
Augmentation progressive, sous l'action de la gravitation, de la masse d'un objet par un processus de capture de la matière qui l'environne.

Acides nucléiques
Classe d'acides dont deux éléments sont importants pour le monde du vivant : l'acide désoxyribonucléique (ADN) et l'acide ribonucléique (ARN).

ADN (acide désoxyribonucléique)
Longue molécule en forme de double hélice, un peu comme un escalier en double spirale. L'ADN a une structure répétitive formée d'un enchaînement de petites molécules : les nucléotides. Chaque nucléotide est constitué d'une base, d'un sucre et d'un phosphate. L'ADN contient tout le patrimoine génétique de l'être vivant à laquelle il appartient.

Aérobie
Se dit d'une réaction chimique qui a besoin d'oxygène pour avoir lieu, et d'un être vivant qui a besoin d'oxygène pour vivre. De aéro (air) et bio (vivant).

Aérogénérateur
Un aérogénérateur est une éolienne. Il produit de l'énergie mécanique à partir du vent, et celle-ci est transformée en énergie électrique.

Albédo
Rapport entre le flux lumineux réfléchi et le flux lumineux incident. Il mesure la réflectivité d'une surface. L'albédo est ainsi plus faible pour une forêt (de l'ordre de 0,1) que pour la neige (entre 0,7 et 0,8).

Alcool
Composé organique comportant un groupe hydroxyle (OH) lié à un carbone saturé. Les plus connus sont l'alcool éthylique présent dans les boissons alcoolisées et l'alcool méthylique. Celui-ci est obtenu par fermentation de végétaux riches en sucres ou par distillation. L'alcool méthylique, appelé aussi alcool de bois, est très toxique.

Anaérobie
Qui existe, se développe ou s'effectue sans air ou oxygène (milieu anaérobie, bactérie anaérobie, réaction anaérobie).
Les organismes anaérobies n'ont pas besoin d'oxygène pour vivre.

Année-lumière
Une année-lumière représente la distance parcourue par la lumière (à la vitesse de 300 000 kilomètres par seconde) pendant un an, soit environ 9 500 milliards de kilomètres.

Antimatière
Pour chaque particule fondamentale de la matière, il existe une antiparticule, dont les propriétés sont les mêmes (masse…) sauf que la charge électrique est inversée. Par exemple : l'électron, qui a une charge négative, a son antiparticule, appelée positon, qui a une charge positive. À l'origine de l'univers, il y a environ 15 milliards d'années, des quantités égales de matière et d'antimatière ont sans doute été créées. Seule la matière a subsisté.

Aphélie
L'aphélie est la position où la Terre est la plus éloignée du Soleil lorsqu'elle décrit son orbite autour de notre étoile.

ARN (acide ribonucléique)
Longue molécule assez proche de l'ADN, constituée de nucléotides. Par rapport à l'ADN, le sucre est un ribose au lieu du désoxyribose, et l'une des bases, l'uracile, est remplacée par la thymidine. Mais, contrairement à l'ADN qui est formé de deux brins hélicoïdaux complémentaires constitués de nucléotides, l'ARN ne possède généralement qu'un seul brin. Il existe plusieurs types d'ARN au niveau de la cellule : par exemple, l'ARN messager qui transporte l'information génétique de l'ADN au ribosome, petite usine chimique où s'effectue la synthèse des protéines.

Bâtonnets
La rétine de l'œil est constituée de deux types de photo-récepteurs : les bâtonnets et les cônes. Les bâtonnets sont responsables de la vision scotopique qui est un caractère de la vision lorsque la rétine, adaptée à l'obscurité, est excitée par une lumière de très faible intensité. Comme il n'y a qu'un seul type de récepteur, la vision n'est pas en couleur.

Big bang
Explosion initiale d'où l'univers actuel serait issu et dont l'existence est confirmée par des mesures du rayonnement fossile à 3 degrés Kelvin et par l'expansion de l'univers. Ce « grand boum » se serait déroulé il y a environ 15 milliards d'années.

Biocarburant
Carburant d'origine végétale utilisé dans les moteurs à explosion, comme l'alcool ou le diester de glycol.

Biocombustible
Combustible obtenu après transformation de produits d'origine végétale ou animale (huiles et esters).

Biogaz
Gaz issu de la fermentation de végétaux ou d'excréments d'animaux qui peut être utilisé à des fins énergétiques.

Carbonates
En géologie, famille de minéraux constitués d'un anion carbonate et d'un cation. Ces minéraux sont de faible dureté, et le plus répandu est la calcite $CaCO_3$, qui est du carbonate de calcium.

Cataracte
En médecine, opacité congénitale ou acquise du cristallin de l'œil. Le traitement consiste dans l'ablation du cristallin.

Celsius (degré)
L'unité de température dite « Celsius » est telle que la température de solidification et celle d'ébullition de l'eau valent respectivement 0 et 100 degrés.

Centre actif (solaire)
Région où le champ magnétique solaire est très supérieur au champ magnétique environnant et se répartit entre structures brillantes (voir « facules ») et sombres (voir « tache s olaire »).

Chimiosynthèse
Il s'agit en principe d'une synthèse par réaction chimique, mais ce terme est utilisé par opposition à la photosynthèse qui utilise l'énergie lumineuse. En effet, certains êtres vivants peuvent assimiler directement des composés minéraux et les transformer en matière organique grâce à l'énergie issue d'une réaction chimique où interviennent des éléments du milieu. Des organismes utilisant ce processus sont dits autotrophes. Les chimiosynthèses peuvent partir de composés azotés, soufrés ou d'hydrogène qui sont oxydés.

COBE (Cosmic Background Explorer)
Mission, lancée en 1989, initiée par la NASA pour l'étude du fond de rayonnement micro-ondes issu du big bang.

Conduction
Mode de transmission de la chaleur ou de l'électricité dans un corps. C'est un des trois modes de conduction de la chaleur, avec la convection et le rayonnement.

Cônes
La rétine de l'œil est constituée de deux types de photorécepteurs : les bâtonnets et les cônes. Lorsque la lumière est forte (lumière du jour), les bâtonnets sont saturés et n'envoient plus de signal au cerveau. Les cônes deviennent alors actifs et permettent la vision des couleurs.

Convection
Mode de transmission de la chaleur par déplacement de matière. C'est un des trois modes de conduction de la chaleur, avec la conduction et le rayonnement.

Coronographe
Dispositif optique comprenant une série de masques occulteurs qui bloquent le rayonnement de l'objet central : par exemple, le disque solaire. Il permet de mesurer le rayonnement des régions externes : par exemple, la couronne solaire. Il a été inventé par le Français Bernard Lyot, qui obtint dès 1931 la première photographie de la couronne solaire.

Corps noir
Ce corps absorbe tous les rayonnements reçus et les réémet intégralement, une situation dans laquelle le corps est en équilibre avec son rayonnement. À ce corps (théorique) est associée la notion d'équilibre thermodynamique et la loi de répartition de l'énergie lumineuse émise en fonction de la température, découverte par Planck au début du xxe siècle. Plus la température du corps noir est élevée, plus le rayonnement est situé dans les courtes longueurs d'onde.

Croûte
La croûte terrestre est la partie supérieure de la lithosphère, partie externe de la Terre où la chaleur se propage par conduction. Son épaisseur varie entre 70 et 80 kilomètres. Elle comprend la croûte terrestre et le manteau supérieur.

Diffusion
Ici, rencontre entre le rayonnement et la matière dans laquelle le photon incident sur la particule peut, après la rencontre, repartir dans n'importe quelle direction, non sans avoir perdu une très petite fraction de son énergie.

Éclairement
Puissance lumineuse reçue (de toutes les directions) par la surface d'un objet.

Effet Doppler-Fizeau
Effet de changement de fréquence d'un signal lorsque source et récepteur sont en déplacement mutuel. D'abord

remarqué par l'Autrichien C. Doppler pour les signaux sonores (le son du sifflet d'une locomotive devient plus grave quand elle s'éloigne de l'observateur), le phénomène a été découvert par le Français H. Fizeau pour la lumière (quand la source s'éloigne, la lumière est décalée vers le rouge).

EIT (Extreme Ultraviolet Imaging Telescope)
Télescope travaillant dans l'extrême UV (EUV) et installé à bord de la mission SOHO. Ce télescope a produit, depuis 1996, plus de 10 000 images du Soleil dans l'EUV.

Éjection de matière coronale
Nuage de plasma éjecté du Soleil à l'occasion d'une éruption solaire et d'une éjection de protubérance. Il s'éloigne du Soleil à une vitesse pouvant atteindre 1 000 kilomètres par seconde et il est précédé d'un choc. Ce nuage peut frapper la Terre et y déclencher des orages magnétiques ou des aurores boréales...

Électrolyse
Décomposition de molécules induite par le passage du courant électrique dans une solution contenant des ions. L'électrolyse de l'eau conduit, par exemple, à la formation de molécules d'hydrogène et d'oxygène.

Électron
Particule élémentaire de charge négative. Dans le cas de l'élément chimique le plus simple, l'hydrogène, l'électron orbite autour du proton de charge négative et dont la masse est 1 840 fois plus forte.

Énergie
L'énergie, au sens employé ici, représente la capacité de faire un travail, de fournir de la chaleur. Il a fallu des millions d'années à la nature pour fabriquer les énergies fossiles que sont le pétrole, le charbon et le gaz, ainsi que d'autres composés organiques énergétiques. Ces énergies sont donc épuisables car on les consomme plus rapidement qu'elles ne peuvent être produites. Les énergies renouvelables (hydraulique, éolien, solaire, géothermie, biomasse...) existeront tant qu'existera notre planète et le Soleil, mais elles sont souvent diluées et intermittentes.

Éruption solaire
Phénomène énergétique transitoire d'origine magnétique qui donne lieu à un chauffage intense de l'atmosphère solaire et à l'accélération de particules énergétiques dirigées à la fois vers le Soleil et vers l'espace.

ESA (European Space Agency)
Agence européenne de l'espace.

Ester
Molécules résultant de l'action d'un alcool sur un acide organique.

Eucaryote
Cellule caractérisée par un noyau individualisé par une enveloppe contenant le matériel génétique.

Excentricité
L'excentricité permet de caractériser l'allure générale de la trajectoire d'un corps céleste en orbite autour d'un autre. Elle est comprise entre 0 et 1. Quand l'excentricité est nulle, l'orbite est un cercle. Plus la valeur de l'excentricité augmente, plus l'orbite est aplatie.

Facule (ou plage faculaire)
Région très brillante de la photosphère et de la chromosphère solaires, souvent située au voisinage des taches solaires. C'est le lieu de boucles magnétiques dont certaines peuvent avoir leur pied dans une tache. Le fort champ magnétique de ces structures contribue au chauffage de la matière, contrairement au cas des taches. Facules et taches constituent les régions actives.

Fusion (thermonucléaire)
Union de noyaux en un noyau plus lourd. Cette réaction nucléaire nécessite de très hautes températures (telle que celle à l'intérieur du Soleil) afin de permettre le rapprochement des noyaux qui ont tendance à se repousser. L'énergie dégagée est proportionnelle à la masse « disparue » dans cette fusion.

Gauss
Unité d'induction magnétique du nom du mathématicien-physicien allemand Carl Friedrich Gauss. Cette unité, qui vaut un dix millième de Tesla, est encore utilisée en astronomie.

Géante rouge
Étoile mille à dix mille fois plus lumineuse que le Soleil. Il s'agit d'une étape obligatoire dans la fin de la vie d'une étoile : lorsque la combustion de l'hydrogène ne s'effectue plus qu'à la surface du noyau interne, ce dernier se contracte et libère une énergie lumineuse qui contribue à pousser l'enveloppe vers l'extérieur. L'étoile peut ainsi plus que décupler sa taille. Le sort de cette géante rouge va dépendre de sa masse.

Gène
Morceau de l'ADN contenu dans le noyau des cellules, renfermant le programme de fabrication d'une protéine. L'homme possède près de 30 000 gènes, ce qui représente environ 5 % de l'ensemble de son ADN. Les gènes contiennent des informations sur les caractéristiques d'un individu, comme la couleur des yeux. Il existe des espèces animales et végétales qui ont plus de gènes que l'homme.

Géostationnaire (orbite)
Orbite d'altitude de l'ordre de 36 000 kilomètres le long de laquelle la vitesse est la même que la vitesse de rotation de la Terre. Elle est particulièrement favorable aux satellites de télécommunications et de météorologie qui restent ainsi positionnés au-dessus des territoires concernés.

GONG (Global Oscillations Network Group)
Réseau américain de stations réparties autour du globe permettant une observation continue du Soleil et, notamment, de ses modes de pulsation internes.

Granulation
Réseau de structures de forme plus ou moins circulaire (les granules) à la surface du Soleil. Leur diamètre est de l'ordre de 1 000 kilomètres. Ce réseau constitue la preuve du processus de convection sous-jacent : le granule est brillant car il résulte de la montée de gaz chaud ; au contraire, la frontière entre granules est sombre car elle est le lieu de la plongée de gaz froid.

Gravitation
La gravitation est l'une des quatre interactions fondamentales connues dans l'univers. Elle est de faible intensité, mais de longue portée. C'est elle qui est responsable du fait qu'un corps massif qu'on lâche tombe sur le sol, ou encore que la Terre tourne autour du Soleil. Les trois autres interactions fondamentales sont l'interaction électromagnétique qui s'exerce entre des particules chargées, l'interaction forte responsable de la cohésion des noyaux et l'interaction faible que l'on observe dans la désintégration radioactive bêta.

Héliopause
Région frontière entre l'héliosphère et le milieu interstellaire dans lequel se déplace le système solaire. Elle est située à un peu moins de 100 unités astronomiques du Soleil.

Héliosphère
C'est la « sphère d'influence » du Soleil : le vent solaire, avec ses particules et son champ magnétique, remplit cette bulle, sauf quand il rencontre les obstacles que constituent les planètes et leurs atmosphères magnétisées.

Hélium
Élément le plus abondant dans l'univers (en particulier, le Soleil) après l'hydrogène. Son noyau est constitué de deux protons et deux neutrons ; il est entouré de deux électrons. C'est le produit final des réactions de fusion thermonucléaire.

Horloge interne
L'horloge interne (ou biologique) régule certains comportements selon deux périodes d'activité. Il s'agit d'un mécanisme interne qui contrôle le démarrage et l'arrêt de certaines activités d'un organisme pour faire coïncider le rythme biologique avec celui du milieu. On distingue deux grandes périodes. L'une, dite circadienne, est fonction de la période du jour (les animaux diurnes agissent le jour, les animaux nocturnes la nuit). L'autre, dite circannuelle, correspond à une période d'une année. Elle est très liée à l'activité hormonale (reproduction, migrations).

Hormone
Molécule produite par un organe ou un tissu. Généralement transportée par le sang, elle agit sur un organe ou un autre tissu situés à distance. Les hormones, avec le système nerveux, coordonnent l'activité des milliards de cellules du corps humain.

Hydrogène
Le plus léger et le plus abondant (90 %) des éléments dans l'univers. Son noyau est constitué d'un proton, autour duquel gravite un seul électron. Il a deux isotopes : le deutérium (un neutron a rejoint le proton du noyau) et le tritium (deux neutrons avec le proton).

Infrarouge (rayonnement)
Sa longueur d'onde se situe entre 0,75 et 200 micromètres environ (entre rayonnements visible et radio). Ce rayonnement permet d'accéder à des objets froids et distants (par exemple, les régions de formation d'étoiles qui ne sont pas obscurcies, en infrarouge, par les nuages sombres le long de la ligne de visée).

IRIS (International Research of the Interior of the Sun)
Réseau français de stations réparties autour du globe permettant une observation continue du Soleil et, notamment, de ses modes de pulsation internes.

Irradiance
Il s'agit de l'éclairement reçu (hors atmosphère) par la Terre à une distance d'une unité astronomique. Elle vaut 1 367 watts par mètre carré et fluctue d'environ 1 watt par mètre carré entre minimum et maximum d'activité solaire.

Isotope
Nom donné à des atomes ayant le même nombre de protons (dans leurs noyaux) et d'électrons mais dont les noyaux renferment des nombres de neutrons différents. L'exemple le plus connu est celui de l'isotope 14 du carbone (muni de 2 neutrons de plus que le carbone ordinaire).

ITER (International Thermonuclear Experimental Reactor)
Un réacteur de fusion thermonucléaire construit par les Européens, les Japonais, les Canadiens et les Russes, capable de produire plus d'énergie qu'il n'en consomme.

Jets coronaux
Structures radiales s'étendant loin dans la couronne et observées notamment à l'occasion d'éclipses. Leurs positions et leur nombre dépendent de l'activité solaire : en période de minimum solaire, ils sont concentrés plutôt dans les régions équatoriales. Ils sont associés aux régions photosphériques où les lignes de force du champ magnétique sont fermées. Leurs pieds sont constitués d'arches qui à grande distance se transforment en « casques à pointe », jusqu'à devenir de longs filaments observables sur plusieurs rayons solaires.

Kelvin (degré)
L'unité de température dite « Kelvin » est telle que la température de solidification et celle d'ébullition de l'eau valent respectivement 273 et 373 degrés.

Kérogène
Précurseur des combustibles fossiles. Il se forme dans les couches de sédiments riches en matière organique. Les bactéries anaérobies transforment, à des températures ne dépassant pas 30 °C, les glucides, protides et lipides de la matière organique en produits gazeux et en kérogène.

LASCO (Large Angle Spectrometric Coronograph)
Un jeu de trois coronographes travaillant dans le visible et installés à bord de la mission SOHO. Ils couvrent un champ de près de 30° autour du Soleil.

Longueur d'onde
Intervalle de distance sur lequel un phénomène vibratoire périodique se reproduit à l'identique. Dans le cas de la lumière visible, la longueur d'onde est comprise entre 0,4 et un peu moins de 0,8 micromètre.

Luminosité
Énergie lumineuse totale émise, par unité de temps, dans toutes les directions.

Magnétosphère
Sphère d'influence du champ magnétique d'une planète ou d'une étoile (pulsar...) autour de cet objet. Dans le cas de la Terre, cette région est soumise à la pression du vent solaire. Elle est donc comprimée du côté Soleil (elle finit à environ 60 000 kilomètres de la surface terrestre) mais s'étend très loin dans la direction opposée au Soleil (sous forme de « queue magnétosphérique »).

Manteau
Le manteau terrestre est situé sous la croûte terrestre entre 10 et 2 900 kilomètres de profondeur. Il contient le noyau central de la planète constitué de métal en fusion. Le manteau est formé de roches chaudes et pâteuses qui représentent environ les deux tiers de la masse du globe.

MDI (Michelson Doppler Imager)
Un interféromètre-imageur travaillant dans le visible et installé à bord de la mission SOHO. Il effectue des mesures de vitesse et de champ magnétique dans la photosphère solaire.

Mélatonine
La mélatonine est une molécule naturelle (découverte en 1958 par Aaron Lerner) ayant une fonction d'hormone qui est présente chez les mammifères. Elle intervient dans nos rythmes biologiques quotidiens (dans l'alternance entre la veille et le sommeil). Elle est aussi impliquée dans les rythmes saisonniers de certains animaux.

Météorite
Corps céleste qui tombe sur la Terre. La plupart sont des météorites de pierre, d'autres (moins de 6 % des chutes) de fer avec une faible proportion de nickel (90 % de fer, 10 % de nickel). Enfin, on trouve des météorites contenant, en proportions égales, du silicate et du fer (1,5 % des chutes).

Naines blanches
Étoiles de petite dimension qui se forment en fin de vie des étoiles de faible masse (plus petite que 1,4 fois celle du Soleil). Elles résultent de l'effondrement de la matière qui n'a pas été éjectée. Elles sont le lieu de densités et pressions très fortes. Leur température de surface est de l'ordre de 10 000 degrés Kelvin.

Nanomètre (nm)
Un milliardième de mètre.

NASA (National Aeronautics and Space Administration)
Agence de l'espace des Etats-Unis.

Neutrinos
Particules électriquement neutres et de masse infinitésimale. Capables de traverser le Soleil sans encombre (une sur un million est arrêtée), elles nous renseignent sur les conditions dans le cœur même du Soleil. Elles sont aussi susceptibles d'apporter de précieuses informations sur les sources de rayonnement gamma *(gamma-ray bursts).*

Neutron
Particule élémentaire ayant la même masse que le proton mais non chargée électriquement.

Noyau
Le noyau terrestre est la partie centrale de la Terre entourée par le manteau. Il est liquide et constitué en grande partie d'un alliage de fer et de nickel. Le noyau terrestre est le siège des mouvementsi de convection à l'origine de la dynamo terrestre.

Obliquité
Angle formé par l'axe des pôles de la Terre avec le plan de l'écliptique qui est défini par la trajectoire que suit notre planète autour du Soleil. Cet angle est actuellement de 23°27'mais il a varié au cours de l'histoire de la Terre.

Périhélie
La périhélie est la position où la Terre est la plus proche du Soleil lorsqu'elle décrit son orbite autour de notre étoile.

Photorécepteur
Détecteur sensible aux photons, c'est-à-dire à la lumière. Des cellules photosensibles situées dans la rétine sont ainsi sensibles à la lumière visible du Soleil.

Photosphère
Terme venant du grec *phôtos*, signifiant lumière, et *sphaira*, sphère. Sa surface délimite la couche visible du Soleil. La température y est de l'ordre de 6 000 degrés K, ce qui explique la couleur jaune-vert du Soleil.

Photosynthèse
Processus dans lequel les végétaux, lors de leur croissance, absorbent de l'énergie lumineuse pour, avec l'eau et le gaz carbonique de l'atmosphère, fabriquer des hydrates de carbone qui sont des matières énergétiques.

Photovoltaïque (cellule)
Détecteur permettant de transformer de la lumière en électricité.

Photovoltaïque (effet)
Phénomène permettant de produire de l'électricité à partir de la lumière en utilisant un matériau approprié, généralement un semi-conducteur. Cet effet a été découvert en 1839 par Becquerel.

Pile à combustible
Dispositif permettant de produire de l'électricité et de l'eau à partir d'hydrogène et d'oxygène. On réalise ainsi l'inverse de l'électrolyse de l'eau, mais en produisant de l'énergie au lieu d'en consommer.

Plancton
Ensemble d'organismes vivants qui flottent en pleine eau et sont entraînés par les courants. On distingue le zooplancton, constitué d'animaux, principalement des crustacés, et le phytoplancton, qui comprend des organismes végétaux.

Plasma
Gaz contenant des ions et des électrons libres et, donc, conducteur de l'électricité. Un exemple de gaz presque totalement ionisé est donné par la couronne solaire portée à plus d'un million de degrés Kelvin. Au contraire, la chromosphère solaire est partiellement ionisée car elle contient aussi des atomes neutres.

Précession
Mouvement de rotation de l'axe Nord-Sud de la Terre autour de la perpendiculaire au plan de l'écliptique. Cet axe décrit un cône dont le demi-angle est de 23°27'avec une période de 25 800 ans.

Procaryote
Cellule dont le génome n'est pas enveloppé par une membrane nucléaire.

Proton
Particule élémentaire qui constitue le noyau (chargé positivement) de l'hydrogène. Sa masse est de l'ordre d'un milliardième de milliardième de microgramme. Il est présent dans les noyaux de tous les éléments.

Puissance
Énergie par unité de temps. Une même quantité d'énergie libérée en un temps très court correspond à une forte puissance. Libérée dans un temps beaucoup plus long, elle correspond à une faible puissance.

Raie d'absorption
Dans un spectre de répartition de l'énergie lumineuse en fonction de la longueur d'onde, elle se présente comme une bande étroite sombre sur fond brillant : à cette longueur d'onde, le photon arrivant sur l'atome est absorbé et permet à un électron de monter à un niveau d'énergie (une orbite) supérieur par un montant égal à l'énergie du photon incident.

Raie d'émission
Dans un spectre de répartition de l'énergie lumineuse en fonction de la longueur d'onde, elle se présente comme une bande étroite brillante sur fond sombre : un électron de l'atome descend d'un niveau d'énergie à un niveau inférieur, les deux niveaux étant séparés par une énergie égale à celle de l'énergie associée au photon émis.

Raie rouge Hα de l'hydrogène
Cette raie correspond à une transition atomique de l'hydrogène située à 656,3 nm. Elle est couramment observée dans les observatoires solaires situés au sol. C'est elle qui donne sa couleur rouge à la chromosphère solaire.

Rayon gamma
Rayonnement électromagnétique de très grande énergie émis par les noyaux lorsqu'ils se désexcitent. C'est un rayonnement très pénétrant et il faut une grande épaisseur de plomb pour s'en protéger.

Rayon X
Rayonnement électromagnétique de grande énergie émis par les atomes. Ils sont notamment utilisés pour les radiographies médicales. Leur longueur d'onde est située dans un domaine compris entre 0,2 et 50 nm environ.

Rayonnement UV-EUV ou X
Rayonnement dont la longueur d'onde est de l'ordre de 0,1 nm (X), de 1 à 100 nm (EUV) et de 100 à 400 nm (UV). Le rayonnement solaire ne pénètre pas dans l'atmosphère terrestre en dessous de 300 nm.

Respiration
Mécanisme utilisé par les êtres vivants pour acquérir l'énergie du milieu extérieur et assurer leurs fonctions vitales. Pour cela, de l'oxygène du milieu extérieur est consommé dans des réactions chimiques complexes pour former du gaz carbonique qui est ensuite rejeté vers l'extérieur.

Semi-conducteurs
Matériaux ayant des propriétés électriques et une conductivité intermédiaires entre celles des métaux conducteurs et des isolants. Leur conductivité électrique augmente en fonction de la température, contrairement aux conducteurs. Ils peuvent être dopés par d'autres éléments chimiques et sont à la base de la fabrication des circuits intégrés qui ont envahi notre vie quotidienne. Le semi-conducteur le plus utilisé en électronique est le silicium.

Sérotonine
Neurotransmetteur qui intervient dans la régulation de l'humeur. Cette molécule est libérée à l'extrémité d'un neurone lors de la propagation de l'influx nerveux et relaie l'information d'un neurone à l'autre. Il est en particulier impliqué dans la dépression et l'anxiété.

SOHO (Solar Heliospheric Observatory)
Mission solaire ESA-NASA, lancée en 1995. Elle est en orbite de halo depuis mars 1996 autour du point de Lagrange L1 situé entre Terre et Soleil.

Spectre
Caractéristiques de l'émission lumineuse d'un objet : on distingue des spectres continus où la lumière est présente dans toutes les couleurs (ou longueurs d'onde), des spectres de raies d'absorption où la lumière est affaiblie en quelques couleurs bien précises par rapport aux couleurs voisines, des spectres d'émission où la lumière est renforcée en quelques couleurs bien précises. Les raies d'absorption et d'émission sont caractéristiques d'éléments chimiques précis.

Spectrométrie
Etude des propriétés de la lumière à l'aide d'instruments (spectrographes, spectromètres) qui séparent les couleurs (les longueurs d'onde) de la lumière.

Supernova
Explosion d'étoile spectaculaire au cours de laquelle une quantité colossale d'énergie est libérée. Il peut s'agir d'un couple d'étoiles dans lequel une naine blanche se rapproche trop de sa compagne. Il peut s'agir aussi d'une étoile massive où, le combustible nucléaire étant épuisé au centre, la combustion continue vers la surface, provoquant finalement une forte éjection de matière dans le milieu interstellaire. Ne reste plus alors qu'une étoile à neutrons ou un trou noir.

Tache solaire
Région qui apparaît sombre à la surface du Soleil car plus froide que les régions environnantes. Il s'agit d'une structure très fortement magnétique (où le champ peut atteindre plus de 3 000 Gauss) qui contribue, au sein d'une région active, de façon décisive à l'activité du Soleil.

Tachocline
Région à l'interface entre zone radiative et zone convective. Dans cette région, la vitesse du gaz change brutalement. Dans les régions équatoriales, le gaz tourne plus vite au-dessus qu'en dessous de cette couche ; mais cette situation s'inverse quand on s'approche des pôles. En dessous de la tachocline, le gaz tourne assez uniformément à toutes les latitudes. On soupçonne cette même région d'abriter la dynamo solaire.

Trou coronal
Région de la couronne solaire en général plus froide et moins dense que la couronne voisine où le champ magnétique est radial (champ « ouvert »). C'est de ce type de régions que s'écoule, en général aux pôles du Soleil, le vent solaire rapide.

Ultraviolet
Rayonnement électromagnétique s'étendant depuis la limite violette du spectre visible (environ 400 nm) jusqu'aux rayons X mous (environ 50 nm).

UVCS (UltraViolet Coronograph Spectrometer)
Un spectro-coronographe travaillant dans l'UV installé à bord de la mission SOHO.

Vitamine D
Une vitamine est une substance nécessaire au fonctionnement normal des cellules que l'homme ne synthétise pas et qu'il doit en général se procurer par l'alimentation. La vitamine D est liposoluble et se stocke. Un excès est donc dangereux. Elle se forme, en grande partie, sous l'action des rayons ultraviolets du soleil dans les couches profondes de la peau. On la trouve aussi dans l'alimentation (poissons gras, œufs, foie, huiles et foies de poissons). Elle nécessaire pour les os, le métabolisme du calcium, etc.

WMAP
(Wilkinson Microwave Anisotropy Probe)
Mission lancée le 30 juin 2001 pour l'étude du fond de rayonnement micro-ondes issu du big-bang. Il est positionné au point L2 de Lagrange situé au-delà de la Terre sur la ligne Soleil-Terre. Qui existe, se développe ou s'effectue sans air ou oxygène (milieu anaérobie, réaction anaérobie). Les organismes anaérobies n'ont pas besoin d'oxygène pour vivre.

YOHKOH
Satellite d'observation solaire travaillant dans les rayons X mous, lancé en 1991 par le Japon. Il a cessé d'observer dix ans plus tard. YOHKOH signifie « rayon de soleil » en japonais.

Zone convective
Zone dans laquelle l'énergie produite dans une étoile est transportée vers les couches supérieures par le processus de convection. Il s'agit d'un transport de chaleur effectué par le mouvement du fluide sous l'effet d'un gradient de température (par exemple, eau qui bout dans une casserole ou air venant d'un radiateur). Dans le cas du Soleil, la base de cette zone est située 200 000 kilomètres en dessous de la surface.

Zone radiative
Zone dans laquelle l'énergie produite dans une étoile est transportée vers les couches supérieures par le processus de rayonnement (voir « diffusion »). Dans le cas du Soleil, la base de cette zone est située entre le noyau (200 000 kilomètres à partir du centre) et la base de la zone convective (200 000 kilomètres en dessous de la surface). Elle a donc 300 000 kilomètres d'épaisseur.

Bibliographie

CHAPITRE I

Ouvrages généraux

Le Grand Atlas de l'astronomie, J. Audouze et G. Israël (sous la dir.), Encyclopedia Universalis, 1983, réédité en 1993.
L'Astronomie : comprendre l'univers, connaître les planètes, les étoiles, les galaxies, choisir un instrument d'observation, 36 observations pratiques, M. Marcelin, CIL, 1988.
L'Astronomie, Ph. de La Cotardière (sous la dir.), Larousse, 1994.
Introduction à l'Astronomie, coll. De caelo, A. Acker., Masson, 1992.
Le Grand livre du ciel. Comprendre l'astronomie du XXIe siècle, Ph. de La Cotardière & R. Ferlet (sous la dir.), Bordas, 1999.
L'Univers, J. Audouze, coll. Que sais-je ? P.U.F., 1997.
Poussières d'étoiles, H. Reeves, Seuil, 1994.
Figures du ciel, M. Lachièze-Rey & J.-P. Luminet, Bibliothèque nationale de France/Seuil, 1998.
Nostalgie de la lumière, M. Cassé, Belfond, 1987.
Soleils éclatés, T. Montmerle & N. Prantzos, CEA/Presses du CNRS, 1988.
Le Big bang, J. Silk, Odile Jacob, 1998.

Ouvrages sur le Soleil

Sous l'étoile Soleil, J.-C. Pecker, Fayard, 1984.
Secrets of the Sun, R. Giovanelli, Cambridge University Press, 1984.
L'avenir du Soleil, J.-C. Pecker, Hachette, 1990.
Solar Astrophysics, P. Foukal, John Wiley and Sons, 1990.
Le Soleil est une étoile, J.-C. Pecker, coll. Explora, Cité des sciences et de l'industrie/Pocket, 1992.
Le Soleil, P. Lantos, coll. Que sais-je ? P.U.F., 1994.
La lumière des neutrinos, M. Cribier, M. Spiro & D. Vignaud, Seuil, 1995.
Le Soleil en face, P. Lantos, Masson, 1997.
Le Soleil et ses relations avec la Terre, K. Lang, Springer Verlag, 1997.
The Solar Corona, L. Golub, J. M. Pasachoff, Cambridge University Press, 1997.
Nearest Star : The Exciting Science of Our Sun, L. Golub, J. M. Pasachoff, Harvard University Press, 2001.
Total Eclipses of the Sun, J. B. Zirker, Princeton University Press, 1995.
Éclipses totales, P. Guillermier & S. Koutchmy, Masson, 1998.
Éclipses, les rendez-vous célestes, S. Brunier & J.-P. Luminet, Bordas, 1999.
La Chanson du Soleil, S. Vauclair, Albin Michel Sciences, 2002.
SUMER Atlas. Images of the solar upper atmosphere from SUMER on SOHO, U. Feldman, I.E. Dammasch and L. Wilhelm, P. Lemaire, D. Hassler, ESA SP-1274, 2003.

Sur SOHO

Articles de revues professionnelles :
En français:
« SOHO : derniers résultats », J.-C. Vial, 1999, *Comptes Rendus de l'Académie des Sciences*, 327, IIb, 1201.
En anglais:
« The New Solar Corona, Aschwanden », M. J. Poland, A. I. Rabin, D. M., *Annual Review of Astronomy and Astrophysics*, vol. 39, p. 175-210 (2001).

Article de vulgarisation :
« La mission solaire SOHO, 5 ans après », J.-C. Vial, F. Baudin, P. Boumier, *L'Astronomie*, mai 2001.

Autres

« L'Activité solaire », numéro spécial de *L'Astronomie*, 1990.
« Les fureurs du Soleil », J. Burch, P. Lantos, T. Amari, *Pour la Science*, 284, juin 2001.

CHAPITRE II

Enfants du soleil, A. Brahic, Odile Jacob, 1999.
Le Climat de la Terre, un passé pour quel avenir ?, A. Berger, De Boeck Université, 1989.
Climat d'hier à demain, S. Joussaume, CEA/CNRS Éditions, 1999.
Collisions dans le système solaire, P. Bendjoya, Belin, 1998.
La Plus Belle Histoire du monde, H. Reeves, J. de Rosnay, Y. Coppens et D. Simonnet, Seuil, 1996.
Global Environment : Water, Air, and Geochemical Cycles, E. Berner et R. Berner, Prentice-Hall, 1996.
Histoire solaire et climatique, E. Nesmes-Ribes et G. Thuillier, Belin, 2000.
Système Terre, I. Rasool, coll. Dominos, Flammarion, 1993.
La Terre chauffe-t-elle ?, G. Lambert, EDP Sciences, 2001.
L'Avenir climatique : quel temps ferons-nous ?, J.M. Jancovici, Seuil, 2002.
Atmosphères planétaires, origine et évolution, T. Encrenaz, Belin, 2000.
Le Livre de la vie, S.J. Gould *et al.*, Seuil, 1993.
History of Life, R. Cowen, Blackwell Science, 2000.

CHAPITRE III

Cahiers pour demain, n° 48, G. Maloteaux, Centre européen du travail.
Energies, V. Smill, The MIT Press, 1998.
L'Énergie, ressources, technologies et environnement, C. Ngô, Dunod, 2002.
L'État actuel et les perspectives techniques des énergies renouvelables, C. Birraux et J.-Y. Le Déaut, Rapport de l'Office parlementaire des choix scientifiques et technologiques, 2002.
Les Énergies renouvelables, J. Vernier, PUF, coll. « Que sais-je ? », 1997.
Environnement, énergie, santé, brochure de la Société française d'énergie nucléaire, Groupe Languedoc-Roussillon, juin 1997.
Déchets et pollution, impact sur l'environnement et la santé, C. Ngô et A. Régent, Dunod ,2004.
Rapport du GIEC, 2001.
Le Climat de la Terre, R. Sadourny, Flammarion, coll. Dominos, 1994.
Les Nuisances de l'énergie sur le vivant : l'influence des faibles doses, A. Syrota, « Les Journées de l'énergie au Palais de la découverte », 2001.
Climat et Santé, J-P. Besancenot, PUF, 2001.
L'Environnement en France, IFEN-La Découverte, 2002

CHAPITRE IV

Dictionnaire des mythologies, Y. Bonnefoy, Flammarion, 1981.
Dictionnaire des symboles, J. Chevalier, et A. Gheerbrant, Robert Laffont, 1982.
Le Folklore de France, P. Sébillot, Maison-Neuve et Larose, 1968.
La Religion des anciens Scandinaves, R. Boyer, Payot, 1981.
Traité de l'histoire des religions, M. Eliade, Payot, 1964.
La Cosmogonie japonaise, J. Herbert, DervLivres, 1977.
Mythologie indienne, V. Ions, ODEGE, 1968.
Mythologie égyptienne, V. Ions, ODEGE, 1969.
Mythologies africaines, G. Parrinder, ODEGE, 1969.
Mythologie océanienne, R. Poignant, ODEGE, 1968.
L'Univers des Aztèques, J. Soustelle, Hermann, 1979.
Le Ciel, ordre et désordre, J.-P. Verdet, coll. Découvertes Gallimard, 2001.
Voir et rêver le monde, J.-P. Verdet, Larousse, 2002.

« Soleil, mythes et réalités »
Cette exposition a été conçue par « Les Productions de l'Ordinaire/Médiapolis » et produite par la Cité des sciences et de l'industrie en partenariat avec le CEA (Commissariat à l'énergie atomique).
Conseiller scientifique : Michel Cassé (CEA)

Cité des sciences et de l'industrie

Chef de projet :
Anne Stephan

Coordination scénographique :
Christian Charron

Coordination graphique :
Sylvie Clergue

Équipe projet :
Bernard Nomblot, Claude Ostrowetsky, Nathalie Powroznik, Nora Reddani, Marie-Luce Staib, Léo Tamamès

Partenariat :
Fondation Villette-Entreprises

« Les Productions de l'Ordinaire/Médiapolis »

Commissariat :
Sylvie Gruszow, Gilles Lacombe, Lucien Logette, Catherine Mariette, Jean-Marie Verdi

Conseillers scientifiques :
Guillaume Aulanier, Jean-Paul Collaert, Bernard Saugier

Scénographe :
Pierre Magnin

Graphiste :
Gilles Chapat

Conception sonore :
Patricia Delasalle

Iconographe :
Pierrette Destanque

Comité scientifique de l'exposition « Soleil »

Monique Arduini (CNES)
Michel Cassé (CEA)
Dr Jean-Pierre Cesarini
(association « Sécurité solaire »)
Maurice Godelier
(École des hautes études en sciences sociales - EHESS)
Dominique Groleau
(Centre d'études et de recherches méthodologiques d'architecture - CERMA)
Serge Koutchmy
(Institut d'astrophysique de Paris/CNRS)
Jean-François Morot-Gaudry
(Institut national de la recherche agronomique - INRA)
Christian Ngô (CEA)
Claude Rullière (CEA)

Crédits photographiques

(de haut en bas)

Couverture : Jisas/Lockheed/SPL/Cosmos

Les dessins et schémas des pages 15, 16, 33, 35, 36, 37, 41, 45, 73, 74, 77, 80, 98, 100, 104, 106, 107, 110, 111, 168, 173 sont de Noël Blotti.
Les illustrations des pages 52-53, 84-85,88-89 sont de Fabienne Vansteenkiste.

Chapitre I
p. 10 : Chris Butler/SPL/Cosmos, Nasa/Stsci/NOAO/Ciel et Espace, JPL/Ciel et Espace ; p. 11 : ESO/Ciel et Espace ; p. 13 : Laboratoire de Minéralogie/M.N.H.N. p. 15 : CSI/Médiathèque ; p. 17-18-19 : SOHO/MDI (ESA et NASA) ; p. 20 : SOHO/EIT (ESA et NASA) ; p. 21 : SOHO/SUMER (ESA et NASA) ; p. 22-23-24-25-26-27 : SOHO/EIT (ESA et NASA) ; p. 28 : Image composite par D. Alvarez et S. Koutchmy/CNRS/SOHO/LASCO (ESA et NASA) ; p. 29 : SOHO/LASCO (ESA et NASA) ; p. 30-31 : SOHO/UVCS/EIT (ESA et NASA) ; p. 32 : SOHO/LASCO (ESA et NASA) ; p. 33 : Sudbury Neutrino Observatory (SNO)/D.R. ; p. 34 : David Hardy/SPL/Cosmos, Thierry Roudier/Observatoire du pic du Midi ; p. 35 : Philippe Plailly/EURELIOS ; p. 36 : Michel Dionne/Ciel et Espace ; p. 37 : The Institute for Solar Physics/The Royal Swedish Academy of Sciences/D.R. ; p. 38 : NOAO/Ciel et Espace, Armin Behrend/EURELIOS ; p. 39 : D. Alvarez et S. Koutchmy/CNRS/SOHO/LASCO (ESA et NASA) ; p. 40 : NASA/SPL/Cosmos, Jisas/Lockheed/SPL/Cosmos, SPL/Cosmos ; p. 42 : ULYSSES/Los Alamos et SOHO/EIT/LASCO (ESA et NASA)/Mauna Loa Images/D.R. ; p. 43 : NASA/MSFC/D.R., NOAO/SPL/Cosmos, NOAO/Ciel et Espace ; p. 45 : Dessin de Noël Blotti d'après C. Fröhlich et Werner Schmutz/PMOD/WRC ; p. 46 : Chris Madeley/SPL/Cosmos, NASA/Ciel et Espace ; p. 47 : Illustration de Clovis Vijoux/ESA ; p. 48 : Lionel Bret/EURELIOS, NASA/NOAO/Ciel et Espace ; p. 49 : SOHO/LASCO (ESA et NASA) ; p. 50-51 : SOHO/EIT (ESA et NASA) ; p. 54-55-56-57-58-59 : SOHO/EIT (ESA et NASA) ; p. 60-61 : SOHO/LASCO (ESA et NASA) ; p. 62 : SOHO/SUMER (ESA et NASA) ; p. 63-64 : SOHO/EIT (ESA et NASA).

Chapitre II
p. 66 : Julian Baum/SPL/Cosmos ; p. 68 : David Hardy/SPL/Cosmos ; p. 70 : B. Murton/Southampton Oceanography Centre/SPL/Cosmos ; p. 71 : BIOGRAFX/Photo Researchers/Cosmos, Photothèque INSERM ; p. 72 : Sinclair Stammers/SPL/Cosmos ; p. 73 : John Reader/SPL/Cosmos, Dr Kari Lounatmaa/SPL/Cosmos ; p. 74 : I. Pignot-Paintrand/INSERM, A. Dupuis et I. Pignot-Paintrand/INSERM ; p. 75 : Professors P.M. Motta, S. Makabe & T. Naguro/SPL/Cosmos, Dr Kari Lounatmaa/SPL/Cosmos ; p. 76 : Sinclair Stammers/SPL/Cosmos ; p. 78 : Dr. Steve Gull & Dr. John Fielden/SPL/Cosmos, Geological Survey of Canada/SPL/Cosmos ; p. 79 : Ken McDonald/SPL/Cosmos, NASA/SPL/Cosmos ; p. 81 : CSI/Médiathèque ; p. 82-83 : Chris Butler/SPL/Cosmos ; p. 86-87 : Mark Garlick/SPL/Cosmos ; p. 90-91/92-93 : Ludek Pesek/SPL/Cosmos ; p. 94-95/96 : CSI/ Médiathèque ; p. 97 : Pekka Parviainen/SPL/Cosmos ; p. 101 : PhotoDisc ; p. 102 : D.A. Peel/SPL/Cosmos, CSIRO/SPL/Cosmos, DigitalVision ; p. 103 : NASA/Goddard Space Flight Center/SPL/Cosmos ; p. 105 : NASA/SPL/Cosmos ; p. 106 : John Durham/SPL/Cosmos, Francis Leroy, BIOCOSMOS/SPL/Cosmos ; p. 108 : Steve Alden/Cosmos ; p. 113 : CSI/Médiathèque ; p. 114-115 : Collection Kharbine-Tapabor ; p. 116-117 : Chris Butler/SPL/Cosmos ; p. 118-119 : D. Van Ravenswaay/SPL/Cosmos ; p. 120-121 : Ludek Pesek/SPL/Cosmos ; p. 122-123 : akg-images ; p. 124-125/126-127 : Johann Brandstetter/akg-images ; p. 128 : CSI/Médiathèque.

Chapitre III
p. 130 : Comstock ; p. 131 : Quest/SPL/Cosmos ; p. 132 : Lou e Psyhoyos/Cosmos ; p. 134 : Stefan Wieland/LAIF-REA ; p. 135 : Sinclair Stammers/SPL/Cosmos, Nancy Kedersha/IMMUNOGEN/SPL/Cosmos ; p. 136 : Dr Brian Eyden/SPL/Cosmos ; p. 138 : Paul Langrock/LAIF-REA, DigitalVision ; p. 139 : Peter Menzel/Cosmos ; p. 140 : The EnviroMission Limited/D.R., Antoine Gonin/CEA ; p. 141 : Antoine Gonin/CEA ; p. 142 : Nasda/Ciel et Espace ; p. 143 : Paul Langrock/LAIF-REA ; p. 144 : Wim Van Cappellen/Reporters-REA ; p. 145 : Nick Yapp/Hulton Archive/Getty Images ; p. 146-147 : Jean-Pierre Vallorani/Le bar Floréal ; p. 148 : Max Pam/Métis/Editing Server ; p. 149 : Fox Photos/Hulton Archive/Getty Images ; p. 150 : Trent Parke/Magnum Photos ; p. 151 : Ferdinando Scianna/Magnum Photos ; p. 152 : CAP-Viollet/ROGER-VIOLLET ; p. 153 : John Vink/Magnum Photos ; p. 154-155 : Fox Photos/Hulton Archive/Getty Images ; p. 156 : Xavier Lambours/Métis/Editing Server ; p. 157 : Nicolas Frémiot/Le bar Floréal ; p. 158 : Denis Pasquier ; p. 159 : Patrick Zachmann/Magnum Photos ; p. 160 : Denis Pasquier ; p. 162 : DigitalVision ; p. 163 : A. Vossberg/Visum/Cosmos ; p. 164 : SINOFIX/REA ; p. 166 : Peter Essick/Aurora/Cosmos ; p. 167 : Hervé Vincent/AVECC-REA ; p. 168 : Patrick Gaillardin/REA ; p. 169 : Chuck Nake/Cosmos ; p. 170 : Daniel Joubert/REA ; p. 171 : Will Mcintyre/Photo Researchers/Cosmos ; p. 172 : Intertress/Cosmos ; p. 174 : Jeremy Walker/SPL/Cosmos ; p. 175 : Corbis Images ; p. 177 : Bernard Plossu/Métis/Editing Server ; p. 178 – 179 : Werner Bischof/Magnum Photos ; p. 180-181 : Fouad Elkoury/Editing Server ; p. 182-183 : Raymond Depardon/Magnum Photos ; p. 184 : Jean-Pierre Vallorani/Le bar Floréal ; p. 185 : Arnaud Baumann ; p. 186 : Michel Lamoureux ; p. 187 : Eve Morcrette ; p. 188-189/190 : Denis Pasquier ; p. 191 : Harry Gruyaert/Magnum Photos ; p. 192 : Jean-Pierre Vallorani/Le bar Floréal.

Chapitre IV
p. 194 : Galerie François Antonovitch/G. Dagli Orti ; p. 195 : akg-images ; p. 196 : Musée National d'Anthropologie, Mexico, Mexique/G. Dagli Orti ; p. 197 : Collection Stapleton/Bridgeman-Giraudon ; p. 198 : Musée de la banque centrale-Quito-Equateur/G. Dagli Orti ; p. 199 : Musée National d'Archéologie-Lima-Pérou/G. Dagli Orti, G. Dagli Orti ; p. 200 : Ashmolean Muséum-Oxford-Grande-Bretagne/ Bridgeman-Giraudon, akg-images ; p. 201 : Tetrel/Explorer Archives/KEYSTONE, Nimatallah/ akg-images, Guy Vivien/R.M.N., Erich Lessingakg-images ; p. 202 : Musée arménien, Ispahan, Iran/ G. Dagli Orti ; p. 203 : Collection Viollet/ROGER-VIOLLET, Collection Kharbine-Tapabor ; p. 204 : Visual Arts Library, Londres, Grande-Bretagne/Bridgeman-Giraudon ; p. 204-205 : Collection Kharbine-Tapabor ; p. 207 : Jean-Louis Nou/akg-images ; p. 208 : Illustration de Mona Caron-San Francisco-USA, Mary Evans/Explorer Archives/KEYSTONE ; p. 209 : Biblioteca Nazionale Centrale, Florence, Italie/Bridgeman-Giraudon ; p. 210 : Musée national d'Anthropologie, Mexico, Mexique/G. Dagli Orti ; p. 211 : Bibliothèque de l'Assemblée nationale, Paris, France/Lauros/ Bridgeman-Giraudon ; p. 212 : Werner Forman/akg-images ; p. 213 : Biblioteca Nazionale Centrale, Florence, Italie/Bridgeman-Giraudon ; p. 214 : Biblioteca Apostolica Vaticana, Le Vatican, Italie/ Bridgeman-Giraudon ; p. 215 : Museo de America, Madrid, Espagne/ Bridgeman-Giraudon ; p. 216 : British Museum-Londres-Grande-Bretagne/ Bridgeman-Giraudon, Erich Lessing/akg-images ; p. 217 : Musée du Louvre, Paris, France/G. Dagli Orti ; p. 218 : Werner Forman/akg-images ; p. 219 : Erich Lessing/akg-images ; p. 220 : akg-images ; p. 221 : Musée du Louvre, Paris, France/Bridgeman-Giraudon ; p. 222-223 : Archives J.-L. Charmet/ Bridgeman-Giraudon ; p. 224 : François Guénet/ akg-images ; p. 225 : Bridgeman-Giraudon ; p. 226 : Erich Lessing/ akg-images ; p. 227 : Hervé Lewandowski/R.M.N., Gérard Degeorge/ akg-images, akg-images ; p. 228 : Musée d'Archéologie-Alep-Syrie/ G. Dagli Orti, Musée du Louvre, Paris, France/G. Dagli orti ; p. 229 : Service historique de la Marine, Vincennes, France/Lauros/ Bridgeman-Giraudon ; p. 230-231 : Heritage/ akg-images ; p. 232 : akg-images, Werner Forman/ akg-images ; p. 233 : Musée Carnavalet, Paris, France/Bridgeman-Giraudon ; p. 234-235 : CSI/Médiathèque ; p. 236 : Bibliothèque Marcienne, Venise, Italie/Collection Viollet/ROGER-VIOLLET ; p. 237 : The Warden and Scholars of New College, Oxford, Grande-Bretagne/ Bridgeman-Giraudon ; p. 238 : Gravure de Granville/CSI/Médiathèque, Branger-Viollet/ ROGER-VIOLLET, Kirby/Hulton Archive/Getty Images, BNF-Paris-France/ Lauros/ Bridgeman-Giraudon ; p. 239 : Collection Kharbine-Tapabor ; p. 240 : © Successio Miro-ADAGP, Paris 2004/Photo Galerie MAEGHT p. 242 : Musée des arts asiatiques-Guimet, Paris/Thierry Ollivier/ /R.M.N. ; p. 243 : Collection W. S. Bigelow/©2004Museum of Fine Arts, Boston, USA/Bridgeman-Giraudon ; p. 244 : Guy Vivien/R.M.N. ; p. 245-247 : X/D.R.

Remerciements

Stéphane Aubin (Agence Ciel et Espace), Bénédicte de Baritault (Editions/Cité des sciences et de l'industrie), Chantal Bermude (ADAGP), Annick Billault (Photothèque du CEA), Dominique Blaizot (Cité des sciences et de l'industrie), Alice Boiteau, Fadila Djemaa, Claire Jullion (Médiathèque/Cité des sciences et de l'industrie), Mona Caron (San Francisco, États-Unis), Michel Cassé (CEA), Éric Dehausses (Photothèque de l'INSERM), Véronique de Lavenne (Galerie MAEGHT, Paris), Nathalie Dusuzeau (DAS/Cité des sciences et de l'industrie), EnviroMission Limited (Melbourne, Australie), Dominique Fayolle-Reninger (Musée national des Arts asiatiques-Guimet), Christine Fieri (laboratoire de Minéralogie, Muséum national d'histoire naturelle), Maurice Godelier (EHESS), Sylvie Gruszow, Ulrike Haussen (Agence akg-images), Nadia Imbert-Vier et Stéphane Corvaja (Agence spatiale européenne, ESA), Serge Koutchmy (Institut d'Astrophysique de Paris), Anne Lefèvre Balleydier, Maud Livrozet et Martine Zwerin (DPA/Cité des sciences et de l'industrie), Cécile Lucas (Le bar Floréal), Catherine Mariette et Gilles Lacombe (Les Productions de l'Ordinaire/Médiapolis), Fanny Merrien et Marine Robillot (Agence Cosmos), Jean-François Morot-Gaudry (INRA), Hubert Reeves, Thierry Roudier (laboratoire d'Astrophysique, Observatoire Midi-Pyrénées), Werner Schmutz (PMOD/WRC, Davos, Suisse), Anne Stephan (DE/Cité des sciences et de l'industrie), The Institute For Solar Physics (The Royal Swedish Academy of Sciences, Stockholm, Suède), Delphine Thibault (Agence Bridgeman-Giraudon), Fanny Zmaric et Marie-Claire Fontebasso (Centre national d'études spatiales, CNES).

Un remerciement particulier à Denis Pasquier pour sa précieuse collaboration.

Direction éditoriale : Roland Schaer, Florence Soufflet, Henri Trubert
Conception et recherche iconographique : Denis Pasquier
Conception graphique et mise en pages : c-album/Laurent Ungerer, Anna Radecka
Adaptation : Sylvie Gruszow et Anne Lefèvre-Balleydier
Coordination : Elise Roy
Corrections et préparation de copie : Olivier Grussi
Fabrication : Philippe Clemenceau, Marie Stolinski

Photogravure : Point 4 - Jérome Gris
Imprimé en Espagne par Mateu Cromo
pour le compte des Éditions Fayard
N° d'édition : 43132
35-30-2104-4/01
Dépôt légal : mars 2004
ISBN : 2 213 61904 2